A HISTORY OF THE WORLD IN 100 WEAPONS

100件武器中的世界简史

［英］克里斯·麦克纳布（Chris McNab）著

张善鹏　郝江东　译

北京大学出版社
PEKING UNIVERSITY PRESS

著作权合同登记号　图字：01-2014-5431

图书在版编目(CIP)数据

100件武器中的世界简史 /（英）麦克纳布（McNab, C.）著；张善鹏，郝江东译 . — 北京：北京大学出版社，2015.6

（培文·历史）

ISBN 978-7-301-25852-1

Ⅰ.①1⋯ Ⅱ.①麦⋯ ②张⋯ ③郝⋯ Ⅲ.①武器–军事史–世界–通俗读物 Ⅳ.① E92-091

中国版本图书馆 CIP 数据核字 (2015) 第 103683 号

A HISTORY Of THE WORLD IN 100 WEAPONS by Chris McNab
First published in Great Britain in 2011, by Osprey Publishing Ltd, Kemp House, Chawley Park, Cumnor Hill, Oxford, OX2 9PH.
All rights reserved.
© 2011 Osprey Publishing Ltd
Chinese language translation © 2015 Peking University Press.
本书简体中文翻译版由 Osprey 出版公司授权北京大学出版社独家出版发行。

书　　　名	100件武器中的世界简史
著作责任者	[英]克里斯·麦克纳布 著　张善鹏　郝江东 译
责任编辑	徐文宁
标准书号	ISBN 978-7-301-25852-1
出版发行	北京大学出版社
地　　　址	北京市海淀区成府路205号　100871
网　　　址	http://www.pup.cn　新浪微博：@北京大学出版社 @培文图书
电子信箱	pkupw@qq.com
电　　　话	邮购部 62752015　发行部 62750672　编辑部 62750112
印　刷　者	联城印刷（北京）有限公司
经　销　者	新华书店
	720毫米×1020毫米　16开本　23.75印张　240千字
	2015年6月第1版　2015年6月第1次印刷
定　　　价	118.00元

未经许可，不得以任何方式复制或抄袭本书之部分或全部内容。

版权所有，侵权必究

举报电话：010-62752024　电子信箱：fd@pup.pku.edu.cn

图书如有印装质量问题，请与出版部联系，电话：010-62756370

目录 contents

推荐序 4 / 导论 7

1　古代世界（公元前 5000—公元 500）

- 001　石斧　2
- 002　弓　5
- 003　战车　8
- 004　青铜剑　12
- 005　攻城塔　15
- 006　罗马弩机　19
- 007　三重划桨战船　22
- 008　短剑　26
- 009　希腊长矛　29

33　中世纪（500—1500）

- 010　希腊火　34
- 011　中世纪长剑　38
- 012　丹麦战斧　42
- 013　戟　45
- 014　长枪　49
- 015　投石机　52
- 016　英格兰长弓　56
- 017　弩　60
- 018　刺枪　63
- 019　中国火箭　67
- 020　早期火炮　71
- 021　火绳枪　74

77　近代早期（1500—1800）

- 022　燧发枪　78
- 023　轻剑　82
- 024　武士刀　84
- 025　马刀　88
- 026　刺刀　91
- 027　轻型野战炮　95
- 028　榴弹炮　98
- 029　战列舰　101

105　帝国战争（1800—1914）

- 030　贝克步枪　106
- 031　德莱赛针枪　109
- 032　美国柯尔特 M1851 式左轮手枪　112
- 033　1853 式恩菲尔德步枪　115
- 034　加特林机枪　119
- 035　"汉利号"潜艇　123
- 036　水雷　126
- 037　炸弹　129
- 038　法国 1897 式 75 毫米口径火炮　132
- 039　98 式毛瑟·格维尔步枪　135
- 040　1911 式柯尔特手枪　138
- 041　铁甲舰　142

147　第一次世界大战（1914—1918）

- 042　手榴弹　148
- 043　鱼雷　152
- 044　无畏舰　155
- 045　李-恩菲尔德步枪　159
- 046　喷火器　163
- 047　MKI/IV 坦克　166
- 048　齐柏林飞艇　170
- 049　维克斯马克沁机枪　174
- 050　刘易斯式轻机枪　177
- 051　毒气　181
- 052　迫击炮　185
- 053　索普维斯骆驼式战斗机　188
- 054　福克 D VII 战斗机　192

195　第二次世界大战（1939—1945）

- 055　地雷　196
- 056　深水炸弹　200
- 057　汤普森冲锋枪　204
- 058　勃朗宁 M2HB 机枪　209
- 059　航空母舰　212
- 060　88 毫米高射炮　215
- 061　M1 式伽兰德步枪　218
- 062　喷火战斗机　221
- 063　VII 型 U 型潜艇　226
- 064　B-17 轰炸机　230
- 065　T-34 坦克　234
- 066　虎式 I 号坦克　238
- 067　M1 "巴祖卡"火箭筒　242
- 068　MP40 冲锋枪　245
- 069　P-51 "野马"战斗机　248
- 070　MG42 机枪　252
- 071　Me262 战斗机　256
- 072　V 型弹道导弹　259
- 073　原子弹　263

现代战争（1945年至今）

- 074　AK47步枪　268
- 075　UZI冲锋枪　272
- 076　B-52"空中堡垒"轰炸机　275
- 077　"鹦鹉螺号"核动力潜艇　279
- 078　UH-1休伊直升机　282
- 079　"红旗二号"导弹　286
- 080　AIM-9"响尾蛇"导弹　290
- 081　F-4幻影战斗机　293
- 082　M16步枪　297
- 083　飞毛腿导弹　301
- 084　米格-21战斗机　304
- 085　RPG-7火箭筒　308
- 086　鹞式战斗机　312
- 087　飞鱼反舰导弹　315
- 088　"尼米兹号"航空母舰　318
- 089　A-10雷霆攻击机　322
- 090　精确制导导弹　326
- 091　F-15鹰式战斗机　329
- 092　AH-64阿帕奇武装直升机　333
- 093　F117"夜鹰"轰炸机　337
- 094　M1艾布拉姆斯系列主战坦克　341
- 095　M2/M3布雷德利步兵战车　345
- 096　BGM-109"战斧"巡航导弹　348
- 097　FIM-92"毒刺"防空导弹　352
- 098　简易爆炸装置　355
- 099　弹道导弹　359
- 100　无人机　362

致　谢　366

推荐序

通过100种武器来撰写世界历史，这个想法着实高妙，因为战争是历史的重要驱动力量，若要认真审视我们的历史，就不能无视战争对人类文化和社会的塑造作用。这样评价人类的状况可能会令人感到不安，即便如此，它仍是千真万确之事。

当然，没有谁比克里斯·麦克纳布博士更有资格从世界历史与个别武器之间的互动角度来撰写这部著作了。他博古通今，对所有的武器都了如指掌。他编著的大量军事题材作品就是明证，例如《暴力工具：枪械、坦克与脏弹》《火器史》《东方世界的格斗技巧》《枪械图史》《AK47》《枪手们：罪犯及其武器》《机枪史话》《致命火力：枪支与美国执法者》等等。这就意味着，他在本书中讲述的内容，包括各种武器的由来，其使用技巧，以及最能发挥其威力的战术和攻防要点，等等，都是可信之言。

绝佳的武器应该能够做到攻防兼备，在主人和敌人之间最大限度地营造安全空间。自远古穴居人第一次不再徒手相搏，而是把石头掷向敌人或猎物之日起，直到今天的隐形轰炸机和无人机，这个原则一直主导着武器的发展史。既能实施打击又能避开敌人的迅速反击，是武器研发的不二法则。

在我看来，这部美轮美奂、图文并茂的著作当中介绍的100种武器，可以分成八大类。这些武器"家族"包括：

火炮系列：包括火炮、榴弹炮、迫击炮和高射炮

随身武器：斧、剑、矛、戟、刺刀和自杀式炸弹背心

手动发射型武器：长弓和弩机、火枪和来复枪、喷火枪、机枪、掷弹筒和火箭筒

飞弹系列：罗马投石机、希腊火、鱼雷、火箭弹、飞毛腿导弹、"响尾蛇"导弹、飞鱼导弹、"战斧"导弹、巡航导弹和洲际导弹

装甲武器：攻城塔、重装骑士、履带式军车（以坦克为主）

海上武器：三重划桨战船、战列舰、潜艇、无畏舰、巡洋舰和航空母舰

空中武器：齐柏林飞艇、战斗机、毒气弹、轰炸机、直升机、喷气式飞机、隐形轰炸机和无人机

炸弹系列：地雷、深水炸弹、原子弹和简易爆炸装置

本书的精妙之处在于讲述那些极具发明天赋的人们，如毛瑟、勃朗宁、汤普森、贝克、加特林、马克沁、维克斯、刘易斯、柯尔特、卡拉什尼科夫、施迈瑟、梅塞施密特

等如何从过去几百年的科技当中汲取灵感，从而设计出更具杀伤力的武器。那些伟大的统帅若要最大限度地发挥新式武器的威力，就必须不断对战术进行革新，有时甚至得将整个战略改头换面。

从历史上看，对于敌人使用的那些新式武器，人们总能迅速复制、升级并加以完善。这一重要现象与战争的独特性质密切相关，因为人们可以夺取敌人的武器并且立即进行研究。例如，公元前1720年，希克索斯人倚仗着复合弓和战车，给埃及军队造成了无法估量的损失。然而，埃及人很快就掌握了这些武器，进而对敌人实施了毁灭性打击。同样，许多旨在发挥攻击作用的武器也能迅速成为防御武器。这种情况的经典案例发生在1799年3月，当时英国海军上将西德尼·史密斯爵士俘获了7艘开往阿卡的法国船只，船上装载的正是拿破仑准备用来摧毁阿卡城墙的攻城设备。有了这些设备，史密斯就能用重炮轰掉法国的城墙，从而牵制拿破仑停下了东征的步伐。

极少有武器被发明出来而弃置不用，即便世界上出现原子弹之后，新式武器的研发工作也从未停止。虽然罗纳德·里根经常被人斥为好战分子，但在1986年，也就是中子弹这种可以杀死人类却能使建筑物完好无损的武器问世那年，他却宣布不再生产中子弹，令中子弹的发明者塞缪尔·T.科恩非常懊恼。不过，这种事例在历史上极为罕见。

在我撰写第二次世界大战题材的《战争风云》的时候，苏联红军陆军中校亚历山大·安纳托利维奇·库利科夫带我参观了位于莫斯科郊外40英里处的库宾卡坦克博物馆。这是世界上最大的坦克博物馆，藏有四百多种不同类型的坦克，在此我也衷心推荐所有读者都去参观一下。参观库宾卡坦克博物馆的经历令我完全支持麦克纳布博士的观点，即性能较差但有绝对数量优势的武器，可以压倒性能更佳的武器，例如T-34坦克就曾击溃质量更好但数量较少的德国坦克，这表明那些适合大规模生产而且操作简便的武器才是制胜的关键。

当然，在数量之外，还有许多其他因素影响着战争的胜负，比如胆略、指挥、士气、情报、行军速度、地势，等等，但这些因素都不如战时武器的数量和质量重要。例如，在1944年的整整一年当中，英国人生产了28000架战机，俄国人和德国人各自生产了40000架，美国人则开足马力，生产了98000架（其中几种机型在本书里有所评介）。这是一项了不起的成就，也是交战双方谁能取得最终胜利的精确指针。本书当中充满了这样令人耳目一新的事例，比如，我不知道是塞缪尔·柯尔特最早发明了工业生产线，他比亨利·福特早了大约60年，而且值得注意的是，他是为了赢得战争胜利，而不仅仅是想要获取商业利益。这是军事工业得以进步的真正源泉。

有些武器曾经在久远的历史舞台上担任过主角，虽然早已是时过境迁，但是它们却仍能长期发挥作用。麦克纳布博士告诉我们，就在不久之前的2004年，一支阿盖尔郡和萨瑟兰郡高地部队的小分队在伊拉克被反政府武装人员伏击，在即将耗尽弹药的时候，"上刺刀"这句古老的军令又重新响起。那场白刃战总体而言是成功的，当时的情形足以令任何读者胆战心惊。至于其他一些理应"被遗忘"的武器，有些军史专家指出，在滑铁卢战役中，如果英军不是使用布朗·贝斯式火枪的话，其命中率、制动力和发射速率都会差上很多。

鱼鹰出版社这部美轮美奂的作品还精彩地展示了16—18世纪的一些武器，包括长剑、长戟和火绳枪，仅凭这一点，它就值得读者收藏。然而，不管这些武器有的看上去多么迷人，我们也不应对它们的恐怖用途视而不见。在1986年度诺贝尔奖颁奖典礼上，伟大的犹太裔小说家埃利·威塞尔（Elie Wiesel）慷慨陈词，指出：

当然，有些战争可能确有必要，或者无法避免，但从来没有一场战争可被视为圣战。对我们来说，圣战是一个自相矛盾的词汇。对于任何发动战争的人而言，战争只会扭曲、贬损和丑化他们的人性。《塔木德经》中提到，"带来和平的人，才是真正的智者"。或许，这是因为只有智者才最有记性。

那么，未来会是什么样子呢？最近几十年，科技进步似乎在呈指数级增长，然而自1945年以来，虽然国与国之间的冲突有所减少，但游击战争和国内暴乱却是层出不穷。目前，最引人注目的是全球定了反恐战争。麦克纳布博士提醒我们，那些简易爆炸装置，例如用巴黎的石膏制成的、漆成路牙石模样的街边炸弹，是造成英国和美国在伊拉克一半伤亡人数的罪魁祸首。

总体而言，过去500年里，西方取得了优势地位，尤其是在制空权方面，而制空权的重要性已被第二次世界大战以及后来的许多冲突予以证明。不过，随着中国目前在军事科技领域的突飞猛进，尤其是在无人机、激光武器、核动力航空母舰及太空武器方面的进步，西方的领先优势可能来日无多了。甚至极有可能，未来哪个国家能够率先冻结敌国的卫星，几乎不用在地面进行任何战争，就能取得世界霸主地位。不管未来趋势如何，我们都可以确信，军事科技领域的优势至关重要，本书讲述的内容就是这种优势在过去几千年里的演变史。

因此，能够向广大读者推介这部佳作，对我来说真是一种妙不可言的享受。

安德鲁·罗伯茨（Andrew Roberts）
2010年12月

导论

科学技术是历史的一大发展动力。那些大大小小的发明，不论是钻燧取火，还是全球定位卫星（GPS），不但改变了每个人的生活方式，而且从某种程度来说，也改变了人类的思维方式。例如我们可以试想一下，移动电话如何改变了人际交往模式，乃至语言和文化。科学技术同时也是社会和政治大革命的发动机。我们只需回顾一下，公元前4世纪在美索不达米亚发明的车轮，或工业革命时期蒸汽动力在交通和制造业领域的应用，就能领会它的巨大威力。诸如此类的重大发明也改变了国家实力和国际关系的性质，继而导致国家间的合作，或者冲突——本书的主题即在于此。

改变战局的武器

战争是最具科技含量、最能反映社会生产力水平的现象之一，这对人类来说着实是一种不幸。自从史前时代的人们第一次把石块当作拳头的"力量倍增器"以来，战争的根本意图就是要掌握比敌方更加先进的技术。人类研发终极武器的动力十分强大。在19世纪，当发明家海勒姆·马克沁（Hiram Maxim）还在试验电气领域的民用装置时，一位友人奉劝他："把你的电线收起来吧。如果你想发财的话，就发明一些有助于欧洲蠢货们更快杀死对方的东西吧！"马克沁听取了这位朋友的建议，转而发明出了机关枪。此后，这种武器不仅杀戮了大量的欧洲人，也让世界各族人民领略了它的威力。马克沁发明新式武器的初衷是谋取商业利益，战争则把其他一些因素深深裹挟进来，例如爱国的热情、求知的欲望，以及最重要的一点，即恐惧。

本书试图通过武器演变的视角来审视历史。任何堪称史上最具影响力的"前100名"武器，其界定标准都难逃争议，无疑会引发许多争论和非议。广义而言，本书列举的这些武器要么（在军事领域或其他领域）有助于塑造历史本身，要么在某一特定时期使军事科技和战术思想产生了快进效果。前者的例证一是燧发枪，它在三个世纪的时间里一直是陆军作战时的主战武器；二是洲际弹道导弹，这种武器系统决定了冷战时期的国际政治格局。后者的例证包括德式Me262战斗机和飞毛腿导弹，它们都是各自体系当中一度独领风骚的武器，并为未来的升级换代奠定了基础。

本书也提出了一个持久存在的问题：为什么有些武器成功了，而另外一些不是失败了就是表现得差强人意？这个问题回答起来并不太容易,也不能仅从技术层面加以解决。以第二次世界大战时期的装甲对决为例,德国人在陆军装甲、火炮、飞机的性能方面比盟军都要优越,但却依旧输掉了战争,败给了那些性能总体而言较差但却通常具有数量优势的武器。

单从这个事例来看,我们可以发现许多关键武器都具有一项重要特质,即使用广泛。不论一种武器有多么先进,如果不能大量使用的话,其战时表现就会大打折扣。一种武器能否被大量使用,本身取决于一系列因素,其中包括生产工序、生产成本、采购预算、原料数量、市场行情,等等。考虑到如此复杂的情况,我们不难从中得出一条基本信息,即从战术层面而言,以简便武器武装起来的大量军队要强于以先进武器武装起来的少数军队。例如,AK47步枪是一种极为简便的武器,但从实际情况来看,1947年以来流通的8000万支AK系列步枪则改变了第二次世界大战之后世界冲突的性质。相比之下,一些更加先进的武器,比如HK33突击步枪或AR70/90式突击步枪,却没有产生类似的影响。

性能与优势

一种武器如果可以在某种性能方面格外突出,也能使它独树一帜,AK47步枪就是极好的例子。科技含量和实战性能并不总是十分吻合,因为发明家的目标与战士们的期待并不总是协调一致。科学家可能会致力于发明一种突破常规的武器,战士们则希望拿到一件耐用的工具,简单实用就好,最好是在极端环境下也能正常使用,因为任何武器一旦出现机械故障,就有可能危及战士们的生命安全。同理,一种武器操作起来必须尽量简单,因为操作流程太过复杂的话,作战时就有可能忘掉某个环节。在古代、中世纪和近代早期,步兵和骑兵使用的简便武器不会造成太多问题,它们主要是一些刀剑之类数量广泛的武器,后来则是一些从枪口装弹的火枪和大炮。(攻城战显然需要制造大量不太实用的机械,得在预算之外花费更多的时间、精力和财力。)然而,自19世纪以来,随着技术变革的加快,出现了大量既复杂又不实用的发明,因为工程师们觉得自己可以主要通过改进技术来取得实战优势。例如,1960年代,美国陆军研发了一种M551谢里登轻型战车,配备了M81E1式152毫米火炮/导弹发射系统。这种发射系统的设计初衷是既能发射传统的反坦克高爆炸弹,又能使用同一炮管发射MGM-51式"橡树棍"反坦克导弹,从而既能满足中程打击,又能满足远程打击的需要。从实际情况来看,这一发射系统太过复杂,效率不高,同时忽略了坦克装甲方面的需求,从而在越战期间遭到火箭助推榴弹发射器(RPG)和地雷的重创。相比之下,后来的艾布拉姆斯主战坦克则采用了发射速率更高的滑膛炮和更加完善的火力控制系统,操作简便,装甲坚实,很有可能是第二次世界大战以来世界上最好的主战坦克(MBT)。

不过,强调操作简便,并不意味着武器制作工艺本身就不能达到神乎其技的境界。战争营造了一种特殊环境,使得人类的智慧和残酷在同一发明活动当中结合起来。(试想一下第二次世界大战期间的V-2火箭系统,为了研发它,约有两万名劳工丢掉了性命。)不论其宗旨如何,机关枪、原子弹、空对空导弹和武装直升机毫无疑问都是令人惊叹的将技术与科学完美集于一身的精品。进一步来讲,自1945年以来,在合适的条件下,只要战术和训练得当,科技就会成为当今世界真正的战争之王。以1991年的海湾战争为例,美国主导的多国部队十分有效地压制住了技术相对落后的伊拉克军队。它的主要作战系统是与空中及卫星侦察平台相连的计算机,可以通过电子眼对科威特和伊拉克实施监控。结果,成千上万的伊拉克装甲车、炮台、指挥哨所、碉堡和其他设施中的武装人员甚至还没有意识到自己遭到攻击,就已被多国部队的空中火力消灭了。美式M1A1艾布拉姆斯主战坦克和英国挑战者主战坦克在上千码开外就能摧毁目标,其间没有受到任何有分量的反击。至少从传统战争角度而言,这一事例表明,只要配合得当,技术优势确实能够成为制胜的一大要素。

幕后战争

谈过了技术因素之后,我们需要回顾一下其他因素。一种武器系统可能既能大量生产,又操作简便,性能可靠,技术领先,然而即便如此,具有讽刺意味的是,它仍不能保证必胜无疑。从现实情况来看,不论武器系统多么精良,它依然需要由有着各种缺点的人来操作。武器应用时的战术比其他任何因素都更能决定其实战效果。例如,苏式T-34坦克是本书着重介绍的武器之一,若非落后的苏联战术和训练水平,它立下的功绩要大得多,而不是白白损失数千辆。如果没有庞大的身躯和其他一些优点,它很有可能会被训练有素的德国坦克和反坦克火炮部队全部消灭。从更久远的历史来看,矛这种武器不过是一头弄尖的长杆,然而在15、16世纪,瑞士军队和雇佣步兵发明了一种高妙的枪阵,从而使其成为一种威震欧洲的武器。在世界现代史上,职业军人经常正确地指出,即便只有普通的军事装备,良好的战术训练也能起到弥补作用。(多年来,美国海军都把过时的武器装备留在身边,并以此为荣。)在1991年的海湾战争之后,许多美国陆军坦克兵依然表示,就算是让他们使用伊拉克T-72坦克,而让伊拉克人使用美式M1A1艾布拉姆斯坦克,战争的结局仍会一样。

另一点需要指出的是,技术并不一定会

主导冲突的各种复杂因素。实际上，在本书列举的那些武器之外，还有数不胜数的军事领域之外的技术也有助于塑造战争的面貌。例如，在19世纪，随着铁路的发展，战斗减员的规模也急速增长。铁路使得后勤补给和兵员补充更加高效，从而增加了战争频率和规模，继而使伤亡人数也急剧增加。值得一提的是，美国内战（1861—1865）是首次以铁路为主要补给手段进行的战争，平均每四天就交战一次，它使美国损失了60万人，这个数字比美国在后来各类冲突中阵亡的人数总和还要高。

还有一些技术在历史上也号称发挥了同样权威的作用。电报、收音机、船舵、核电站、人造光源、激光、全球定位系统、蒸汽机、内燃机，这些发明对战争的影响不亚于它们对民间生活的改造。其实，许多发明的初衷都是为了军用目标，只是后来才发现其应用范围更广，有着更加和平的用途。比如，历史学家通常把发明工业生产流水线的功劳归到亨利·福特（Henry Ford）头上，其实，塞缪尔·柯尔特（Samuel Colt）早在60年前就在制造左轮手枪的过程中采用了这种办法。因此，民用和军用技术之间的界线要比我们通常认为的更加模糊。要把一项民用技术"军事化"，或把某种武器的核心技术用于更加温和的目标，通常不用花费太多周折。

过去、现在和未来

回到此前提出的那个问题上，为什么有些武器成功了而另一些却失败了，我们的分析并未得出一个确定的答案。从本质上来说，一种武器系统的生命力和实战表现取决于技术、生产、个人和战术方面的综合水平，并受制于天时地利因素。进而言之，一种武器在某一条件下可能表现卓越，但在另外的条件下则可能成为沉重的负担。一辆50吨重的主战坦克在开阔的战场上威力极大，然而，一旦开进狭窄的街道，如果没有足够的步兵作掩护，马上就会跟一只受伤的恐龙一样，成为攻击目标。

尽管如此，仍有100种武器经受住了各方面的考验，当之无愧地在历史上确立了自己的地位。我们将从遥远的古代开始，一直探寻到当今的计算机时代，从炙烤硬化的木质长矛到水下发射的反舰导弹，考察这一漫长历史过程中的技术变迁。这一过程讲述起来虽然引人入胜，但是我们仍要时刻提醒自己，武器最终都会导致同一个悲惨的结局：要么使人丧命，要么使人终身残疾。随着军事科技的日益发达，总有一天连科幻小说都会显得过时，未来仍将会有成千上万的人乃至数以百万计的人们遭受不幸。因此，我们在怀着兴趣探索军事科技的同时，一定不要泯灭自己的人性，并应对其保持某种敬畏。

古代世界

（公元前5000—公元500）

THE ANCIENT WORLD 5000 BC–AD 500

001 石斧

人类何时发明出第一件武器,其详细起源已湮没于历史之中。大约在史前时代的某一时刻,人类残暴地抓起木棍或石头,把另一些人打得皮开肉绽,从而唤醒了一个充满黑暗欲望的世界,继而悲惨地开启了一个最终研发出隐形战机和导弹的技术演变历程。

最方便的武器

在大约公元前3000年左右的石器时代,原始武器逐渐变得实用起来。最早的打斗工具可能只是人们偶然从树上或地上捡来的东西,随着时间推移,出现了一些专为杀戮或伤害他人而打造的器具。例如,树枝被大体削尖,末端经过炙烤变硬之后,就做成了长矛。没过多久,这些长矛又各自被装上了石块或骨头做成的尖头,既增强了穿刺的威力,也加重了它们的杀伤后果。实际上,早期长矛的尖头有些就是专门设计用来刺入对手的身体,当把长矛往回拉的时候,就能给对手造成更大的伤害。

就有锋刃的武器而言,来自亚洲和非洲的证据表明,用以砍削的简单石器最早出现于250万年之前。随着时间推移,石器研磨的技术使得粗糙的锋刃得以改善。在用一块充当锤子的石头把一片岩石的碎片去除之后,就得到了一片相对实用的斧刃。因此,史前人类能够制造一些基本的刀具,既能用

上图:典型的粗制上古石斧,发现于英国乡村,今藏于迪韦齐斯博物馆。(图片由艺术档案馆提供)

上图：新时期时代制作精美的斧头范本，发现于英国威尔特郡，即巨石阵的所在地。新石器时代的标志是崇尚精细打磨的石斧。石斧的制作材料最初是燧石，当有更加坚硬的材料可用时，燧石就被取而代之。（图片由埃里克·莱辛拍摄，由 AKG 图片社提供）

于狩猎，也能用作厨具。用不了多少时间，人们就会意识到这片可以杀死野兽的东西，也能对人类造成同样的后果。

在这段漫长历史的某一时刻，出现了两个重大变化。其一，锋利的武器经过把手或手柄固定之后，根据杠杆原理，显著地增加了它们的威力，同时也使武器使用者在自己与猎物/受害者之间获得了一点防御空间。其二，通过日益提高的石器打磨技术，包括采用"压片法"，即用石锤、鹿角或兽骨把石头磨出薄片，石器变得越来越锋利。这些技术尤其适用于燧石，所以无论是箭头、矛头、石刀，还是此处展示的石斧，以燧石为原料的兵器在精致程度上都达到了相当高的水平。在具有火山地貌的区域，黑曜石也是一种适于磨成锋刃的理想材料。尽管不够坚实，但就其尖锐程度而言，它通常可以与现代刀具相媲美。锋刃既可是一条直边，也可做成锯齿状，后者可以切断骨头或软骨，在加工肉食的时候非常有用。

手柄的威力

改进后的锋刃，在杠杆原理的作用下，可以使战斧轻易地给敌人头部造成重创，或将其臂骨击碎。石斧由此成为史前时代最受人们推崇的武器之一。新石器时代石斧的典型特征是把锋刃（或更加圆滑的一端）固定在一个开裂或钻透的坚硬的木制把手（手柄）之上，然后用动物的肌腱牢固地绑在一起。涂上桦树漆这种史上最早的胶水，斧头与手柄之间就会结合得更加紧密。有些设计堪称精妙，可以把斧头套到鹿角或牛角中，然后再跟手柄绑到一起。角质的套筒可以缓解石

斧在使用过程中对手柄产生的冲击力,从而降低了手柄断裂的风险。斧头的形状差别极大,有圆有长,有薄有厚。

石器时代的石斧手柄没能保存到今天。不过,从后来的情况来看,手柄的长度可能是将战斧与普通手斧区分开来的一个因素。典型的战斧手柄约有成人胳膊那么长,可以最大限度地发挥杠杆作用并延长作战半径。这些装置奠定了兵器发展的基本思想,人类一旦掌握了金属冶炼技术,它们就会产生更加致命的威力。

左图:考古学家在法国发现的公元前100万年前旧石器时代的石斧。(图片选自奥罗诺兹专辑,由AKG图片社提供)

002 弓

在武器发展史上，弓堪称一种划时代的武器。它的起源跟许多古代武器一样已不可考。在非洲发现的石质箭镞可以追溯到公元前4万年到公元前2.5万年。人们通常认为，早在公元前1.8万年前，弓箭就已出现。到了旧石器时代（公元前2万年至公元前7500年）和新石器时代（公元前7500年至公元前3500年），从当时的一些洞穴壁画来看，人类已在使用弓箭猎杀羚羊、熊和其他大型野兽。

单弓

这些早期的武器基本上都是单弓，由坚韧的植物纤维或动物肌腱与木条、兽角或兽骨捆绑而成。起初，用来制弓的木头可能是尚未风干的绿枝，很容易寻找，但却用不长久，威力也比较有限。后来，换成风干的木头之后，极大地提高了弓的弹射力量，增加了箭的射程和穿透力。传统的制弓材料是白蜡木、橡木、榆木和紫杉木，在风干之后，如果取材得当，就能制成既有力量又有弹性的良弓。弓背用的是边材，弓里则用心材，因为边材弹性较好，可使弓拉得更满，心材则有更强的抗压性，从而进一步提高了弓的威力。

右图：一幅精美的亚述浮雕，反映的是亚述巴尼拔国王驾驶战车从尼尼微王宫外出狩猎时的情景。这幅浮雕位于现今伊拉克境内的底格里斯河畔，其制作时间可以追溯到公元前650年。它清楚地证明，亚述国王在狩猎时使用了复合弓。（图片由艺术档案馆提供）

现存最早的弓来自北欧（尤其是丹麦和德国北部地区），可以追溯到公元前 9000 年。不系弓弦的时候，这些弓要么是直的，要么轻微有些弯曲，丹麦的标本则长达 5 英尺 6 英寸（合 1.7 米）。不过，直到青铜时代（约公元前 3500 年至公元前 700 年），随着金属材料的应用，箭术才在中东和亚洲发展起来。与大多数石质箭头相比，金属箭头更具穿透力，并可被制成各种形状，从而产生更大的杀伤力。例如，带有倒刺的箭头就很难从身体里取出来。有了金属工具，制弓的过程更具可控性，弓的形状和尺码也变得更加丰富。弓身可以向前弯曲、向后弯曲、前后弯曲、不对称弯曲、三角式弯曲，或呈 B 型，各自都能发挥出独特的威力。

上图：现存最早的复合弓使用证据，持弓者为公元前 3 世纪统治美索不达米亚的国王纳拉姆－辛。这幅浮雕是铭记其丰功伟绩的纪念碑的一部分，如今收藏在法国巴黎卢浮宫博物馆。浮雕表明，国王的侍从手里使用的正是复合弓。（法国巴黎卢浮宫博物馆菲尔兹－卡雷系列藏品，编号 SB4）

复合弓

制弓的材料也在不断改进。后来出现了一种"加强型"的单弓，把骨头碎片或动物肌腱粘在弓身的背面，从而增加了弓身的弹性。设计最为精良的是复合弓，它由三重材料制成，弓芯为木制，两端的钻孔塞以兽角，弓弦则是动物的肌腱。复合弓要比单弓短很多，但却更有威力——人们要用 150 磅（合 68 千克）的力气才能把它拉开——从而使其成为步兵和骑兵的理想兵器。复合弓与单弓相比，射程也要远得多。例如，大约在公元

上图：配有一袋弓箭的两把土耳其复合弓。此弓虽然不大，但却需要 150 磅（合 68 千克）的力量才能拉开。（图片由 AKG 图片社提供）

上图：这幅图画描绘的是公元3世纪的帕提亚骑兵。在五个多世纪的时间里，复合弓是帕提亚骑兵的主要作战武器。（安格斯·麦克布莱德绘画作品，图片版权归鱼鹰出版社所有）

前1720年，当希克索斯人入侵埃及时，埃及人发现敌人的复合弓要比自己的单弓射程远200码（合182米）。希克索斯人后来统治埃及达50年，这一丰功伟绩不仅是由于他们武力强大，其根本原因在于他们采用了复合弓和其他一些技术，比如威猛的战斧和战车。

从公元前3000年起，在战车的辅助下，复合弓开始在苏美尔人、赫梯人、埃及人和亚述人的战争中发挥重要作用（下文将对战车进行专门介绍）。它们使发射型兵器工艺出现了革命，良好的射程和穿透力使其成为实用而致命的作战武器。射手可以不用骑马，也能组成方阵进行齐射，而骑在马上的塞西亚人和帕提亚射手则能在高速运动中精准地一次射出两支箭。

公元前1000年的时候，古希腊和罗马开始崛起，箭术成为骑兵和步兵的一项重要技能，虽说在掌握这门技艺之后，他们基本上依然只能充当社会的二等公民。弓箭证明，杀伤力并不单纯来自蛮力；跟后来的火枪一样，它也有助于推动军队的"民主化"。

003 战车

战车的出现，汇聚了两大社会发展成果。其一是轮子的发明——有证据表明，车辆的出现可以追溯到公元前4000年的中东地区。大约在同一时期，人类驯服了马。与今天的马相比，当时的马要弱小得多。

运动战

马和车轮的协作就这样开始了。进入公元前3000年，马匹驱动的车辆已经十分常见，但是由于早期的车辆非常笨重，这就意味着运载重物时，人们更愿意用公牛来拉车。正是在这一时期，军事家注意到了这种新型交通工具的潜力。有证据显示，苏美尔人制造了战车的前身"作战马车"——基本上就是由一对驴子拉动的木制四轮大车。驾驭者旁边的车厢里站着一名手持投枪的士兵。这种战车的速度和机动性都难以令人满意——车速可能比人类的奔跑速度快不了多少，四轮的车身则使其难以灵活地转弯。即便如此，一场新的变革已经悄然兴起……

真正意义上的战车大约出现在公元前2000年，可能是在中亚地区。四轮马车被双轮马车所取代，车厢较小，仅容两人。车身所用的木材质量更轻，通常是用松木，地板则是用皮革制成。车上两人既是车手，也是战士。士兵配有盔甲，通常是较厚的兽皮，外面罩上一层青铜或黄铜制成的鳞片。在当地最好的马匹驱动下，这些战车速度很快——最高时速可达24迈（合每小时39公里）——也很灵活。

左图：这是埃及阿比杜斯古庙之中拉美西斯二世神殿里的一幅浮雕，描绘的是卡迭石战役中的战车方阵。需要注意的是，车旁手持长矛的士兵，可能是配合战车作战的辅助人员。（菲尔兹-卡雷系列藏品）

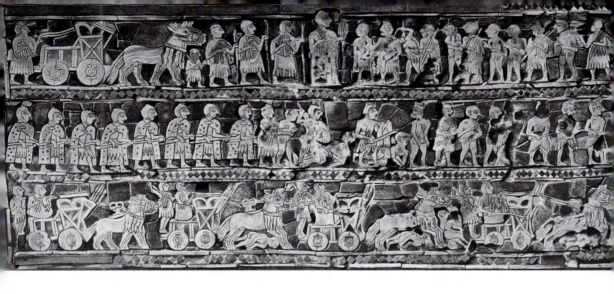

战车的出现对战术产生了破坏性影响,至少在开阔的平原地区,其作用相当于20世纪的坦克。其应用范围很快便扩展到了中东、印度和东亚,并跨越地中海,进入了欧洲。在这一过程中,它的构造日益完善。埃及人对此的贡献尤为显著,他们在公元前1720年遭到希克索斯人入侵,继而从后者那里引入了战车技术。埃及人把实心车轮换成了轻得多的有辐条的车轮,并把车厢底部的车轴从前方或中部移到了尾部,使其更易转弯变向。埃及人还对兵器进行了大范围的改进,复合弓取代了标枪,成为首要的战车武

> 谨防道旁小碎石,
> 勿使伤及马与车。
> 一旦车仰马也翻,
> 必增敌人之士气,
> 反灭自家之威风。
>
> ——荷马,《伊利亚特》第23篇第334—348行

上图:1920年代在伊拉克巴格达南部发现的一面苏美尔王朝时期的乌尔军旗,旗上绘制的内容应是国王陵寝中的流行题材,反映了当时士兵手持短柄梭镖驾驶四轮战车的情景。(英国伦敦大英博物馆菲尔兹-卡雷系列藏品,编号 WA121201)

下图:古罗马灯饰的复制品,反映了角斗场赛车时的情景。(图片由 AKG 图片社提供)

古代世界(公元前5000—公元500) 9

上图：公元前1274年的卡迪什战役是古代世界史上最著名的战役之一。它是埃及双人战车与赫梯三人战车展开的殊死较量。赫梯人率先在战车上使用了长矛，这对战车技术而言是一项重大进步。卡迪什战役最后以平局结束。（亚当·胡克绘画作品，图片版权归鱼鹰出版社所有）

上图：著名的凯尔特埃斯尼部落女王布迪卡的塑像，她驾驶战车，领导了一场反抗罗马帝国的起义。尽管凯尔特人使用了战车，但最终还是被更加训练有素的罗马军队打败了。（图片由爱斯托克图片社提供）

> **公元前 55 年罗马军团侵略不列颠时的战车大战**
>
> 他们（不列颠人）驾驶战车作战的方式是这样的：首先，他们纵横驰奔，把手中的兵器掷向敌军。狂奔的马匹和喧嚣的车轮通常会打破敌军的队列。当他们攻入敌军骑兵队伍之后，就会从战车上跃下，然后以步兵方式作战。与此同时，负责驾车的士兵会驾驶战车来到距离战场不远的地方，把战车停在那里；如果他们的主人被敌人优势兵力压倒的话，他们就随时准备接应己方撤退的部队。因此，他们在战时既可发挥马匹的速度，又能发挥步兵的近战能力。他们每天都会进行练习，对这种战术非常精通，即使在地势陡峭的地方，他们也能驾车全速前进，甚至站在马背上操纵马车绕着柱子进行急转弯，然后毫厘不差地回到车厢继续驾车作战。
>
> ——尤里乌斯·恺撒，《高卢战记》

器（关于复合弓，请参前文）。这确实是一种标准性搭配，战车提供了快速移动的能力，弓箭则可以发挥其远程杀伤力。

战车战术

从战术层面来看，战车提供了一种大范围冲击步兵队列，造成敌方战斗减员，破解敌方战阵的手段。为了实现这一目标，战车会高速冲向战场，使己方士兵接近有效射程，同时避开敌方弓箭发出的齐射，继而把利箭像雨点一般射到对方不幸的士兵身上。如果敌军向前冲击，驭者就会调转方向，高速回撤。但若敌军分散开去，他们就会成为战车单独打击的对象。战车与战车对决时，敌我双方将会呼啸着冲向对方，在高速行进中射出利箭，然后各自转弯，与此同时依然保持发射状态，因为没有人希望与对方的战车相撞。埃及人也率先把战车用作防御步兵攻击的盾牌。步兵可以在战车后面行进，当己方战车打败敌方战车，就能把己方步兵迅速带到敌方阵前发起攻击。

渐渐地，战车成了军事实力的显著象征，战车作战的场面则具有史诗般的意味——公元前 1274 年的卡迪什之战，约有 5000 辆战车参战。然而，在公元前 1000 年的末期，战车基本上从战场上消失了。造成这种现象的原因包括其不适用于复杂的地形条件，军队越来越多地以配备精弓的步兵为主，骑兵的力量也越来越强——单个骑兵可以轻易超过战车。即便如此，直到公元前 1 世纪，不列颠人仍在有效地使用战车。战车的事例表明，战斗力是可以通过机动性来改变的，这一启示时至今日依然成立。

004
青铜剑

青铜时代在许多方面都堪称一个革命性时代，而绝不仅限于创造出了第一件金属武器。石质武器在整个史前时代都曾为人类起到相当重要的作用，但其发展一直受到材料的限制。石头极易碎裂，石器的边缘尤其如此。为大部军队制造规格统一的石器也是完全不可能的，每个战士配备的武器都形状各异。而且，重量也是一个问题。人们可以很好地使用一把石质匕首，但若是一柄石质长剑的话，就不那么容易佩戴和使用了。

金属锋刃

金属革命使一切都发生了改变。铜是人类最先使用的金属，最早可以追溯到公元前9000年的中东地区，纯铜制造的武器大约在公元前3000年才开始出现。它们最初是简单的扁平匕首形状，但很快就发展出了其他样式，包括在亚洲许多地区使用的镰刀状砍伐兵器。埃及的"诺佩希"就是这种武器的典型代表。它的长度约为23.4英寸（合60厘米），看上去像是介于战斧和刀剑之间的武器。它基本上是一种砍杀型武器，既可用作处斩的工具，也可在步兵近战中使用。

到了公元前2000年，铜剑被制成更加常见的菱形或十字形双刃短剑，有时还会在剑身开一条浅槽，既减轻了剑的重量，也增强了剑刃的威力。这种武器之所以会从匕首演变成长剑，原因在于随着骑兵作战情况的增多，需要更适合从马背上发起攻击的较长的武器。在这些武器当中，有些堪称艺术精

左图：4把青铜时代的刀剑，其长度各异，但都制作于公元前1000年左右。（图片由艾瑞克·莱辛拍摄，由AKG图片社提供）

上图："诺佩希"的原意是"镰刀"，出自新王国时期（约公元前14世纪）的埃及。这把古剑是在一座古墓中发现的，很可能是在墓主下葬之前被刻意折弯的。（图片由AKG图片社提供）

品，剑柄装饰华丽，剑鞘采用了镀金。

这些武器令人赏心悦目，但有许多无疑只是在仪式上使用，并不会用于实战。而且铜在制成锋刃武器后也会产生一些重大问题。起码它们不易随身携带，也不好把握。由于铜质地较软，战斗期间极易损坏。直到公元前3000年左右，大约是在伊朗或苏美尔地区，出现了一项重要的冶金技术，即把铜和锡一起冶炼，就可制造出青铜。这种新型材料更加坚固，也更具延展性。

青铜武器

正是由于青铜的发明，人类才快速进入刀剑时代。青铜更容易铸造，可被打造成更

上图：公元前1000年左右的青铜武器，包括铜剑、盾牌和矛头。（图片由AKG图片社提供）

上图：青铜时代精美的意大利古剑和剑鞘，大约制作于公元前 600 年，如今藏于英国皇家军械博物馆。可以看到，剑身上刻有与剑刃平行的沟槽，显然耗费了不少工时。（英国皇家军械博物馆藏品，编号 IX.1280）。

加复杂的形状。青铜质地更加坚硬，更易把握，制成的锋刃也更加耐用。因而，从公元前 1000 年起我们看到，地中海地区、中东、亚洲和欧洲都开始出现青铜刀剑。

在外形设计上也出现了飞跃，剑身和剑柄被铸成一体，制造出了具有强大威力和军事用途的单兵武器。以欧洲和地中海的青铜剑为例，剑柄的末端通常会被打造成宽厚的圆盘状，剑柄与剑身之间的剑肩则比较宽阔，可以适度地防止使用者在握剑时被割伤。随着铸剑技术的显著提高，剑刃的长度也在不断增加。例如，典型的北欧"长舌剑"（得名于剑柄外形类似舌头），长度可达 33.5 英寸（合 85 厘米）。"长舌剑"是一种劈刺型武器，可用于砍杀和刺杀，是青铜时代众多兵刃中的典型代表。

随着时间推移，青铜剑被铁剑和钢剑取代，因为铁剑成本更低，钢剑性能更佳。即便如此，青铜时代的长剑依然为战争形态的转变奠定了基础。虽然在许多文化中，尤其是在中东和地中海一带，弓箭和长矛仍是许多国家的主战武器，但青铜剑仍为个性化的贴身武器树立了榜样。

> 他（吕卡翁）
> 长枪出手，双臂伸展，蹲下身去，
> 阿基里斯，拔出宝剑，高高跃起，
> 扑向对手，照准脖颈，狠狠一击，
> 将那剑身，尽数刺入，敌人身体，
> 吕氏倒毙，血如泉涌，浸染大地。
>
> ——荷马，《伊利亚特》

005
攻城塔

早在公元前 8000 年，人类就已开始建造城堡以保护自己不受外部的侵袭。中世纪以前，城市防御的手段基本上是建筑高墙和碉堡，前者在中东和亚洲地区较为常见，后者则至今仍能在欧洲一些高地看到。防御者因此能够居高临下地打击那些试图进入城里的人。

进城之法

进攻者若想攻破一座拥有城防的村镇或城市，也有几种办法可供选择。围城是一种显而易见的办法，旨在使敌人陷于饥饿或孤立状态，直到最后屈服。

另一种办法则是掘城，把城墙的地基挖空，从而使其坍塌。至少从公元前 5 世纪开始，中国、中东和希腊等地就已出现通过挖掘地道攻城的案例。还有一种办法是采取各种抛射型武器，集中对城墙或城门的某一目标发起攻击，直至将其摧毁。不过，在此期间，攻城者也会遭到防御者采用弓箭或其他高空掷物的攻击，所以攻城的代价很大。

除了挖穿或击破城墙的办法，还有一种选择是越过城墙。越过敌人城墙最常用的办法是使用云梯，在城墙外架设梯子，然后爬上城墙。不过，在架设云梯时，进攻方可能会遭遇各种危险，包括中箭、沸油淋头、烈

上图：多年来，历史学家和工程专家一直在想象古代攻城塔的模样。这是一幅绘于 19 世纪的图画，再现了公元前 332 年亚历山大大帝攻打加沙时的情景，攻城塔是其攻破加沙城墙的关键。（图片选自北风图片档案馆，由 AKG 图片社提供）

古代世界（公元前 5000—公元 500） 15

上图：埃庇马楚斯（Epimachus）是雅典著名工程与建筑专家，曾主持建造"赫勒波利斯"这一巨大的攻城设备，并在公元前305年用它攻打罗德斯城。根据古代编年史作家迪奥多罗斯（Diodorus）的记载，为了拖动它，征用了3400名壮汉，由于它底部的支架空间有限，每次只能容纳800人进行操作。"赫勒波利斯"一共分为九层，每层装有两部楼梯，一部直通塔顶，一部通向底层，以防上下阻塞。若要移动"赫勒波利斯"这座巨大的设备，即便用800人也十分吃力，因此极有可能需要借助畜力，并在底部安放滑轮。（布莱恩·戴尔夫绘画作品，图片版权归鱼鹰出版社所有）

    人类建造的最伟大的攻城塔高达120腕尺（每腕尺合45.7厘米），宽23.5腕尺，顶部面积是底部面积的五分之一。底部板材厚度为一尺，顶部板材厚度为半尺。塔楼主体分为20层，每层皆有一道3腕尺高的胸墙，外面覆有生牛皮，可抵御弓箭……龟状攻城塔的筑造原理与此相似，它也有30腕尺宽，塔顶以下的部分有16腕尺高。塔顶的楼层高7腕尺，所以在塔顶中央至少可以再建一座12腕尺宽的小塔楼，它可分四层，顶层可以放置蝎尾状攻城锤或投石机，以下各层则可以储存大量清水，用以在塔楼起火时浇灭火焰。塔内还装有希腊人称作"克里多瓦克"的机械设备，通过绳索操作其中的圆形滑轮，就能灵活高效地前后移动攻城塔。这种龟状攻城塔和其他攻城塔一样，外面也覆盖着生牛皮。

——马尔库斯·维特鲁威，《建筑十书》

上图：18世纪法国画家绘制的埃庇马楚斯"赫勒波利斯"示意图，其中有几处错误，比如轮子的数量、塔楼的层数，以及巨大的吊桥。它其实只有八个轮子，而且不为人所知的是，轮子共有两排，每排各有四个轮子。这幅图片展示了它极富创意的滑轮移动装置。目前尚未发现古代作家提及这种移动古代机械的方法，相关的历史真相至今仍有争议。（邓肯·坎贝尔博士个人藏品）

埃庇马楚斯建造的"赫勒波利斯"的技术规格（编年史家迪奥多罗斯记载的情形）：

轮子数量：8个
轮子宽度：3英尺（合0.92米）
塔楼宽度：72英尺（合21米）
塔楼高度：130英尺（合40米）

火烧身、石块砸伤，或是梯子被掀翻。相比之下，攻城塔可使进攻者免遭高处袭来的危险。这种设施通常包含一座木塔，底部有四个或更多轮子。底轮的设计意味着可将塔楼推到距离城墙更近的地方，塔楼的木墙则可对塔内人员形成一种保护。一旦塔楼就位，就可以在塔楼和城墙之间架设一块跳板，使进攻者潮水般涌入城内。

古代世界（公元前5000—公元500）

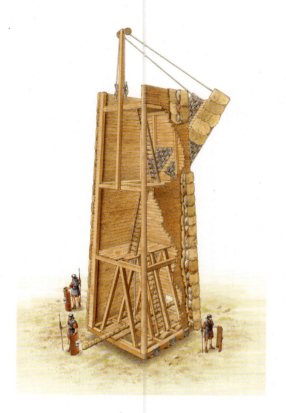

左图：自公元前 200 年起，罗马军队就开始越来越多地使用攻城塔。正如图中所示，作为一种防火装置，塔楼外侧覆有生牛皮，夹层里还填充了垃圾。在罗马征服犹太王国期间（66—74），攻城塔顶部设有铁板，使得塔身吃重更多，但防御性能更佳。然而，罗马的工程专家并不总能注意塔身的承重能力，结果导致一些攻城塔最终坍塌。（布莱恩·戴尔夫绘画作品，图片版权归鱼鹰出版社所有）

庞然大物

攻城塔是若干围城设备中的一种，但却堪称最引人注目的一种。早在公元前 1000 年，它们就已被人使用。它们并不只是一种消极防御的设施，塔楼内部其实配备了各种兵器。尼姆鲁德宫殿有一座公元前 9 世纪的亚述浮雕，描绘了有六个轮子的攻城塔作战时的情形。在塔楼行进时，塔内的弓箭手连连施射，塔楼前方突出的木槌则猛烈撞击着目标。

攻城塔的雄伟结构也很成比例，著名的"赫勒波利斯"（摧城拔寨王），曾在公元前 305 年安提戈涅攻占罗德斯的战斗中建立奇功。这座攻城塔高约 130 英尺（合 40 米），宽约 65 英尺（合 19.8 米），内有九层，经由两部楼梯相连，约可容纳 200 人。塔楼三面覆有铁板，不惧火攻，另有可以开关的闸门，打开之后，塔内人员可以通过投石器或弩炮发射威力巨大的炮弹。

并非所有的攻城塔都像"赫勒波利斯"那样威武，它们的大小通常与所要攻占的城墙相当，几乎可以触及防卫者的鼻子。移动攻城塔时，工程专家们就得靠自己这边的弓箭手来压制对方的火力。攻城塔在中世纪时期用得最多，但也正是在这一时期，它们也开始走向衰落。从 14 世纪起，随着火炮的应用逐渐增多，移动不便的木质攻城塔在城防火炮的反击下，显得越来越不堪一击。即便如此，作为笨重的攻城装置，昔日这些史诗般的作战平台如今仍能给我们留下深刻的印象。

006
罗马弩机

罗马人的诸多天赋当中,最突出的一点便是他们善于学习他人的长处。在公元前3世纪的布匿战争期间,罗马士兵领教了希腊弹簧动力火炮的厉害,这种装置既能投掷石弹,又能发射杀伤力极大的巨型弩箭。于是,罗马工程师采用了希腊人的设计,并加以改进,从而创造出一种新型武器,堪称火炮的前身,乃至机关枪和重机枪的前身。

重型武器

用于发射弩箭的罗马武器有好几种,其中最大的一种是弩机。在现代人看来,它的外形酷似一张由多人操作的巨弩。罗马共和时代与罗马帝国早期的弩机是木制的,只有局部被包以铁片。罗马帝国后期,弩机变成纯铁结构,变得更加耐用,在恶劣的气候条件下,性能也十分稳定。弩机的力量来自两条用兽皮拧成的弓弦,弓弦的两端被固定在弩臂上。弩机上弦时要使用杠杆,然后通过棘轮加以固定。弓弦被放开时,就会释放出强大的弹力,足以发射一块石头或一支重箭。

弩机是一种威力巨大的武器。典型的弩机可以发射重2.5磅(合1.1千克)的弩箭,有效射程可达300码(合274米)。

最大的弩机理论上可以发射重约10磅(合4.5千克)的弩箭,射程可达450码(合420米)。它们的精度也极高,不论是史书的记载,还是古人的笔记,都确信无疑地证

右图:一幅绘制于17世纪的罗马"天蝎型"弩机示意图,图中的两名操作人员正在准备发射一组弩箭。(IAM 世界历史档案馆藏品,图片由 AKG 图片社提供)

古代世界(公元前5000—公元500) 19

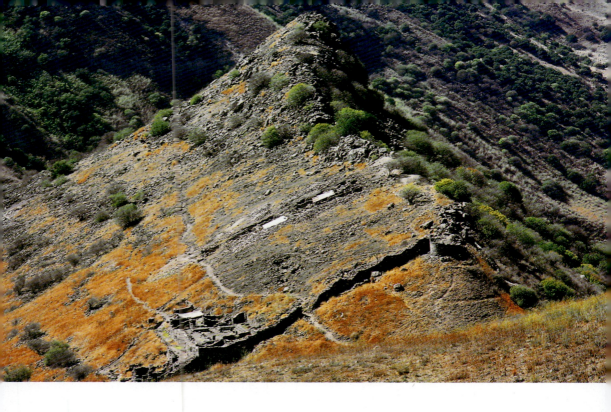

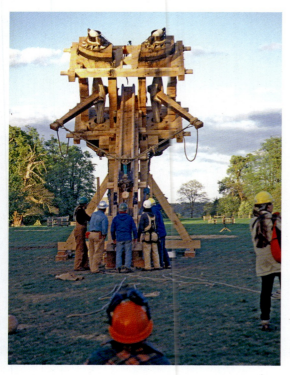

上图：罗马军队不会因为地势险峻就停下其攻城的脚步。这幅照片拍摄的是今以色列境内的迦玛拉古城遗址，该城曾被罗马军队攻克。近年来，考古学家在当地发现了弩机炮弹，从而确凿无疑地表明，罗马军队曾在此地使用过弩机。（邓肯·安德森博士个人藏品）

左图：参照罗马工程专家维特鲁威为皇帝奥古斯都创作的《建筑十书》中的介绍，艾伦·威尔金斯（Alan Wilkins）于2002年为英国广播公司主持制作了一架专门用于发射石弩的大型罗马弩机的现代复制品。从图中可以看到，弩机后面放置着一些重达57磅（合26千克）的石弩。（图片由艾伦·威尔金斯惠赐）

明了这一点。英国黑铁时代的一位人物遗骨显示，此人死于公元43年反抗罗马军队的多塞特郡梅登城堡之战，死因是被弩箭射中了脊柱。

罗马人的改良

对罗马人而言，弹簧动力的大炮显然是一种极有价值的武器，他们继而发展出了几种变体。"天蝎型"巨弩就是其中一个很有意思的分支。它保留了弩机的弹射装置，但外形要小得多，只需一人即可操作，标准的弩机则需要六个人才能运作起来。"天蝎型"巨弩是一种野战武器，是在运动中发射远程弩箭的理想装置。每个罗马军团在作战时可携带60张"天蝎型"巨弩，通常用于在高处集中发射弩箭。一个军团每分钟可以发射多达240支弩箭，准确命中90—360码（合80—330米）内的目标。它们的威力足以射穿敌人的盾牌和贴身盔甲，相当于早期的步兵火力支援。

除了弩机和"天蝎型"巨弩，罗马人还发明了另外一些弓弩型武器，其中包括徒手操作的"手弩"和车载型"车弩"，后者能以轻型野战炮的形式在战场上四处移动。罗马人甚至发明了一种外号"多面手"的具有"装弹"功能的弩机，可以自动装弹、扣动扳机、发射弩箭。英国广播公司纪录片频道的一个小组研究了这种武器之后，复制了一件仿品，发现它每分钟可以发射11支弩箭，有可能是有史以来最早的自动武器。

可以说，罗马弩机的许多性能在当时都处于领先地位。它们表明，罗马人的许多胜利并不纯靠蛮力、刀剑和长矛，而是十分高妙地采用了机械动力的武器发射装置。

上图：身穿罗马战服的两位男士正在使用罗马弩机的复制品发射重达4磅（合1.3千克）的石块。（图片由厄敏·斯特里特·古尔德惠赐）

> 弩机的建造原理尽管各不相同，目标却非常一致。有的可用手柄操作，有的需要使用绞盘，有的需要使用绞车，有的则需要使用拖线盘。不过，任何一种弩机在建造时，都需要考虑它所要发射的石头的重量。因此，它们的原理并不是人人都能理解，只有那些懂几何学并精于计算的人才能掌握。
>
> ——维特鲁威，《建筑十书》

007 三重划桨战船

公元前3000年左右，地中海水域出现了战舰——主要是那些通过水手划桨来驱动的战船。在船舵（相对于早期的转向船桨而言）发明以前，人类的航行技术非常古老，尤其处于逆风情况时，在速度和转向性能方面水平十分有限。还有一点必须留意，即地中海区域的水战很大程度上仅限于沿岸一带，通常是一支舰队侵略某座城邦时，当地的海防部队就得仓促应战。正因如此，在复杂的作战环境中，战船必须具有迅速转弯的能力。划桨战船不但具有这种特点，其变速能力同样出色。

划桨的威力

最早发明出战船的人是希腊人和腓尼基人。最初，他们在两侧船舷各自设置了单排划桨。这种船被称为"桨帆并用船"。接着出现了两重划桨战船，设置了两重划桨，高低不同，分别由不同的划手驱动。三重划桨战船大约出现在公元前8世纪的腓尼基，其设计理念简单而言就是划桨越多，动力越足。

作战时，三重划桨战船主要使用两种战法：正面撞击和登上敌船作战；根据交战方的国别，这两种战法各有侧重。典型的雅典三重划桨战船的木制撞锤顶端覆上了青铜，在水平线的位置从船头延伸出来。撞锤重约440磅（合200千克），可以轻易地击穿一艘船的船壳。其作战策略是，舰队统帅要么指挥战舰排成纵队，要么排成横队，目标分别是冲散敌方舰队或从侧翼将其包围，继而对敌舰的尾部发起攻击。三重划桨战船上通常都会配备一小队弓箭手和水手，前者旨在消灭远处战船上的敌人，后者则可在靠近敌船时登上敌船作战。

上图：19世纪在雅典卫城发现的一幅制作于公元前5世纪的大理石浮雕。在仿造三重划桨战船，尤其是位于顶部第三重的外伸支架时，这幅浮雕是一项重要的参考依据。（雅典卫城博物馆藏品，图片由威廉·谢泼德惠赐）

上图：爱琴海上航行的三重划桨战船。（希腊海军惠赐图片）

经典设计

总体而言，以三重划桨战船为代表的古代战船在一千年左右的时间里主导了海上的战事。它们决定了古代历史上一些重大海战的胜负，例如公元前480年的萨拉米斯海战期间，希腊人在狭窄的萨拉米斯海峡用三四十艘三重划桨战船击溃了前来入侵的波斯大型舰队，因为三重划桨战船更加机动灵活。罗马人、拜占庭人，以及许多其他国家也曾在几百年间使用了三重划桨战船，罗马人还在战船上装配了弩机和投石器等重型武器。随着时间推移，三重划桨战船演变成了

> 海战靠的是技术……舵手和舱面人员是我们最宝贵的财富，我们这里数量更多，而且在全希腊素质最高。
>
> ——选自《伯里克利文集》第1卷第142—143页

三重划桨战船的结构

以希腊三重划桨战船为例,典型的船体长度为130英尺(合40米),横梁宽度为19英尺(合5.8米),水面以上高度(从水面到船舷)约为6英尺(合2米),吃水深度为3.3英尺(合1米),是一种适宜在浅海地区游弋的理想舰只。由于船底是平的,这就意味着三重划桨战船非常适合登陆作战。两侧船舷配备了约170支船桨,从而能使三重划桨战船的最高航速达到8节,当地普通船只的航速只能达到4—6节。

左图:"奥林匹亚号"三重划桨战船的现代仿品的第三重划桨"座椅"。值得注意的是,桅杆位于中间的甲板梯口,表明它既能迅速靠岸又能驶离战场。(图片由威廉·谢泼德惠赐)

下图:罗马三重划桨战船的剖面示意图,表明船舱底部设有座椅,可供划手休息。(图片由盖蒂图片社提供)

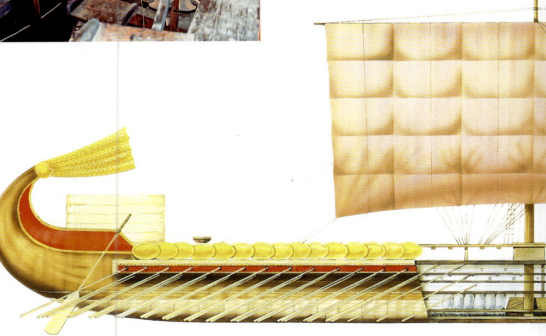

诸如四重划桨战船和五重划桨战船那样的大型舰只，虽然没有增加划桨数量，但却增大了船桨的宽度，并为每只船桨配备了更多的划手。正因如此，出色的结构设计使得这些战船直至18世纪仍然主导着海上的战事。1571年，基督教国家与奥斯曼帝国的穆斯林人之间的勒盘陀战役，可谓划桨战船的最后一次大战。至此，划桨战船暴露出了无法胜任炮舰角色的弊端。随着方向舵的发明，以及船帆的改进，划桨战船的机动优势也风光不再。此外，进入"大航海时代"后，帆船已经能够从事远洋航行，这就意味着曾经长期主导历史的划桨战船也要退出历史舞台了。

上图：伊特拉斯坎人墓葬中绘有黑色纹饰的基里克斯陶杯，出土于意大利伏尔奇，约制作于公元前540年。在陶杯的内饰中，希腊神话人物狄奥尼索斯躺卧在一艘装有攻城锤的战船甲板上。（菲尔兹－卡雷藏品）

古代世界（公元前5000—公元500） 25

008 短剑

在二百五十多年的时间里,每当罗马军团走上战场时,首先都要配备三种武器:重标枪、长盾和短剑。有了这三种武器,外加严格的纪律和操练,使冷峻的罗马士兵在很大程度上成了西方有史以来最庞大的帝国的缔造者。短剑具有古代世界步兵武器的完美功效,在欧洲丛林和罗马角斗场里都留下了自己的痕迹。此处需要指出的是,我们谈论的并非刀剑中的一种,而是一种不断进化的武器,从罗马共和时代进入帝国时代,它的外形也发生了改变。

剑的类型

西班牙长剑是已知最早的刀剑,公元前2世纪就已投入使用。它虽名为西班牙长剑,但其真正的古代起源已不可考。它是短剑家族中体型最大的一种,其剑刃长达25—27英寸(合64—69厘米),宽约1.5—2英寸(合4—5.5厘米)。就剑刃的主体部分来说,两侧剑刃要么平行,要么呈蜂腰状,末端是尖锐的剑头。剑柄末端则是一块大铁环,可以起到平衡剑身的作用。

西班牙长剑是一种真正的步兵武器,极易掌握,既可用于砍杀,也可用于刺杀。它是刺破轻型铠甲或穿透敌人软肋的理想武器。不过,从奥古斯都(公元前27年至公元14年在位)时代起,西班牙长剑则受到了另一种剑的挑战。这种剑被称作美因茨/富

右图:短剑不仅是罗马士兵的主要武器,还是角斗士的格斗器械。整个罗马帝国时期,角斗士都要用手中的短剑做殊死搏斗。这幅镶嵌画曾是罗马一座房屋的装饰品,大约制作于公元200年。(图片由彼得拉契夫·史蒂芬斯拍摄,由AKG图片社提供)

上图：典型的罗马进攻阵型示意图。持军旗者引领队伍，后方持短剑者则以持长矛者为辅佐。图中小图是罗马军团"棋盘形"经典战阵示意图。（安格斯·麦克布莱德绘画作品，图片版权归鱼鹰出版社所有）

勒姆短剑（因发现地点而得名），剑身更短，硬度更高，剑刃长 20—24 英寸（合 50—60 厘米），宽 2—2.5 英寸（合 5—6 厘米）。这是一种极易操作且威力巨大的贴身武器，它的剑头极为锋利，专门用来对付身穿铠甲的敌人。

西班牙长剑曾被誉为"征服了世界的宝剑"，通过奥古斯都时代的伟大扩张，美因茨/富勒姆短剑延续了这一传统。不过，公元 1 世纪中期，这两种剑被一种名为庞培剑的新型刀剑比了下去，后者是因在火山灰覆盖下的庞培古城中发现而得名。庞培剑的剑身被进一步缩短到 16.5—21.6 英寸（合 42—55 厘米），重量更轻（重约 2.2 磅，合 1 千克），速度更快。有证据表明，庞培短剑源于角斗场中的格斗用剑，其主人是古罗马当之无愧的剑术高手。庞培短剑在罗马军团中一直服役到公元 2 世纪中期，直至被剑身更长的斯巴达长剑所取代。

左图：配有精美剑鞘的罗马共和时代晚期的短剑。（英国皇家军械博物馆藏品，编号 IX.5583）

古代世界（公元前 5000—公元 500）

实战表现

各种类型的短剑都是极佳的战斗武器，与盾牌和长矛相配，威力尤为突出。实际使用时，罗马人通常会把短剑佩戴在臀部右侧，而非左侧。（如果从左侧拔剑的话，有可能伤及紧靠在左侧的战友。）士兵通常左手持盾，右手持矛。他们就这样与战友一起行进，一旦进入有效攻击范围，就把手中的标枪投向敌军，然后拔出短剑，冲向敌阵进行贴身近战。在盾牌的保护下，士兵可以用短剑劈砍、斜砍、直刺，训练有素地打倒一切敌人。

在缔造帝国的过程中，短剑发挥了重要作用。不过，我们也不能过于夸大它的功效——从许多方面来讲，它都只是一种相当卑微的刀剑，适于为大军当中各个级别的军人配备。即便如此，它仍出色地完成了任务，为势不可挡的罗马军团增加了更多威力。

下图：直到公元2世纪，短剑一直都是罗马军团的主战武器。在此期间，罗马铸剑师开始铸造各种饰有图案的刀剑。他们使用含碳量不一的铁条打出各种色调的剑身，继而扭曲变形，然后进行无数次的锤打，使其既结实又有弹性。最后的工序是锻接剑刃，确保每把刀剑的造型都独一无二。（安格斯·麦克布莱德绘画作品，图片版权归鱼鹰出版社所有）

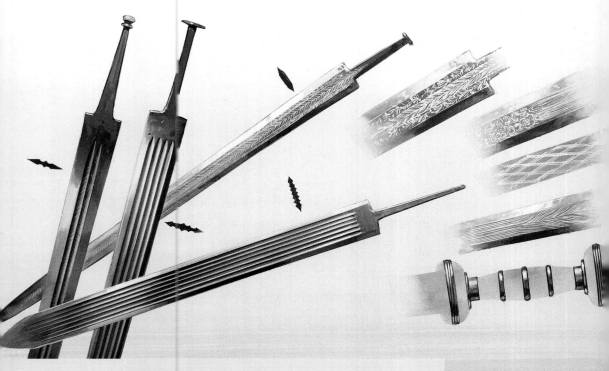

刀剑从不杀人，杀手才会杀人。

——卢修斯·埃尼阿斯·塞内卡，《道德书简》第87篇第63—65行

009 希腊长矛

长矛无疑是人类最早的武器之一,虽然它只不过是一端炙烤变硬的尖利木棍。随着时间推移,它们在战争过程中逐渐分成两个基本类型:投掷型和穿刺型。前者可以造成远距离杀伤,旨在进行贴身近战之前尽可能地消灭敌人,然后才用后者进行近距离搏杀。即便有这种区分,长矛本身的设计仍然具有先天的局限性,不管材质多么精良,所有的长矛都只不过是一根枪杆外加一个枪头。然而,在人类历史的某些时期,即便是最普通的武器,也曾与步兵的战术完美地结合起来,帮助一些国家变得强盛起来,或者击退了强大的敌军。希腊装甲步兵就是其中的一个案例。

装甲步兵

装甲步兵是古希腊城邦的民兵,从公元前7世纪到公元前4世纪,他们是地球上最精良的武士之一。他们基本上都是业余的士兵,只有在国家危急时刻才应征入伍。他们当中应该包括当时的精英人士,因为他们在很大程度上需要自备盔甲、盾牌、刀剑和长矛。

右图:这幅保存完好的古希腊大理石浮雕清晰地描绘了手持长矛的装甲步兵的模样。(图片由尼玛塔拉拍摄,由AKG图片社提供)

国家将会为他们提供一些军事培训。作为一支业余部队,意味着他们要更加注重装甲步兵的强健体魄、运动天赋和高昂士气,而非高超的格斗技巧。当然,斯巴达城邦那样的武士例外。

使希腊装甲步兵威力如此巨大的秘诀,在于军阵和武器的结合。装甲步兵的主要武器是鱼叉型长矛。这种长矛长得出奇:其长度可达10英尺(合3米),重约4.4磅(合2千克)。长矛的一端是树叶状的宽阔矛头,另一端则是被称作"萨鲁特"的金属尖钉。

这种尖钉的功用值得讨论:几乎可以肯定,它具有平衡枪身的作用,使长矛更易把持和挥动;另一方面,它也可被临时用作枪尖,自上而下对敌人露出的脚掌发动攻击。它甚至还可以插在地上,固定住长矛,以抵御敌军的进攻。

希腊长矛的功效只有在装甲步兵方阵作战时才能发挥出来。步兵方阵由重重士兵并肩站立组成,通常有八重,迎敌的那一面长度可达几百码。在战斗中,处在不同方向上的两个方阵可以挺起长矛开向对

下图:一只制作于公元前7世纪的古瓶上描绘的希腊枪阵。(罗马朱利亚博物馆藏品,图片由吉亚尼·戴格利·奥尔蒂拍摄,由艺术档案馆提供)

上图：训练有素的八名军人组成战阵，肩扛长矛，列队前进。他们很有可能是雇佣兵，队中左数第五人应是其长官，他在扭头发号施令。（图片由尼古拉斯·色贡达惠赐）

方，进入攻击范围时，就会使敌人血流成河，尸横遍野。长矛的长度为不同队列之间的士兵初步提供了有限的防御空间，它也意味着后面的队列可以在前面队列的身后发起攻击，而且也能击中目标。在前方盾牌掩护之下，后面的士兵可以反复刺杀敌人，给后者造成恐怖的重创。这些方阵最后可以汇合成一个狂暴而密集的队伍，借助后方队列的推力，仅用盾牌就能给敌人构成极大的压力。这种压迫式战法被称作"奥蒂斯摩斯"，即"推搡式行军"。

战阵的功效

身处战阵之中，会让人感觉幽闭而残

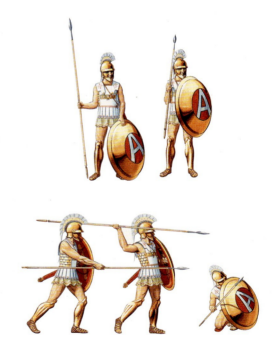

上图：修复过的希腊古瓶上的图案详细描绘了希腊武士操练长矛的情景。（图片由彼得·康纳利拍摄，由AKG图片社惠赐）

古代世界（公元前5000—公元500） 31

希腊武士的装备

和他手中的长矛一样，这名希腊武士也在战斗中使用了其他几种重要工具和装备。他可能有一把双侧开刃的"西佛斯"短剑，或是单侧开刃的镰刀状"科匹斯"军刀，两者都是单手使用的武器。他还可能穿着基本的护身盔甲。公元前5世纪，这种盔甲可能是由大庥纤维、亚麻纤维和毛线织成的加厚服装，或是交叉覆盖的青铜鳞片。胫甲可以保护小腿，打造得当的金属头盔可以保护头部、颈部和面部。最重要的防御装备则是他手中的"霍普伦"盾牌。这种盾牌通常采用木制，有时也会在正面包上一层铜片。

忍，但在出色的指挥家手中，这种战阵的功效可以被发挥到极致。例如，公元前334年至公元前323年，马其顿的亚历山大利用战阵征服了东欧和中亚的大部分国家。他的战阵在十六重到三十二重之间，阵中的装甲步兵使用的是更长的"萨利萨"长矛，长度达到了创纪录的23英尺（合7米）。亚历山大的士兵是职业军人，全都训练有素。公元前2世纪，这种战阵在与罗马人对阵时，显示出了自身的局限。罗马人通过人员调遣、使用火攻，并借助恶劣的地势，冲散了密集的战阵，继而使装甲步兵任由全副铠甲不惧刀剑的罗马士兵大肆屠戮。即便如此，希腊长矛和"萨利萨"长矛也展示出了一片枪林所能取得的巨大功效。

中世纪

（500—1500）

THE MEDIEVAL WORLD 500-1500

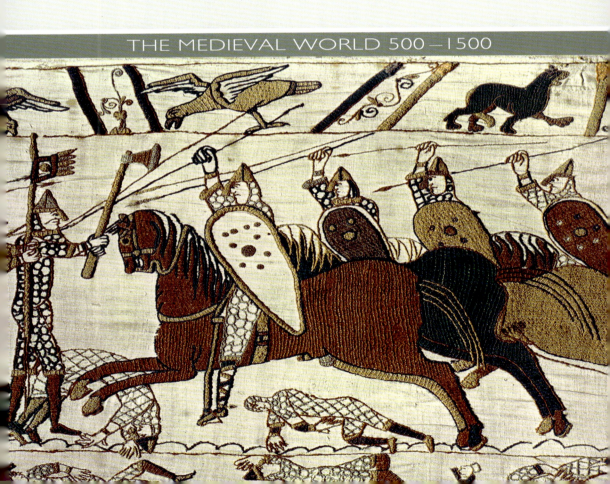

010

希腊火

希腊火并非人类历史上的第一种火器。作为"焦土策略"的一部分，火本身就能被"武器化"，可用于烧毁敌人的庄稼、城堡或房舍。据史书记载，公元前8世纪的时候，亚述人就曾用浸过沥青的布条缠在箭上，然后点火发射；犹太人在公元前710年攻占拉齐什的时候，也曾用过这种办法。早在公元前5世纪，就有关于抛射火球装置和使用硫黄燃料的神秘传说。但是，直到公元672年，一位从赫利波里斯来的名叫卡拉尼科斯（Kallanicus）的工程师才真正制成了一种更具破坏性的物质。

致命组合

"希腊火"的具体成分至今仍不为人所知——它很像是混杂了生石灰或硝石的类似汽油的东西——不过，它基本上属于一种易燃的黏稠液体，可以在几秒钟内把敌人的船只或建筑物化为一片火海。而且，它似乎无法通过泼水的方法加以扑灭，当年曾有人试过这种方法，结果反而加重了火势。它最先被改造成了一种海军武器，主要通过两种办法来烧毁"多罗门"（拜占庭战船）的甲板。第一种办法是把它装进陶罐，外面裹上燃烧着的布条，然后用甲板上的弩炮发射到敌船上去（这些燃烧罐还以原始霰弹的方式装了蒺藜）。这些陶罐在撞到敌船破裂之后就会引燃罐中的燃料。第二种办法更有创意，希腊火经由名为"希芬"的铜管，装在刻有威猛龙头或狮头的船首，然后以可怖的火柱形式喷射。其实，这就是最早的喷火器。它的使用方法令人浮想联翩，但其主体部分有可能是可供加热的金属器皿，内部压力增加到一定程度，就会打开"希芬"的阀门，并点燃释放出来的液体，其有效射程可达49英尺（合15米）。

右页图：整个中世纪期间，希腊火曾被各种武装力量广为使用，其中包括撒拉逊军队。这幅图画反映的是一件公开报道过的神迹，一阵天风把撒拉逊军队使用的希腊火势头逆转，从而拯救了十字军战士。（图片由布里奇曼艺术图书馆提供）

上图：正如这幅图片所示，希腊火不仅是一种海军武器，还能有效地用于防御或攻城。（选自大约出版于1605年的《梵蒂冈古希腊抄本》）

拜占庭成了地球上最强大的航海国家之一。公元7世纪到8世纪，希腊火还帮助他们在君士坦丁堡抗击阿拉伯舰队的战争中取得了决定性的胜利。后来，在拜占庭帝国扩张过程中，希腊火也帮助他们击败了中东和东欧的各种敌对势力。希腊火也成了一种陆战武器——"切洛希芬"手动喷火装置就是一种装在攻城塔上的武器，用于从上到下向敌人的城堡或防御工事喷洒火焰。

然而，到了13世纪，希腊火基本上从史书上消失了，并且再也没有重现。毫无疑问，在理想的条件下，希腊火是一种有效的武器。但若距离敌人较远，或风向不利，它的功效就会受到局限。随着火炮在14世纪的应用日益广泛，希腊火也就淡出了人们的视野。即便如此，希腊火也提醒人们，20世纪的各式喷火武器同样有其古老的祖先。

实战考验

在五个世纪的时间里，拜占庭帝国在战争中使用了希腊火。在这种武器的帮助下，

右图：中世纪早期，拜占庭帝国凭借希腊火成功地统治了地中海一带的水域。他们使用的是一种含有硫黄、石脑油和生石灰的混合物，正如这幅图片所示，通过战船上的铜管喷射出火柱。至少有两艘撒拉逊战舰被拜占庭战舰喷射的希腊火烧毁。（布里奇曼艺术图书馆藏品）

亲历希腊火

让·德·卓因维尔（Jean de Joinville）是13世纪法国贵族，此处是他回忆自己目睹第七次十字军东征期间撒拉逊人使用希腊火的情形：

希腊火的使用方法是这样的：它的前端像装醋的大桶一样宽，后面的尾部则像一支巨大的长矛；它的声响如此巨大，仿佛天上的炸雷一般。它看上去就像一条在空中飞舞的巨龙。它发出的火焰如此明亮，把整个军营照得跟白昼一样，由于大火的缘故，这种光亮显得五彩斑斓。那天夜里，他们使用希腊火对我们发动了三次攻击，还四次用大弹弓发射火弹。

左图：这幅绘于13世纪的英国古画表明，希腊火也可用于攻城。（古代艺术与建筑图片室藏品）

011 中世纪长剑

又凭一种刀剑是不可能界定整个时代特征的。我们发现，整个中世纪时期，从双手才能掌握的长剑，到匕首大小的短剑，刀剑在设计方面发生了巨大改变。不过，在一些主流设计方面，某些刀剑确实能够界定欧洲几百年的战争方式。

格斗用剑

6—9 世纪，经典的西洋剑通常在 35—42 英寸（合 90—102 厘米）之间，剑身平直，双侧开刃，剑柄底端呈圆形。剑身刻有凹槽，剑柄形状各异，或呈方形，或呈三角形，比较厚重，既为美观，也为更好地平衡剑身。剑身与剑柄之间装有十字形护手，既可保护使用者的手掌，也能抵御敌人的刀剑。随着锻钢技术的发展，含碳量不同的钢铁可以锻造出各种款式的刀剑，不仅使剑刃更加坚固，还能将其打造成各种颜色。维京人尤其擅长打造这种刀剑，他们经常给剑柄加上几何形的银质、黄铜或黄金饰品。

基于战术方面的考虑，中世纪的刀剑款式不断发生改变。曾在 1000—1300 年间广为流行的经典"佩剑"，是一种重量较轻、宜于单手把持的劈刺型武器。腾出来的另一只手，则可以握住一面又小又圆的"纽扣"

上图：爱德华三世的大印章，描绘了他右手握着带链的长剑、左手持盾时的英姿。在中世纪，长剑高昂的制作成本显然是一种地位的象征。（不列颠图书馆伊格尔顿·查特尔藏品，编号 2132）

右页图：这是一本德国古书中的插图，描绘的是长剑劈开敌人头盔时的血腥场面，反映了长剑的骇人威力。

状盾牌。这种组合可以使用灵活多样的格斗技巧,许多中世纪的教学手册对此有着生动的描绘。随着时间推移,贴身铠甲变得越来越重,佩剑也就相应地变得越来越长,越来越沉,以增加挥动起来的威力,给敌人造成重创。到了14世纪初,出现了一种锋刃长达50英寸(合125厘米)的长剑,剑柄也很长,既能起到平衡剑身的作用,也能使人用一只半手或两手握剑。这种武器就是著名的长剑,重约3.3磅(合1.5千克),一击之下,可以产生巨大的杀伤力。

金属盔甲

13、14世纪期间,随着金属盔甲在战场上的应用日益广泛,欧洲传统刀剑遇到了最大挑战。金属盔甲一般无法用刀剑砍破,这就迫使刀剑设计者打造出更加刚硬的钻石型剑刃,以及更加锋利的剑尖。

下图:1640年12月30日的威克菲尔德之战。可以看到,约克公爵理查虽然身穿带有徽章的意大利铠甲,却仍在这场战斗中丧命。这是英国玫瑰战争中的一部分,残酷的杀戮和后来的处斩行为,说明战争大部分期间崇尚的骑士风度开始衰落。值得注意的是,这幅图中居中偏左的那位武士采用的是双手持剑。(格雷汉姆·特纳绘画作品,图片版权归鱼鹰出版社所有)

上图：一柄典型的中世纪长剑。（英国皇家军械博物馆藏品，编号 IX.1169）

新的设计方案更加注重剑尖的刺杀威力，而非剑刃的砍杀威力，旨在刺穿金属盔甲的薄弱之处，或者盔甲不同部分之间的连接点。马背上的骑士为了保障作战效果，经常在冲入敌阵时，臀部挂一柄劈刺型短剑，同时在马鞍一侧配备一把刺杀用的长剑。（有关刺杀型刀剑的专门讨论，参见本书第82—83页。）

谈论中世纪长剑时，我们必须承认，其使用范围仅限于那些买得起它们的社会上层人士。后来，至少单从数量方面来看，主导战场的是一些大众武器，如弓箭和普通刀剑。然而，剑无疑是最多才多艺的格斗武器，只有具备技巧和胆识，才能攻防得当。直到文艺复兴初期，随着火器的出现，长剑的价值才受到质疑。

长剑的剑柄

在格斗中，长剑的剑柄长度可以为剑锋提供微妙的助力。当然，人们也可以像握乒乓球拍一样握住和挥舞长剑，但是，靠近剑柄末端的那只手可以在刺杀时提供助力，或在劈剑时按在护手上，以增加砍杀的威力。在诸如费奥雷·德·利伯里（Fiori de Liberi）于1410年所著的作品中，也曾描述过一种单手持剑的情形。需要指出的是，剑刃并非佩剑和长剑唯一的进攻部位。宽大的护手也能钩住对手的软肋或佩剑，从而使其门户大开；剑柄末端的铁环也是一种刚硬的工具，可以对敌人的头颅或胸部造成重创。

012 丹麦战斧

在一件极为著名的贝叶挂毯上,描绘了诺曼人 1066 年征服英国时的战争场面,其中有一种武器,其威力着实令人胆战心惊。有一幅画面,描绘的是哈罗德国王的一名侍卫用一柄宽大的斧头击碎了一匹诺曼战马的头骨,令其他骑兵吓得发抖。这种武器就是丹麦战斧,在几个世纪的时间里,它可谓是最有杀伤力的单兵武器之一。

维京渊源

正如其名称所示,丹麦战斧是维京人发明的一种战斧,最早出现在 8 世纪,此后直到 14 世纪仍被各种军队使用。实际上,维京人的战斧有若干种类型。最小的一种呈鱼鳍状,斧刃后部有一条长长的金属"胡须",用来钩住敌人的盾牌边缘,使其从敌人那里脱身,继而使敌人遭受战友的长矛或刀剑攻击。相比之下,通常意义上的战斧则没有这类"胡须",而是采用宽大的钢制斧刃,长约 6 英寸(合 15 厘米),斧柄长度约为 24 英寸(合 60 厘米)。这些战斧是绝佳的近战武器,重量适合单手掌握,另一只手则可握住一面生牛皮或木头制成的盾牌。不仅如此,它们还能像导弹一样掷向敌人。

不过,丹麦战斧的终极原理是用于实

上图:1920 年代在伦敦桥的考古挖掘中发现的一具三角形铁制斧头。如其名称所示,丹麦战斧源于维京人。9—10 世纪,斯堪的纳维亚统治者一直力图征服英格兰,曾在泰晤士河畔发起过多次战斗。(图片由艺术档案馆提供)

战。这是一种需要双手来握的武器,作为一种必要的武器元件,其手柄长度可达 5 英尺(合 1.5 米)。斧头由铁或钢打造而成,斧刃和斧锤都很宽大，用于砍杀的锋刃宽度可达18英寸（合46厘米）。斧刃可向下及向内砍杀，以最大限度地增加砍杀的威力，这种外形设计可能跟古代宰杀动物的工具有关。斧刃所用的材料是一种高碳钢，比斧头的其他部分材质更好，从而更加耐用，更加锋利。

丹麦战斧的杀伤力是不容置疑的。一旦被用力挥舞起来，它就能够轻易劈开头盔，切断盔甲之间的连线，砍掉敌人的头颅或臂膀。它可以径直劈向敌人的头部，也可从斜上45度砍向敌人的颈部、肩膀或大臂。贝叶挂毯上的图画也不是没有砍杀战马的画面。其实，这可能是丹麦战斧最大的用途之一，因为战斧使用者在对阵使用刀剑的落马武士之时，优势并不明显。（详见下图）

上图和下图：这幅制作于11世纪晚期的著名贝叶挂毯，记录了1066年诺曼人征服英格兰时的情形。在黑斯廷斯战役中，使用战斧的撒克逊人作为先锋来迎战诺曼骑兵。（图片由艾瑞克·莱辛拍摄，由AKG图片社提供）

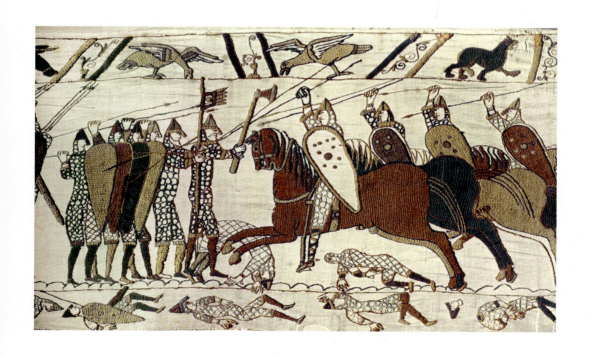

在几个因素的作用下，丹麦战斧最终退出了历史舞台。首先，随着剑的改进，意味着使用战斧的士兵在灵活性上不如持剑者。如果持斧者不能将敌人一击毙命的话，持剑者就会迅速进入战斧的挥舞半径之内，由于持斧者双手都在握紧斧柄，因而极易被剑刺穿或砍杀。其次，诸如长斧和戟这样的长柄武器更适于武装大批士兵，并能在战场上使用更多的攻防技巧。不过，在其使用期间，丹麦战斧单从威力来说，可谓单刃武器中的极品，它给敌人造成的心理创伤可能和身体创伤同样巨大。

上图：19世纪的一幅绘画，描绘的是凯尔特人的各种战斧，它们从宽度到轮廓有着显著区别。（北风图片档案馆藏品，图片由AKG图片社提供）

战斧的衰落

丹麦战斧显然是一种极为有效的武器，在几个世纪的时间里，它在斯堪的纳维亚沿海一带被广泛使用。撒克逊人把它们传播到了英格兰和爱尔兰，后来又传到了诺曼人那里，继而有了贝叶挂毯上的那幅画面。似乎直到14世纪的时候，它仍在欧洲大陆和英国使用，而且在爱尔兰和苏格兰的部分地区，它被继续沿用了两个世纪。

上图：盎格鲁－撒克逊军队与苏格兰－维京联军之间的布鲁南伯尔之战，双方都使用了丹麦战斧。（盖里·恩博尔顿绘画作品，图片版权归鱼鹰出版社所有）

013 戟

戟虽然是中世纪时期的一种革命性武器，但从许多方面来看，它只不过是众多长柄武器的一种。长柄武器作为步兵武器，在列阵作战时效果极佳。如果把长柄与令人望而生畏的枪头（包括刀、枪、叉、耙、斧、锤）结合起来，就可使步兵既能杀伤或杀死敌人，又能从某种程度上在自己与敌人之间营造一段安全距离。

实战中的长柄武器

最常见的长柄武器是投枪，虽然其形状类似标枪和步兵用的长矛，但其款式却经久不衰。随着中世纪的演进，我们看到长柄武器逐渐得到改良，很大程度上是为了应对敌方步兵和骑兵的挑战。例如，有一种"两面三刀者"，正中是一支尖锐的矛头，两侧装有弧形尖刺，可以抵御敌方骑兵或步兵的刀剑。相比之下，宽刃刀的特点是顶部装有一柄重型菜刀状的利刃。随着时间推移，刀背一侧也装上了各种突刺，以困住刀剑或钩倒骑兵。与此相似的是长钩，它源自农民的锄头，主要在社会下层当中使用，其特点就是顶端有一支鱼钩状的利刃，手柄长达5英尺（合1.5米）至9英尺（合2.7米）。它能像利斧一样使用，也能用长钩袭扰骑兵，或刺穿其铠甲。长柄顶部还可以装上战锤，通过

上图：16世纪一支装饰华丽为萨克森选帝侯锻造的戟。（英国伦敦华莱士藏品，图片由布里奇曼艺术图书馆提供）

中世纪（500—1500） 45

万能武器

戟这种武器之所以令人生畏，是因为它把多种武器的功能融于一身，对步兵和骑兵都能造成致命的威胁。作战用的普通戟（有些戟是仪式上用的，有许多花里胡哨的装饰）有一支坚硬的木制手柄，长 5—6 英尺（合 1.5—1.8 米），枪尖则由三种器件构成。位于前方的是一长条刀斧，顶上则是一支又细又长的矛头或刀刃（若是后者则双侧开刃）。位于枪尖后侧的是一把坚硬的钩子或"尖刺"。在武艺高超的人手里，戟的枪尖就能发挥出多种武器的威力。刀斧可以用来劈

上图：法国国王弗朗索瓦一世墓葬中的浮雕详细描绘了法国军人手持长戟的情景。（布里奇曼艺术图书馆藏品，图片由基罗顿提供）

这种笨重的武器，就能轻易地击碎敌人的头盔或四肢。

戟出现在 13—14 世纪，当时身披金属盔甲的骑士正在改变中世纪的战争规则。金属盔甲如果制作得当，可在很大程度上抵御剑、矛和许多其他开刃武器的攻击。如果说有什么弱点的话，就是那种又窄又硬的长矛（比如长柄匕首），使身着笨重盔甲的武士难以操作。

上图：两位正在用戟比武的武士，时间约在 1513 年。（塞姆隆·雷克绘画作品，收藏于玛丽·埃文斯图书馆，图片由因特尔图片社提供）

上图:《圣丹尼斯法国编年史》中的插图,描绘的是1487年埃夫勒城被攻克时的情景。(不列颠图书馆藏品,图片由AKG图片社提供)

砍敌人或战马,细长的枪尖则能刺穿金属或革制盔甲,逼退骑兵或将其控制在安全范围。戟的钩子也能钩住敌人的刀剑、缰绳、四肢和盔甲,甚至能把骑士从马背上拖下来,再由其他士兵用军刀或铁锤击毙。例如,勃艮第的大胆查理就是在 1477 年的南锡战役中被一名瑞士军人用戟杀死的,他的脑袋被长戟砍成了两半。

毫无疑问,戟曾是中世纪战场上最有效的武器之一,当步兵列队持戟操练时,进退宛如一人。实际上,戟的威力就在于多种战术的统一,尽管由于队列中的士兵靠得太近,使得这种武器的全部威力在某种程度上受到了限制。渐渐地,戟不再被使用,而是让位给了更长的标枪。与许多其他武器一样,戟在火药时代变得越来越不实用,只是作为一种仪式性武器,才继续沿用了许多个世纪。

左图:15 世纪晚期的英国武士,手持宽刃刀,腰间佩戴着长剑和匕首。(格雷厄姆·特纳绘画作品,图片版权归鱼鹰出版社所有)

014 长枪

与希腊装甲步兵方阵的原理一样,中世纪长枪的威力也在于它的长度。它的手柄长约10—20英尺(合3—6米),可在战场上提供超越任何其他长柄武器所能营造的防御空间。而且,与许多其他长柄武器不同的是,长枪在近代早期仍被使用,直到18世纪初期才逐渐退出历史舞台。它之所以能够如此出众,既是源于战术方面的创新,也是由于技术方面的简便易行。

枪阵

在14世纪之前,长枪代表了中世纪战争的一种特色。与其他长柄武器一样,它们只有在密集的队列中才能发挥战术上的功效。例如,苏格兰人使用长枪时,会排成长枪阵,以密集的直线形或环形队列,使枪尖全部指向敌人。长枪组成的斜坡——后面的队列把枪尖越过前排士兵伸到阵前——实际上构成了敌军骑兵无法穿越的围墙。枪阵是苏格兰人赢得众多战事的关键,例如1314年的班诺克本之战。弗莱明人也十分擅长使用长枪。例如,在1302年的金马刺战役中,弗莱明人用"盖尔顿"长枪成功地抵御了大队法国骑兵的进攻。

枪阵无疑有着巨大的威力。在训练有素的军人手里,长枪可以在统一的号令下指向任何目标,各个枪阵也可以统一行动,一致应对迫近的威胁。然而,长枪兵也并非无懈可击。在进行防御时,他们很容易成为敌方弓箭手、弩手及火绳枪兵攻击的目标。敌军发射过来的武器会削弱枪阵的厚度,为骑兵赢得进攻的空间。然而具有讽刺意味的是,

下图:瑞士人因其训练有素的枪阵而闻名,其长枪更是长达18英尺(合5.5米)。这幅大理石浮雕描绘的是1515年的马里尼亚诺之战,瑞士人使用长枪与弗朗索瓦一世率领的法国军队作战。(图片由盖蒂图片社提供)

中世纪(500—1500) 49

在火药时代的最初几十年间，长枪仍是当时最令人畏惧的战争武器之一。"长枪的复兴"很大程度上要归功于瑞士人，他们从15世纪起将长枪战术提高到了一个新的水平。

瑞士长枪兵

瑞士人曾长期使用长枪，但更加倚重手柄较短的长戟。后者在1422年的阿贝都战役中对阵米兰人的弩箭和刺枪时失利，付出了惨重代价。遭遇败绩之后，瑞士人采用了一种长达18英尺（合5.5米）的长枪，而且着重操练攻击技巧。接到命令之后（瑞士人还曾率先使用战鼓指挥步兵方阵），长枪兵能够以出人意料的速度在战场上奔突，冲垮敌人的马队，或冲散军纪较差的敌军队列。

他们的侧翼有弓箭手和火绳枪兵保护，可以对敌军发射过来的武器进行反制。

在一些战役中，例如1476年的格兰松战役和莫拉特战役，以及1477年的南锡战役，长枪兵以大胜证明了自己的价值。也有一些军队擅长使用长枪兵，例如欧洲雇佣步兵（主要是德国人），有时也用枪阵对付瑞士人。在16世纪，西班牙人发明了一种大型步兵方阵"特尔齐奥"，使用3000名左右的长枪兵、火枪兵和持剑士兵组成相互支援的方阵，各自弥补对方的不足。1525年的帕维亚大捷，证明了这一分工合作战术的有效性。

枪阵战术最终在1700年左右灭绝了，随着火炮的改进，以及燧发枪的应用，枪阵成了密集火力的牺牲品。即便如此，长枪的寿命之长，枪阵的威力之大，说明一种简单的武器如果使用得当，同样会在战场上发挥决定性的作用。

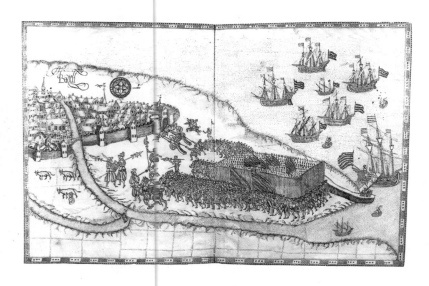

左图：在崇尚"刺杀与射击"战术的时代，长枪兵通常与手持中世纪早期火铳的部队并肩作战。这幅图片描绘了16世纪晚期的典型战阵，长枪兵充当了主攻力量，火枪兵则在侧翼掩护。（图片由基斯·罗伯茨惠赐）

上图：1314年班诺克本战役中苏格兰长枪兵对阵英国骑兵时的情景。
（格雷厄姆·特纳绘画作品，图片版权归鱼鹰出版社所有）

下图：使用长枪的装甲步兵能够抵御骑兵，并将其逼入绝境。图中骑兵的刺枪长度与长枪相比，明显有些夸张。
（图片由基斯·罗伯茨惠赐）

015 投石机

从 12 世纪起,直到 16 世纪,投石机可谓中世纪最有威力的攻城机械。诸如弩炮和投石器之类以弹射动力为主的武器,在射程方面更有优势,然而,能够发射威力足以摧毁城墙的炮弹的,就只有投石机了。正因如此,投石机也被誉为有史以来第一次发挥出重型火炮威力的武器。

操作方法

弹簧或拉绳动力的攻城器械在材质的限制下,通常无法承受更大的重量。然而,投石机采用的是完全不同的原理,从而可以发射更有分量的炮弹。投石机发射石块或其他炮弹时,工作原理是对重状态下的杠杆原理。就其基本形状而言,投石机有一条用轮轴固定在木架上的机械臂,轮轴位于靠近机械臂底端,相当于机械臂四分之一长的位置。在机械臂的这一端,装有巨大的对重设备(或对重砝码),通常是填满了泥土或石头的木箱。在机械臂的另一端,要么是一种中空的结构,要么是一种舀子状的结构,要么是一种可拆卸的绳套,用于固定所要发射的武器。

投石机在发射炮弹之前,要通过绳索、滑轮和绞盘系统把机械臂的一端降至地面,把另一端升至高空。当控制机关被打开之后,装有重物的一端就会落到地面,把装有武器的一端迅速撬起,从而把武器像榴弹炮那样以抛物线形式发射到所要攻击的目标。

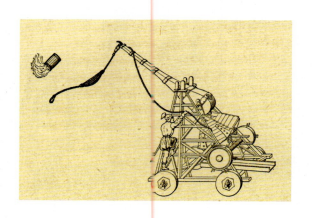

左图:这幅 16 世纪的插图描绘的是使用投石机发射希腊火时的情景。在中世纪的战争中,有时会将死尸发射到敌军阵营以传播疾病,但最常用的投掷物仍是大型石块。(泰恩藏品,现存玛丽·埃文斯图书馆)

右页图:反映十字军使用投石机情况的历史版画。投石机曾在中东地区广为使用,最著名的例子要数奥斯曼帝国军队力图从圣殿骑士手中夺取罗德斯岛时的战斗。(图片由埃斯托克图片社提供)

上图：法国投石机的现代仿品。"投石机"一词源自法语，大致可以译为"降落"或"围绕中轴旋转"，后来才专指所有攻城用的大型投石机。（图片由克里斯·赫利尔拍摄，已被收入古代艺术与建筑系列）

威力与局限

投石机作为一种攻城武器，曾在中世纪的欧洲和中东地区，以及至少从13世纪起也曾在中国和蒙古帝国广泛使用。投石机后来出现了几种类型，例如，通过调节对重设备的装载位置和数量，可以使操作者在精准度、射程和发射频率方面进行控制。然而，这些巨大的攻城设备组装起来要经历一个过程。爱德华一世1304年攻打斯特林城堡时，用54个人花了3个月时间才把庞大的"战狼"投石机组装完毕。可以确定，"战狼"摧毁了城堡的大门，城中的守军随后投降。

与众多其他中世纪武器一样，投石机也在火药时代被人们遗忘了。14世纪出现了一种更加轻便的加农炮，随着铸造工艺的提高，以及火药威力的增强，这种火炮可以比投石机更具破坏力。不过，作为一种天才机械，投石机这种武器仍然给人们留下了深刻的印象。

投石机的炮弹

投石机虽然射程有限,但它发射的炮弹着实令人生畏。例如,一架臂长 50 英尺(合 15 米)、对重 2 万磅(合 9070 千克)的投石机,可以将重达 300 磅(合 136 千克)的石块射出 300 码(合 274 米)开外。历史上的一些事例表明,有些投石机可以发射重达 3300 磅(合 1500 千克)的石块,这样重的石块一定能够击毁任何防御工事。不过,这种巨大的炮弹实属罕见,比较典型的炮弹重约 220 磅(合 100 千克)。即便是这种重量的炮弹,也能产生强大的冲击力。投石机的操作者通常会瞄准城堡的垛口,击碎石墙,消灭守城人员,直至己方军队有机会爬上城墙,或使用攻城塔。投石机有时也会把马匹或人的尸体发射到敌方阵营,目的是传播疾病。

上图:此图艺术地再现了使用投石机攻打某座中世纪城堡的情景。(布里奇曼艺术图书馆藏品,图片由看与学图片社提供)

016 英格兰长弓

长弓的起源充满了争议——它有可能源于威尔士军队,但确切的证据已不可考。当然,威尔士弓箭手是英国军队的重要组成部分。从材质构造来说,最理想的制弓材料是紫杉木,有时也可以使用白蜡木和榆木。木材的切割十分关键,弓背要用边材,弓心则用心材,这样才能使长弓具有理想的抗压性和强劲的弹性。

弓的拉力

长弓的独特之处在于它的长度和拉力。根据1545年沉没的都铎王朝"玛丽·罗斯号"战船上打捞起来的实物来看,长弓的长度在6英尺1英寸至6英尺10英寸(合1.87米至2.11米)之间,比大多数使用它们的人都要高。拉开长弓则需要150—160磅(合667—712牛顿)的力量。如此巨大的拉力要求弓箭手拥有大力士一样的臂力,并会造成手臂、手腕、肩膀和手指的畸形。箭术也是比较难以掌握的技术。英国王室故而颁布了许多法令,鼓励或强制社会下层人士练习箭术。(弓箭手几乎全部来自社会中层或下层,因为骑士阶层认为远距离射杀敌人的行为不够高尚。)这些弓箭手从十几岁就要接受训练,直到二十几岁才能取得上场杀敌的资格。

上图:1500年左右的英国弓箭手,他佩戴的武器与英法百年战争战事最盛时期的那一代人相比更加精良。正是在这一时期,英国弓箭手的黄金时代走向了终结。(赫尔顿档案馆藏品,图片由盖蒂图片社提供)

远程武器

弓箭手训练的要点,以及长弓的威力所在,就是其长达数百码的有效射程。根据"玛丽·罗斯号"沉船的实物复制出来的长弓,可以把一支相对较轻的箭射出 360 码(合 328 米),但其更加有效的射程应该在 247 码(合 226 米)之内。关于射程问题有一条线索:1542 年,亨利八世下令,24 岁以上的弓箭手必须命中 220 码(合 201 米)之外的目标,此举也许是为了使箭术不致退步。

在战场上,长弓是一种远程杀敌武器。它不仅可以从很远的地方命中敌人,而且能够产生巨大的杀伤力,可以射穿某些较薄的金属盔甲和革制盔甲。在许多个世纪当中,

上图:英国人之所以能够赢得阿金库尔之战,很大程度上要归功于弓箭手的高超箭术。(盖里·恩博尔顿绘画作品,图片版权归鱼鹰出版社所有)

绷紧弓弦,全神贯注!
压住怒火,面不改色!
瞄准目标,一击必杀!

——莎士比亚,《亨利五世》,
　第三幕第一场第一段台词

阿金库尔之战

英法百年战争期间（1337—1453），正是凭借长弓的威力，英军才取得了一系列胜利，如1346年的克里希战役、1356年的普瓦提埃战役，以及最著名的1415年阿金库尔之战。在阿金库尔，大约6000名英军——其中大多数是弓箭手——对阵数量多达3万人的法国军队。当法国骑兵于10月25日发起进攻时，他们的队列被铺天盖地的长箭射得七零八落，大量步兵和骑兵还未到达指定作战位置就被射死或射伤。训练有素的弓箭手能在一分钟内向指定目标射出6支长箭，若不加瞄准的话，则能射出12支箭。这就意味着在阿金库尔战役中，这些弓箭手可能在第一分钟内就向法国军队发射了3万多支箭。

法国军队的攻击力遭到极大削弱，中箭落马的武士更是悲惨，他们被反击的英军任意处置，最终输掉了战斗。

上图：14世纪中叶至15世纪初期两名弓箭手的写照。他们展示了中世纪给弓上弦的两种方法，图中右侧的那位显然手法更加老练。现代弓箭手会把一条腿放在弓身与弓弦之间，把弓身的一端放在另一只脚上，然后围绕大腿后侧把弓身"弯下来"。之所以如此行事，是因为现代弓箭手的力气不足以操作中世纪的技术。（盖里·恩博尔顿绘画作品，图片版权归鱼鹰出版社所有）

长弓从众多方面来看，都比火枪更具优势。然而，具有讽刺意味的是，约在15世纪，当火绳枪开始在战场上出现的时候，长弓消失了。因为火绳枪和滑膛枪虽然存在缺陷，但却能和长弓一样完成远程攻击，而且不需要对操作者进行长年累月的密集训练。加之和平时期弓箭手的训练受到中断，从此长弓便没落了。此外，随着紫杉木材越来越短缺，长弓数量越来越少，这种超级武器也就逐渐淡出了人们的视野。

左页图：阿金库尔战役是英军取得的最伟大的胜利之一，用莎士比亚的话来说，借助弓箭手的高超箭术，"一帮小兄弟"战胜了一支大军。（盖里·恩博尔顿绘画作品，图片版权归鱼鹰出版社所有）

017 弩

弩是东方人的发明,其最早的使用证据可以追溯到公元前 6 世纪,并在古希腊和罗马时代出现了各种变体。不过,就个人手动操作的弩而言,中世纪才是它的巅峰时期。

组合的威力

弩的原理十分简单,就是将一支短箭或"短刺"装在弩机顶部的滑道内,然后扳动扳机发射。安装弩箭时,要把双绞软线制成的弓弦拉紧,卡到弩机的顶端。弩与弓不同,弓发射的箭比较长,也比较轻,弩箭则比较重,也比较粗。发射时,只需将弩箭放入弩机的滑道,把弩箭的底部卡到弓弦的顶端,然后扣动扳机,利用弓弦的弹力把弩箭发射出去。

与长弓相比,步兵专用的弩射程更为有限,发射频率也要低得多。弩的机身虽短,但却可以禁得住比单弓还要大的拉力,然而如何把这种力量转化成发射速度,则是一个难题。沉重的弩箭和粗大的弓弦都降低了弩的弹力。对此,设计师通过改善弩身的材质结构,从而极大地增强了弩的威力。弩箭最初只是一些木制尖刺,进入 11 世纪,被改造成了更加复杂的木制、角质和动物筋腱的混合制品。到了 13 世纪,为了能够穿透金

左图:一只 15 世纪的巴伐利亚弩机,机身由钢铁打造,外表饰有罕见的红色花瓣图案。在这一时期,弩机在中欧地区十分常见。(华莱士藏品,图片由布里奇曼图书馆提供)

属盔甲，弩箭被进一步改造成了软钢制品。这样一来，就需要花费更大的力气——通常是150磅（合68千克）到700磅（合318千克）——才能给弩上弦。此类武器的射程可以超过400码（合366米）。

右图：一幅中世纪时期的弗莱明插图，描绘的是亚瑟王传奇中的人物莫德雷德攻打弩箭手守卫下的伦敦塔时的情景。（布里奇曼图书馆藏品，图片版权归不列颠图书馆所有）

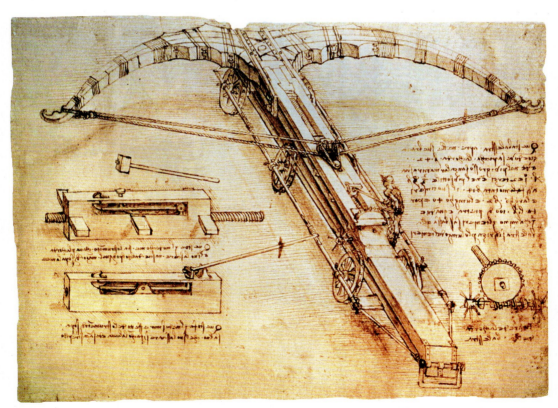

上图：15世纪末期，达芬奇就已经预见到巨型弩机将被制成攻城设备，同时也能在心理上震慑敌人。（图片由奥罗诺兹拍摄，由AKG图片社提供）

到了某一特定时刻,就会自然而然地出现一个问题,即弩箭手如何在超越常人体力的情况下给弩机上弦。简单的木弓或复合弓主要用单手拉动,弩箭手则需要一只脚踏住机身的弦绳,然后用双手和上身的力量将其拉到扳机位置。对一些最强劲的弩机而言,弩箭手可能需要借助腰带上的挂钩,这种挂钩可以钩住弦绳,然后弩箭手再用尽上身的力量给弩机上弦。如果连这种办法都不足以拉开弩机的话,就要借助一些机械装置,如绞车和吊索(使用的是齿条和齿轮)。这些操作办法都很费事,弩机的发射频率因而也比较低,而且在操作过程中,弩箭手必须躲在名为"佩瓦兹"的大盾牌后面。即便如此,弩机的射程也不亚于长弓,在发射重型弩箭时则能产生更大的穿透力。

实战优势

弩之所以能够普及,除了冷酷的杀伤力之外,还有其他一些原因。最重要的一点是,培养一名合格的弓箭手要花费多年时间,培养一名弩手只需一个星期就够了。比较而言,军方更喜欢操作简单、效率较低、适合推广的武器,而非少数人才能掌握的复杂而精致的武器。正因如此,弩常被视为社会秩序的威胁者,因为它能让一个受过极少训练的平民杀死一名高贵的骑士。英国的大宪章在文件中呼吁:"一旦恢复和平",就把弩手驱逐出境;1139 年,教皇英诺森二世甚至禁止对基督徒使用弩箭,他把弩手称作"仇恨上帝之人"。后来,到了 15 世纪晚期,随着火枪的兴起,发射效率不高的弩也就从战场上消失了。不过,直到此时,它仍对所谓的"步兵革命"起到了推动作用,使步兵取代骑兵,成为决定战争胜负的关键力量。

上图:一幅 15 世纪的插图,图中一名士兵在发射弩箭,他的两位战友则躲在一面大盾牌后面。(图片由玛丽·埃文斯图书馆提供)

018 刺枪

进入中世纪以来，尤其是在欧洲，战争大多是以步战形式出现。然而到了6世纪与7世纪之交，欧洲从亚洲引进了一种使骑兵战术改头换面的工具。这就是马镫，对骑兵而言，它无疑是技术层面的一次飞跃。

骑得更稳

引入马镫前，骑手需要夹紧自己的膝盖和大腿才能坐稳在马背上，这样一来，在使用长矛与敌人对决时，就会产生自身能否平衡问题。我们不必夸大这些问题——古代世界曾经出现过许多以长矛武装的骑兵得胜的战例，例如公元前4世纪亚历山大大帝的近卫骑兵，就曾使用过密集的长矛阵。当然，马镫的出现，使骑手在马鞍上的稳定性大大增加。而且，马鞍本身也得到了改进。其实，对骑手而言，马鞍的改进要比马镫的引入更加关键。升高了的前鞍和后鞍，可以使骑手坐得更加稳固，从而提供了一个体面的作战平台。法兰克人引领了这种风潮。8世纪期间，法兰克军队中的精英阶层，基本上从步战力量升级为真正意义上的骑士集团，欧洲骑士的时代诞生了。

骑士可以使用许多种武器作战，其中的

上图：这幅版画描绘的是1346年的克利希之战，这是英法百年战争期间英国取得的最重大的军事胜利。英国人之所以能够取胜，得益于刺枪与长弓的明智组合，以及早期大炮的应用。（图片由布里奇曼艺术图书馆提供）

经典战斗组合，则是刺枪和长剑。刺枪与标枪不同，它是一种更重也更加坚硬的武器，不适合投掷。制作刺枪的材质最初是白蜡木，后来则是柏木，典型的实战型刺枪长约12英尺（合3.6米），顶端则是金属或铁制的枪尖（有别于表演用的钝尖）。刺枪的底端较

上图：1445年左右英国四名骑士表演武艺时的情景，选自托马斯·赫尔姆斯爵士的《武器之书》。（不列颠图书馆藏品，图片由AKG图片社提供）

粗，在手持部位的前方有时还装有名为护手板的小型环状金属挡板，用来保护手指不被敌人的武器割伤。

马镫的引入与马鞍的变化意味着刺枪的使用方式也将发生显著的变化。一幅贝叶挂毯上的图画描绘了诺曼骑士把刺枪举过头顶，或垂手低握刺枪冲向敌阵的情景。不过，也有一些骑士采用了"蜷身持枪"的姿势——把刺枪紧紧地夹在腋下——旨在高速行进中发起致命一击。其实，早在9世纪初，法兰克人的绘画作品中就曾表明，卡洛林王朝的骑士已在使用蜷身持枪的姿势。不管这种情况始于何时，显然到了12世纪，蜷身持枪的姿势已成为一种标准姿势。

冲锋部队

刺枪、马镫、高高的马鞍组合在一起，使战马、骑手和武器变成一个单独而持久的战斗单位。现在，骑士能够发起冲锋，杀入敌军的重型长矛阵。在握紧刺枪之后，骑士可以充分利用长矛的长度，在其他手柄较短

下图：1513年8月16日的马刺之战，亨利八世的军队围困法国小镇特鲁安时，前来解围的法国军队发现自己面对的是英军的主力。当英国重装骑兵挺起刺枪发起冲击后，法军仓惶撤退，从而使该次战役得名"马刺之战"。（格雷厄姆·特纳绘画作品，图片版权归鱼鹰出版社所有）

中世纪（500—1500）

> 骑士应该经常比武决斗，以赢得贵族女士的芳心。
>
> ——尤斯塔斯·德尚
> （Eustace Deschamps）

的武器攻击范围之外对敌人实施打击。一旦战斗接近于骑兵之间的混战时，骑士可以舍弃刺枪，转而用剑作战。

面对步兵队列，手持刺枪的骑兵可以发起毁灭性打击。骑兵继而成为中世纪军队的主要进攻力量，指挥得当与否可以决定战斗的胜负。刺枪的作用如此显著，以致它被沿用到了火器时代，直到 19 世纪仍在使用。第一次世界大战期间（1914—1918），东部战线的德国、俄国和奥匈帝国的骑兵仍在使用刺枪作战。至此，刺枪几乎成了一种令人感觉时代错乱的武器，但它存在的漫长历史说明，一匹疾驰的战马和一支平伸的刺枪组合起来，可以发挥多么巨大的威力。

上图：中世纪骑士挺枪冲刺时的情景再现。骑士将不得不把自己身体的全部重量集中在刺枪上，以免在对手打击之下落马。（图片由埃斯托克图片社提供）

019 中国火箭

众所周知,火箭要有推进剂才能运行起来。早在公元1世纪的时候,中国人可能就已开始试验烟火材料,到了7世纪,他们在制作典礼用烟花的工艺上又有所进步。一个世纪之后,他们发明了我们今天所称的黑火药。

发射型武器

黑火药的成分包括土制硝酸钾(硝石)、木炭和硫黄,其比例大概是75:15:10。中国人起初把它用于庆典活动,其军事用途直到后来才逐步发展起来。黑火药最早被用于军事活动的记录似乎出现在904年,当时的唐朝军队在攻城时用弩炮把燃烧着的大块黑火药发射到了敌人的城墙上。12世纪出现了一些更加先进的黑火药武器,包括简易的炸弹和"火铳"。火箭是一种更加高级的武器——它需要一种比黑火药更加稳定的推进剂——因而需要晚一点才能出现。在11世纪,黑火药与油状碳氢化合物掺在一起,形成了一种可被装到竹筒中的推进剂。后来,这种火药筒与长箭绑到了一起。

从燃烧的箭到火箭

"火箭"就这样产生了。实际上,火箭比爆竹强不了多少,后者是一种威力相当但

右图:世界上有确切记载的最古老的火铳是中国人在1351年发明的,反映了黑火药在应用过程中的自然演变。(图片版权归史蒂芬·坦布尔所有)

左图：1232年，宋朝军队在开封用火箭抵御蒙古侵略者。据史书记载，"当火箭点燃之后，发出雷鸣般的巨响，在五里之外都能听见"。（美国宇航局/MSFC历史部藏品）

下图：大约在1260年，宋朝士兵向蒙古武士发射火箭时的情景。（戴维·斯奎绘画作品，图片版权归鱼鹰出版社所有）

上图：中国火箭发射时的画面，时间约在 1450 年。这幅图画本身是基于北京自然历史博物馆同等大小的仿造模型而作。据史书记载，数百枚火箭能在几秒钟内发射完毕。（戴维·斯奎绘画作品，图片版权归鱼鹰出版社所有）

被用于民间表演的烟花。它们的精准度不高，破坏力也不稳定。中国人很少单独发射它们，反而率先使用了同时发射多枚火箭的方法，将火箭弹放在木箱或围栏内发射，一次就有可能发射数百枚火箭。火箭用于战事的最早记录，似乎是 1232 年的开封保卫战，宋朝军队使用重型火箭瓦解了蒙古人的进攻。在 14、15 世纪，多枚火箭同时发射的方法似乎占据了主流，发射装置甚至被装到

使用黑火药的武器

史上最早的炸弹是中国人制造的，他们把黏土、铁片、竹筒或布套与火药及弹片（通常是金属或陶瓷碎片）混在一起，装上简单的引信，点燃之后投向敌人的建筑物或身躯。虽然与现代爆炸装置相比，它们的威力相对较低，但若贴身近战的话，它们仍能造成致命的伤害。中国人的另一项发明是火枪，约可追溯到公元 10 世纪。它基本上就是一根用厚纸做成的空心管子，里面装有火药和弹片。火枪被点燃后，就会喷出一条火焰助推它飞行，这条火焰可以持续几秒，助推火枪飞行 9 英尺（合 3 米）。从某种意义上说，它是历史上最早的手动喷火器。

左图：准备引燃火箭的中国士兵。（美国宇航局藏品，图片由马歇尔航天中心史料室提供）

了车上，使火箭在战场上更具机动性。更小一些的火箭可由单兵夹在腋下携带，可以想见，当这些士兵点燃火箭等待其爆炸喷火的瞬间，心情该是多么紧张。

不论火箭的实际威力如何，一枚呼啸着飞来的炸弹必定能对敌人的队列至少在心理上造成震动。经由蒙古人和阿拉伯人，火箭从亚洲传到了欧洲。早在13、14世纪，西班牙和意大利的战争记载中就出现了火箭。例如，据史书记载，1288年，瓦伦西亚就曾遭受火箭攻击。当然，火箭直到20世纪才真正成为一种重要的战争武器。在14世纪，火药只是其他武器的推进剂；在20世纪，它却成了塑造战争和人类历史的一种力量。

020 早期火炮

关于火炮的记载可以追溯到1320年代初期,最早的权威描述是瓦尔特·德·米勒米提(Walter de Milemete)于1326年发表的一篇英文论文。文中描绘了一种花瓶状的大炮,安装在一座有着四条腿的木架上。大炮后面的人用火柴点燃炮管上的通风口,就能从"大桶"(即瓶口)发射巨大的箭头。这种武器的爆炸效果应该很不稳定,但却迅速得到了改进。瓶状炮筒逐渐被直筒取代,箭头或镖头也全部换成了石头、铅、铁和青铜制成的炮弹。炮架的结构也得到改进,从固定的木质炮架换成了炮车,使近代火炮在战场上具有了某种程度的机动性。

铁与青铜

直至16世纪,大炮的炮筒基本上是用铁条箍起来的几块纵向排列的铁板。磨掉炮筒内的碎渣之后,就能"轰"出惊人的威力和射程。例如,著名的熟铁大炮"魔兽"长13英尺(合4米),重7.3短吨(合6.6公吨),可以把19.5英寸(合49.5厘米)口径、重549磅(合250千克)的石头发射到2800码(合2560米)的距离,也能把重1125磅(合511千克)的铁弹射到1400码(合1280米)开外。然而,熟铁大炮太过沉重,而且存在结构缺陷,不可能按照统一标准进行大量生产。相比之下,青铜铸造的大炮更轻,也更加坚固,而且更加适合标准化生产(当石弹被铁弹于16世纪末期取代之后,情况就更是如此了)。青铜大炮从15世纪早期开始铸造,在100年内基本上取代了熟铁大炮,并使炮兵部队成为更加突出的力量。

上图:在这幅绘制于1405年的图画中,一个人正在发射巨大的中世纪"火铳"。在欧洲,火铳是大炮的自然延伸,并最终导致火绳枪的出现。(图片由艾瑞克·莱辛拍摄,由AKG图片社提供)

上图：英法百年战争期间，英国人将大炮与诸如长弓之类的传统武器配合使用，确保了几次战役的胜利。这幅19世纪略带空想色彩的图画描绘的是英军攻打法国城堡时的情景，同时展示了这两种武器。（IAM 世界历史档案馆藏品，图片由 AKG 图片社提供）

乌尔班大炮

1453 年君士坦丁堡的陷落是近代火炮发展史上具有里程碑意义的事件。这座伟大的城市有着貌似坚不可摧的城墙——单是内墙就厚达 15 英尺 6 英寸（合 4.7 米）——但却遭到了穆罕默德二世大军的围攻。一位名叫乌尔班（Urban）的欧洲火炮专家受命制造攻城大炮的零件。他铸造了 18 门有史以来口径和威力最大的青铜大炮：每门大炮长 17 英尺（合 5.18 米），重 19 美吨（合 17.27 公吨）；大炮口径约为 25 英寸（合 63.5 厘米）；每门大炮可以发射重达 1500 磅（合 680 千克）的炮弹，射程超过一英里。1453 年 4 月 1 日，乌尔班的大炮向君士坦丁堡发起轰击，在发射了大约 4000 发炮弹之后，于 5 月 29 日将坝墙打出了缺口，君士坦丁堡随即陷落。城堡时代从此蒙上了一层厚厚的阴影。

社会革命

在最初的几个世纪，火炮改变了战争的形式，也改变了社会的总体面貌。城堡——那些中世纪封建势力的现实写照——在火炮的轰击下开始缓慢而稳步地走向衰落，尽管这一过程直到 17 世纪才基本完成。炮兵的出身通常都比较低微，却成了战场上最重要的人物，他们撼动了骑士的地位，开始作为一个庞大的职业化的军事阶层逐渐崛起。而且，一旦火炮变得更轻便，更具机动性，他们就会要求对整个步兵战术进行修正，强调火力和机动性与人力和人体一样重要，甚至更加重要。例如，在1515年的马里格纳诺战斗中，法国炮兵摧毁了庞大的瑞士枪阵，在长枪兵接近攻击距离之前，炮弹就把那些密集的队列打得七零八落。早期的火炮通常外形粗犷，烟熏火燎，气味难闻，但却势不可挡地改变了我们这个星球的历史。

右图：火药是中国人在公元8世纪发明的，欧洲第一份火药配方出现于13世纪。到了15世纪，如本图所示，火药已被广泛使用。（古代艺术与建筑系列藏品）

上图：奥斯曼军队正在用大炮及口径较小的火炮轰击君士坦丁堡的高墙。（彼得·丹尼斯绘画作品，图片版权归鱼鹰出版社所有）

021
火绳枪

14世纪下半叶，欧洲出现了第一种火枪，这就是所谓的"手动火枪"。就其最简单的形式来讲，手动火枪包括一根粗大的金属管子，以及底部留有通风口的弹药舱。手动火枪的射击过程既激动人心，又笨拙不堪。火药和枪弹要通过一根杆子捅进弹药舱，然后再经由通风口倒入少量火药。接下来，要把枪管端平，瞄准敌人，再由枪手本人或第三方用火绳杆把弹药舱通风口的火药点燃。

机械点火装置

手动火枪是我们今天使用的所有枪械的先驱，然而，作为一种战斗武器，它们太过笨重，不宜操作，而且射击效率极低。1411年前后，一种新兴的火绳枪技术使手动火枪得以改头换面。实际上，火绳枪是第一种以机械方式进行射击的枪械。就其最基本的元件来说，它包括一件被称作"蛇形线"的"S"形的金属器具，中间装有枢轴——扳机要么位于枪身外侧，要么位于枪身内部刻出的槽口中。蛇形线的上端用于固定火绳。当枪手扳动蛇形线下端的扳机时，枢轴的上端就会前移，把火绳压到装有火药的弹药舱里。

左图：一名携带着火绳枪和弹药袋正在休息的火枪手。（图片由盖蒂图片社提供）

这一发明虽然简单，但却引发了一场革命。它最为突出的贡献在于，当枪手准备射击时，就能专心瞄准目标了。值得一提的是，瞄准时睁一只眼闭一只眼的做法越来越常见。16世纪最后25年间，火绳枪得到了进一步完善，分成了两个独立的部分：弹簧式撞针和分体相连的扳机，从而产生了"响亮火绳枪"。当扣动扳机时，只需半秒钟时间，弹簧撞针就会把火绳压入弹药舱，从而进一步提高了点火的精度和速度。

下图： 在1525年的帕维亚之战中，哈布斯堡帝国军队拥有更多的火绳枪兵，从而确保了其对法国军队的胜利，后者的火枪兵要少得多。（卡波迪蒙特博物馆藏品，图片由吉亚尼·戴格利·奥尔蒂拍摄，由艺术档案馆提供）

平民武器对阵贵族武器

早期的火器之所以如此重要，是因为它们在战场上拉平了粗鲁的平民士兵与高贵而训练有素的武士之间的差距。一位有着几百年尚武传统的骑士，在战场上会被一个几乎终生种地的人，或者至少是在军队服役的下层士兵击落马下，甚至被击毙。例如，在1525年的帕维亚战役期间，哈布斯堡国王查理五世率领下的1500名西班牙火枪兵分头行动，击溃了一支高傲的法国骑兵。同样，在1575年日本的长篠之战中，织田信长率领的1500—3000名火枪兵在防御工事后面消灭了武田胜赖率领的大量骑兵。火器一旦广泛传播开来，社会地位的高低在战场上就越来越不重要了。

火绳钩枪

火枪武器使人类战争进入了一个新时代，但其过程比较漫长。火绳钩枪——枪管极长的一种火绳枪——成了许多欧洲和亚洲军队的标准武器。这种枪的精度仍然不高，既肮脏又笨重，就实战效果来说，在许多方面都不如弓和弩。不过，它们操作简便，很容易训练新兵使用。随着时间推移，火绳钩枪被更加轻便易携的火枪所取代。新型火枪的枪管长4英尺（合1.2米），可以发射长度在0.5英寸到1英寸的光滑子弹，有效射程约为55码（合50米）。火枪时代延续了将近400年，最终使步枪成为步兵武器中的佼佼者。

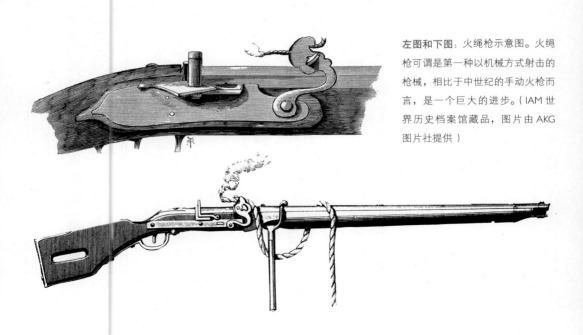

左图和下图：火绳枪示意图。火绳枪可谓是第一种以机械方式射击的枪械，相比于中世纪的手动火枪而言，是一个巨大的进步。（IAM世界历史档案馆藏品，图片由AKG图片社提供）

近代早期

（1500—1800）

THE EARLY MODERN WORLD 1500—1800

022
燧发枪

火绳枪虽然最初的影响很大,但其实战效果仍然不太理想。例如,由于它必须要用火石点燃火绳,在潮湿或湿润的天气里,它就几乎变成了废物。而且,由于火绳燃烧缓慢,在需要紧急开火时,它也无法做到迅速奏效。因此,火枪若想起到塑造战争面貌的作用,就得换一种点火系统。

转轮火枪

16世纪初期,出现了一种新的火枪点火装置。有一种被称作转轮火枪,它有一个坚硬的金属转轮,像一个钟表玩具一样,可以在弹簧的压力下转动。转轮上方是一个扣着铁片的扳机。扣动扳机时,转轮就会弹出,扳机就会落下,使铁片与转轮发生撞击。这样一来,就会摩擦出火花,点燃弹药舱中的火药,从而发射出里面的枪弹。转轮火枪很好操作,继而使得全世界的火枪都不用再依靠火绳来点火。但遗憾的是,它的造价太过昂贵,注定无法成为普及型武器。

上图:19世纪初的燧发枪,藏于加利福尼亚萨卡拉门托附近的萨特堡,此处是其点火系统的特写。(选自北风图片档案馆,图片由AKG图片社提供)

弹簧枪与燧发枪

另一种点火装置是"弹簧枪"。这种系统中产生火花的装置是一块装有弹簧的燧石。当燧石受到一块被称为击锤的角钢撞击时,就会发出火花。弹簧枪的另一个特点是在弹药舱上面覆有合页或顶盖,这就意味着火枪在装弹时可以确保火药是干燥的,而且

上图：一名美国士兵正在用装有火药的牛角给燧发枪填充火药。（选自彼得·纽瓦克美国图片集，图片由布里奇曼艺术图书馆提供）

已经装填就位，随时可以开火。

弹簧枪是枪械发展史上的重要环节，它为1620年左右出现的燧发枪奠定了基础。燧发枪把击锤和弹药舱盖融为一体，改造成了一种弹簧装置，使火枪的生产过程更加简单，同时也保留了封盖式弹药舱的所有优点。

这是一场真正意义上的枪械革命。燧发枪成为近代世界各国军队的标准武器，这种

膛 线

膛线是枪管内的螺旋状凹线，目的是让子弹在发射时能够旋转。由于子弹在飞行过程中能够围绕一条中轴线旋转，故而射击精度更高，射程也更远。膛线的起源已不可考，但至少可以追溯到15、16世纪。有膛线的枪管要求子弹必须嵌入膛线，这就意味着它的装弹速度要比没有膛线的滑膛枪慢，但其命中率要比后者高得多。标准的军用火枪一般能够命中100码（合91米）开外的目标，但据17、18世纪的史书记载，狙击手使用带有膛线的火枪可以命中600码（合550米）甚至更远距离人体大小的目标。

下图：随着燧发枪机械原理的完善，以及膛线的改进，射击的精准度大大提高。美国独立战争期间，狙击手经常使用燧发枪射杀敌军高级将领，如在萨拉托加战役中被击毙的英军将领西蒙·弗雷泽。（休·查尔斯·迈克巴伦绘画作品，图片由美国陆军军史研究中心惠赐）

上图和左图:"布朗·贝斯"是英国陆军专用火枪的绰号,射击原理与前膛燧发枪相同。这种火枪在整个19世纪都很流行,而且帮助英国打下了一个庞大的帝国。在一个世纪的使用过程中,它还演变出了几种新枪型。(选自彼得·纽瓦克军事图片集,图片由布里奇曼艺术图书馆提供)

情况延续了300多年。即使在恶劣的气候条件下,它的性能也很可靠,这就意味着同步火力(作为精度不高的射击武器的必要补充)可以通过步兵队列发出大规模的齐射。更重要的是,燧发枪的造价相对低廉,尤其是在采用大规模生产方式后,情况更是如此。于是,军队中的每一名战士最后都能配发一支燧发枪。燧发枪的点火系统与来复枪的枪管结合起来后,进一步提高了射击的精准度,可以命中几百码外的目标,从而催生出了专业射手或狙击手。燧发枪不仅改变了战争的面貌,而且通过它们的影响力和普及性,最终扮演了决定人类历史上重大战役胜负的角色,同时也改变了人类历史。

023 轻剑

正如我们在前面所看到的那样，13、14 世纪出现的金属盔甲对刀剑的设计产生了根本性影响。传统的砍杀型双刃剑基本上被劈刺型军刀和长剑所取代。当盔甲日益完善之后——15 世纪初以来，战场上的士兵从头到脚都开始用专门的盔甲加以保护——使铸剑者遇到了方方面面的挑战。为此，他们发明了一种"伊斯托克"剑，剑身很长，剑尖很窄，剑刃很硬，专门用于刺杀。与此同时，许多需要双手把持的长剑也加固了剑刃，变得更加刚硬。德国步兵与瑞士步兵就曾采用一种需要双手把持的长剑，长达 5 英尺 9 英寸（合 1.75 米），重达 8 磅（合 3.6 千克）。

平民武器

正是在这种背景下，轻剑于 16 世纪登上了历史舞台，虽然它的前身在几百年前就已出现。15 世纪末期，一些剑的剑柄变得越来越精致，越来越格式化，包括饰带、护手、指环和圆柄。这种剑柄成了轻剑的标志性特征，而在 15 世纪晚期，剑的剑身起初通常比较宽，双侧开刃，剑尖很长——是轻步兵专用的劈刺型武器。

真正意义上的轻剑是 16 世纪的产物，顺应了当时平民热衷于佩剑的风潮，一则用来标明身份，二则用来防身。传统的轻剑又长又细，几乎专为轻巧灵活的剑术表演而设计，它的剑尖极为尖细，可以极快地给敌人

上图：一柄装饰精美的德国轻剑，这种武器虽然美不胜收，但却足以致命。（图片由 AKG 图片社提供）

左下图：轻剑的出现源于铠甲制作工艺的进步。这副铠甲是为亨利八世在金布广场表演时设计的，但在最后时刻，亨利八世却选择了另外一副铠甲。因为这副铠甲为了保护全身，连面部都给遮住了。（英国皇家军械博物馆托管委员会藏品，编号 II6）

造成极深的刺伤。纯粹的军用佩剑典型地保留了宜于劈刺的特征，因为战士要抓住战场上的各种机会击杀敌人，相比之下，轻剑针对的则是没穿盔甲的单个对手。当一个人在狭窄的巷子里与人搏命时，很少有机会用宽大的剑刃砍伤对手，但若使用轻剑，就能以惊人的速度反复刺杀对手——轻剑的剑身极为均匀，非常适合快速运动。

轻剑的出现，使欧洲各地成立了剑术学校，并帮助推动了击剑运动的发展，时至今日依然十分流行。17 世纪，由于火枪的兴起，剑身较长、剑柄较大的轻剑逐渐被废弃，代之而起的是一种更短更轻的"小剑"，尤其受到那些喜欢单手持剑在街头决斗的绅士欢迎。在将近 200 年的时间里，轻剑反映了街头打斗的真实情况——这是一种可以决定性地迅速结束战斗的武器。

左图：英国人收藏的一柄制作于意大利的精美轻剑。剑柄是金质的，镶有银饰，并刻有精美图案。（华莱士藏品，图片由布里奇曼艺术图书馆提供）

轻剑造成的伤口

在击剑高手那里，既能发挥轻剑的长度，又能发挥它的速度，可以使用招数在最短的距离最快地击中并刺穿目标。训练有素的击剑手攻击的目标包括胸部、腹部和喉咙。由于剑身很窄，轻剑可以给敌人造成伤口极小但却极难治愈的内伤，因此，许多使用轻剑决斗或打斗的人起初会受伤停战，但随后就会由于伤口流血不止，或受到感染，最终不治身亡。而且，如果是心脏被直接刺中的话，几乎会使中剑者立时毙命。

024 武士刀

经典的日本武士刀已被广泛视为铸剑艺术的完美之作。进入室町时代（1392—1477）之后，最优秀的刀剑不但极为均匀，锋利无比，而且非常有弹性，同时也是完美的艺术品。因此，它们后来成为整个武士阶层的化身，也是人们意料之中的事情。

终极兵刃

在日本，早在武士刀出现之前，铸剑技术就已经存在很长时间了。直到10世纪，日本的刀剑主要仍是单侧开刃的直边刀剑，例如"直刀"，外形更像西方的长剑，而非后来的武士刀。大约在10世纪中叶，日本铸剑工艺出现了重大发展，极大地提升了刀剑的砍杀功能。进入13世纪，这些刀剑不仅在切割效果方面，而且在铸造工艺方面，都达到了完美的状态。

值得一提的是传统武士刀铸造工艺的独特之处。铸剑者面临的挑战，是如何使剑刃足够刚硬，以保持其锋芒，同时又能有足够的弹性，以免在打斗中断裂。前一种品质与高碳钢有关，后一种则与低碳钢有关。日本的铸剑者把两种材质融于一体，打造出了

右图：这幅修复过的日本木版印刷的图画描绘的是武士挥刀时的情景。这位武士后脚踏在佛像底座上，高举武士刀，准备向下猛砍。（图片由史蒂芬·坦布尔惠赐）

84　100件武器中的世界简史

一种单侧开刃的武器。铸剑者用一种低碳钢来打造剑身（即日语中的"心铁"），折叠几次之后，外面裹上一层高碳钢（即日语中的"刃金"），然后加热锻打多达15次，才能使其中的碳含量达到合适的比例。最后的工序是一种复杂的淬火过程（骤然冷却），从而使刀刃具有了弯曲的形状。铸剑技术极难掌握，我们也注意到，日本境内流通的武士刀有许多都是次品。不过，但凡出自大师之手，则必属刀中精品。

下图：1860年"血战荒神山"剑斗场景。（图片由史蒂芬·坦布尔惠赐）

武士刀

到了15世纪，日本武士刀形成了三种经典类型。最短的一种其实就是一把大匕首，被称为"短刀"。第二种被称为"肋差"，稍长于"短刀"，也是一种比较短的刀，最长可达23.6英寸（合60厘米），已基本接近标准武士刀的长度。"短刀"和"肋差"可被日本任何社会阶层的人佩戴，包括一些妇女。有权利佩戴武士刀并学习刀术的人则仅限于武士阶层。（不过，在此必须指出的是，今天的"武士刀"泛指日本武士的各种佩刀，

唯有进攻之时，方可拔刀出鞘。——日本自显流剑道馆古训

武士刀的刀法：六种经典姿势

1. 一种防御姿势，用于对抗高举刀剑从上到下劈砍的敌人。
2. 另一种防御姿势，但更加放松，略带随意，是某些较为老练的剑客喜欢的站姿。
3. 一种强有力的防守姿势，双手持剑，举至中等高度。
4. 一种震慑姿势，双手交叉持剑，剑尖直指敌人的喉咙。
5. 一种不太常见的姿势，以左手握剑，剑刃则指向身后。
6. 一种强有力的进攻姿势，双手持剑举至头顶，随时准备向下劈出致命一击。

武士刀的刀刃和刀鞘

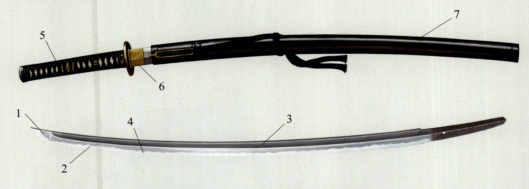

1. "切先"：刀尖
2. "锉子"：刃纹
3. "镐筋"：刀背
4. "刃先"：刀锋
5. "鲛皮"：号称"鲨鱼皮"，实为黄貂鱼的鱼皮
6. "目贯"：刀柄末端金属饰品
7. "鞘口"：刀鞘

"刀心"：刀身

有些历史学者认为,武士刀的提法不应局限于某种特定长度的武士佩刀。)对武士来说,武士刀和"肋差"是随身携带的一对绝配,但只有武士刀才是实战中的首选武器。作为一种令人望而生畏的武器,武士刀的设计理念就是对敌人造成极强的砍杀效果——在佩戴时,它的刀刃向上,以便快速拔出并砍杀对手。其攻击目标是头部、颈部、前臂、腹部和下腹部,这些部位一旦被干净利落地砍上一刀,往往就会令人丧命。武士刀尤其适合快速出击,既可单手使用,也可双手使用。正如过去日本无数的武术图册和版画描绘的那样,只需一刀,就能轻易地使对手人头落地。

所有的刀剑最终都因火枪的兴起而黯然失色。然而,作为刀剑和武士的完美化身,武士刀这样的武器时至今日仍然受到收藏家的推崇。

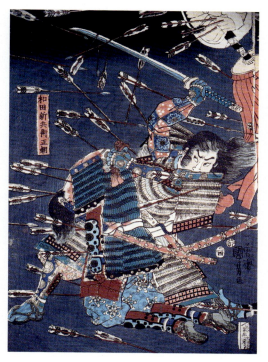

上图:在1348年的四条畷之战中,楠木正行(1326—1348)以自己堂弟的尸首为盾牌,挥舞着武士刀迎着箭雨前进。作为日本内乱时期的一名重要军事统帅,楠木正行在这次战斗中被杀,年仅22岁。(图片由史蒂芬·坦布尔惠赐)

刀术与"武士道"

随着时间的流逝,武士刀的使用方法与"武士道"("武士之道")深刻地融合到一起。大致说来,"武士道"更像是一种中世纪的骑士遗风,非常注重尊敬、英勇、忠诚之类的一系列美德。渐渐地,武士观念中表现出了上述品质,尤其是勇敢,以及视死如归。"刀魂"概念一直延续到了20世纪——第二次世界大战期间,日本军官经常使用廉价的武士刀,要么来处决战俘,要么迎着盟军的炮火实施自杀性攻击。虽然这种攻击在机械化战争时代不再奏效,但却无论如何都会给那些面对他们的人留下深刻的印象。

025 马刀

马刀就其起源来说,在其草创阶段有三种最为出众:奥斯曼帝国的"奇里吉"马刀、印度的"塔瓦尔"马刀,以及波斯的"舍施尔"马刀。"奇里吉"的年代最为久远,近代早期,随着奥斯曼帝国的扩张,其影响也从土耳其传播到了中东和亚细亚地区(包括印度),并最终影响了欧洲的军刀设计工艺,或被西方人直接借用。从外观上看,"奇里吉"马刀是一种刀身很长、外形弯曲、单侧开刃的马刀,长约33.5英寸(合85厘米)。刀身的三分之二是等宽的,最后三分之一的刀刃向上伸出,形成一个又宽又重的部分,在进行砍杀时能够额外增加一些重量(因此也能增加一些威力)。

相比之下,"塔瓦尔"和"舍施尔"马刀要纤细得多,且其刀锋更加弯曲。实际上,就"舍施尔"马刀来说,其弯曲度之高,几乎使其丧失了实用价值。它的刀尖与刀柄之间的弧度可达15度。"塔瓦尔"马刀的刀柄类似左轮手枪的枪柄,中间凸起,装有护具,有时带有向后弯曲的护手。"舍施尔"马刀的刀柄通常比较平直,装有较短的护具,整个形状呈"L"形。

砍杀型武器

上述三种马刀,包括诸如阿拉伯"萨伊夫"马刀这样的变种,都是令人生畏的实战武器。它们尤其适于发起威力巨大的"砍削"式攻击,用刀刃的下端砍杀敌人,然后再通过转动长长的剑身以加重敌人的伤口。16世纪英国军队在印度的交战记录中,就曾提到"塔瓦尔"马刀,在其一击之下,足以将头盔和头颅劈成两半。

对欧洲军队来说,至少在16世纪就已在骑兵中使用曲形军刀,但直到在印度作战,以及对抗奥斯曼帝国和阿拉伯地区的穆斯林军队时,马刀——以及此类的各种弯刀——才传到了西方。17—19世纪,战场上的护身盔甲基本上消失了,火枪成了战争的主宰,

上图:设计精美的俄罗斯马刀,亦名"沙什卡",制作于19世纪。(图片由AKG图片社提供)

上图：美国轻骑兵配备的 1860 式马刀。（美国内战档案馆藏品，图片由布里奇曼艺术图书馆提供）

下图：1863 年 6 月 9 日，美国联邦骑兵指挥官阿尔弗雷德·普利松顿（Alfred Pleasonton）将军在布兰迪车站率部向 J. E. B. 斯图尔特（J. E. B. Stuart）将军率领下的南方邦联军队发起进攻，从而开启了通往葛底斯堡的道路。经过 12 个小时的苦战，邦联军队几乎落败，直到援军将其救出。这是美国内战期间最惨烈的马刀决战。这幅图画描绘的是弗吉尼亚第三十五骑兵营席卷了纽约第六炮兵独立连的情景，该营后来得到"灰色科曼奇"的绰号，展示了马刀令人"闻风丧胆"的效果。（此图即唐·特洛亚尼所绘《灰色科曼奇》，图片网址 www.historicalimagebank.com）

近代早期（1500—1800） 89

英国第十一骑兵师的乔治·法莫尔（George Farmer）在其《轻龙骑兵》（The Light Dragoon, 1844）一书中对1811年半岛战争期间英国骑兵与法国骑兵一次交战情况的回忆：

就在这时，一位法官军官……向可怜的哈里·威尔逊的身上刺了一刀，这一刀刺穿了他的身体。我坚信威尔逊在被刺中之后很快就毙命了，虽然他仍能感觉到马刀在穿透他的身体，但是凭着顽强的毅力，他死死盯住前方的敌人，从马镫上站起身来，向着法国人的头部重重一击，把敌人的黄铜头盔和头颅砍成两半，另一半脑袋则只剩下了下巴。这是我看到的最骇人的杀戮，他和他的敌人都受到重创，落到马下，死在了一起。后来，法国军官下令对黄铜头盔进行了检验，他肯定和我一样对马刀的威力吃惊不已。马刀所到之处，仿佛切洋葱一样，干净利落地劈开了头盔，而且刀口两侧都没怎么卷刃。

正因如此，轻骑兵尤其需要一种适合在混战中快速杀敌的武器。

改良

法国革命战争期间，英国陆军军官约翰·加斯帕德·勒·马钱特（John Gaspard Le Marchant）意识到了这一点，他发现许多英国骑兵使用的又长又重又直的佩剑很不实用——在贴身近战的情况下，砍杀型武器远比刺杀型武器有用得多。为此，他直接以东方的马刀为蓝本，设计出了1796式轻骑兵专用马刀。由于这种马刀又轻又快，可以造成恐怖的杀伤效果，不仅英国许多轻骑兵部队配备了它们，普鲁士、葡萄牙和西班牙也采用了这种武器。马钱特还专门写了一本关于马刀格斗及训练技巧的手册，使马刀战术成为英国陆军的正式科目之一，也帮助成千上万的骑兵军官提高了战斗水平。

在1796式马刀之后，又出现了其他几种英式马刀，其他国家也自行研制了具有本国标准的马刀。其实，迟至美国内战时期（1861—1865），配备马刀的步兵仍能决定战争的胜负，就像1863年6月布兰迪车站的战斗一样。它很好地说明了马刀的实战功能，即使在扣动扳机的时代，军人腰间依然佩戴着它们。

上图：孟加拉游骑兵正在用"塔瓦尔"马刀对战敌人的刺枪，这种弯刀对欧洲军刀的发展产生了重大影响。（图片由布里奇曼艺术图书馆提供）

026 刺刀

燧发枪虽然改变了战争的面貌,但却也遇到了一些问题。例如,它的射击效率极低,连续射击几次之后,枪口很容易被火药残渣堵塞,这时情况就会变得非常糟糕。因此,在受到骑兵或步兵突袭的时候,步兵临时填装弹药的话,处境极为危险。进一步来讲,火枪无法作为近战武器使用,从而限制了它的攻击能力。

管装与套装

正因如此,火枪手和长矛兵并肩作战了几百年,后者既可提供保护,又能发起真正的攻击。然而,到了17世纪,一切都改变了。这种革命性的武器就是刺刀,它从本质上将火枪手与长矛兵的角色融为一体,既能发射枪弹,又能以冷兵器刺杀敌军队列,还能保护自己免受敌军骑兵的攻击。

最初的刺刀大约发明于1650年,是一种粗糙的"即插即用"型装置,基本上就是将一把刀(长约1英尺,合30厘米)安装在枪口里面。这种刺刀有一支细长的木柄,可以深深地插入枪管,显然,一旦刺刀固定好就很难从枪管里拔出,所以必须找到更好的装卸方法。1670年代,法国陆军发明了一种套管式刺刀,从而彻底解决了这个问题。新式刺刀被安装在一个底部开放的钢管上面,

下图:1942年,在英国陆军训练中心,新兵们正在用草袋进行刺刀冲杀训练。虽然英国早在17世纪就引入了刺刀,但却直到两次世界大战期间及以后才得到广泛应用。马岛战争期间,皇家苏格兰灰衫军就曾在坦布尔登战斗中用刺刀进行夜袭。陆军少校约翰·基兹利(John Kiszely)在马岛战争中击毙两名敌人,并以刺刀杀死第三名敌人,从而荣获十字勋章。(帝国战争博物馆藏品,编号H18462)

上图：一份法国杂志夫祝 1915 年伊普尔之战中法军以刺刀取胜的图片。（图片由 AKG 图片社提供）

可以套在枪管上，然后用之字形的锁扣加以固定。不用的时候，这种通常呈三角形的细长刺刀就会从枪管上摘下来，把枪管的位置给腾出来。

很快，套管式刺刀就取代长矛，被欧洲各地的陆军广泛采用，使步兵此前缺乏的进攻和防御能力大大加强。就防御来说，其标准战术是一名士兵架起刺刀，另一名士兵负责重新装弹，然后两者不断互换角色。就进攻来说，"拼刺刀"成了决定战斗胜负的时刻，此时士兵们要与敌人贴身近战，去争取最后的胜利。

长刺刀与短刺刀

刺刀的发展并未止步。19世纪，长刺刀开始兴起，与普通刺刀一起得到实战应用。这种长刺刀的代表是英国1800式贝克长刺刀，刀身长达24英寸（合61厘米），刀柄带有黄铜护手。长刺刀在19世纪表现非常抢眼，但因过重过长，不够实用，基本上只在仪式上或单独使用。自19世纪末以来，出现了一种更短的"短刺刀"，基本上就是一把捎带用作刺刀的大匕首。

左图：拿破仑时期的一幅版画，描绘的是法国军队使用刺刀时的情景。（图片由AKG图片社提供）

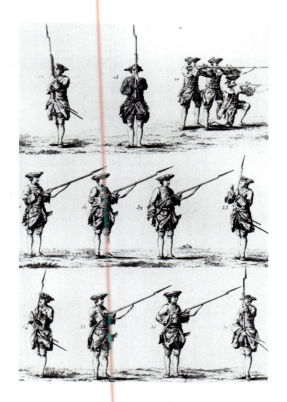

上图：18 世纪的刺刀使用指南。（图片由布里奇曼艺术图书馆提供）

永别了，刺刀？

2004 年 5 月，阿盖尔郡和萨瑟兰郡高地部队的士兵在福克兰战争之后第一次使用了刺刀。20 名乘坐路虎汽车旅行的英军士兵在伊拉克阿玛拉城附近遭遇反政府武装伏击之后，受到了 RPG 重型迫击炮和一些轻型武器的火力压制。在弹药不足的情况下，高地部队士兵给他们的 SA80 式步枪装上了刺刀，然后冲向敌军，与之展开了肉搏战。反政府武装被击退，他们共有 35 人在战斗中被打死（战斗期间英军增援部队及时赶来），英军方面则只有 3 人受伤。这次行动表明，尽管刺刀在理论上已经基本退出了历史舞台，但在士兵的装备中依然占有一席之地。

短刺刀的早期代表包括美国 1861 式 "达尔格伦" 刺刀，以及德国 1871/84 式刺刀，但更长一些的刺刀直到 20 世纪仍表现良好，例如英国 907 式长刺刀，其刀身长 17 英寸（合 43 厘米），曾在第一次世界大战期间及后来的第二次世界大战期间装配在李－恩菲尔德式步枪上使用。不过，进入 21 世纪，随着小型枪械的完善，已经没有必要再使用过长的刺刀，于是短刀就成了最常见的刺刀品种，时至今日仍在使用，就像钳子一样，基本上已经变成工兵武器。即便如此，刺刀在其巅峰时期也曾重新界定了步兵战斗的实质。

上图：美国骑兵使用的卡宾枪及其配套的刺刀，大约生产于 1842 年。（美国内战档案馆藏品，图片由布里奇曼艺术图书馆提供）

027 轻型野战炮

直到 17 世纪，火炮在很大程度上依然是移动能力有限的重型炮弹发射装置。在大多数战斗中，火炮通常都是在指定位置发射炮弹，一旦步兵开始移动，重新设定炮位可以想见是一件极其困难的工作。

轻型火炮

真正意义上可移动的野战炮出现于欧洲三十年战争期间，其首倡者是瑞典军队的指挥官古斯塔夫·阿多尔弗斯（Gustavus Adolphus）。他十分注重使用那些重量较轻、更容易移动的火炮。例如，他的三磅口径"羽量级火炮"就足够轻便（重约 120 磅，约合 55 千克），仅用两匹马就可以在战场上四处移动。他还使用了一种四磅口径的加农炮，负责为该炮装弹的人员也负责把弹箱提前准备好，以节省装弹时间。这些轻型火炮在训练有素的人员操作下，发射炮弹的速度比燧发枪还要快。

在阿多尔弗斯的带领下，更多的职业军队开始使用轻型火炮。重新设计的炮车和炮管，进一步减轻了某些大口径火炮的重量。例如，在俄国，一种 12 磅口径的加农炮重量从 4036 磅（合 1830 千克）降到了 1081 磅

上图：拿破仑战争时期，由马匹拖动的法国轻型火炮正在进入战斗位置。火炮在重量和移动速度方面得到改进之后，在战场上引发了一场革命。（图片由 AKG 图片社提供）

（合 490 千克）。在接下来的 18 世纪，火炮变得更具机动性，重量更轻，炮车的设计也更加新颖。三磅口径和四磅口径的轻型火炮

近代早期（1500—1800） 95

上图：1709 年 9 月 11 日的马尔普拉凯之战是西班牙王位继承战中的一场重要战役。马尔伯勒公爵率领的联合军队大量使用火炮，把法国军队逐出了战场。不过，联合军队方面也损失惨重，据说河水都被鲜血染红，三天之后才恢复常态。（图片由布里奇曼艺术图书馆提供）

炮战

可以架在步兵肩膀上，在训练有素的炮手操作下，能像人一样在战场上移动，可在战争的任何阶段随时提供火力支援。

在野战炮发展史上，一些人物名声大震，尤其是让 – 巴蒂斯特·德·格里博瓦（Jean-Baptiste de Gribeauval）。1776 年，他出任法国炮兵总长，随之推行了一种新的炮管工艺，将炮管作为一体进行浇铸，然后再钻出炮口。这就使得炮口和炮弹之间更加契

实战效果

野战炮使用的两种基本炮弹是实心弹和霰弹。实心弹就是一种坚硬的金属球，通常用于对敌军步兵队列实施首轮打击，由于步兵排列紧密，所以一发实心弹就能打倒一排敌人。霰弹则是一种金属容器，里面装满铅珠或铁珠（其余空隙用锯末填充）或其他类型的弹片。发射霰弹时，炮弹里的珠子或弹片就会炸开，从而对敌军造成可怕的短距离"猎枪"杀伤效果。在霰弹的杀伤半径内，可将人或马炸得四分五裂。例如，在1760年11月3日的托尔高之战中，普鲁士方面约有十营兵力被野战炮发射的霰弹消灭。对枪械设计者来说，火炮只是一种科学，但对迎着炮火的人来说，它绝对是一种令人胆寒的东西。

炮兵的兴起说明野战炮开始成为决定战争胜负的武器。机动性加上杀伤力，成为此时制胜的关键。例如，在1704年8月13日的布伦海姆之战中，马尔伯勒公爵为英国和荷兰的每一个营都配备了三磅口径火炮。尽管法国军队拥有更多更重的火炮，马尔伯勒却能更加灵活地调动手下的轻型火炮冲击法军，大约消灭了敌人九个营的兵力。以野战炮制胜的战例还包括1709年的马尔普凯特之战、1760年的里格尼兹之战，以及1757年的罗斯巴赫之战。正如20世纪的空军一样，野战炮彻底改变了地面战争的战术规则。

合——从而增加了火炮的威力——也使炮管更细、更轻，发射的炮弹威力却与过去的重型炮弹威力相当。他还建立了新的标准炮弹体系，尤其注重发展1磅至12磅的轻型野战炮弹。

野战炮的稳固发展意味着重炮逐渐成为决定战争胜负的关键。陆军开始配备多达上千门大炮（例如，俄国在1713年配备了13000门大炮），这就需要以炮兵排和炮兵团的方式加以组织。弗雷德里克大帝则在1759年率先使用战马（骑兵仍骑在马上）拖动大炮进入炮位。

上图：瑞典人古斯塔夫·阿多尔弗斯是使用轻型野战炮的名副其实的先驱者之一，曾在三十年战争期间赢得若干场胜利。（图片由AKG图片社提供）

028
榴弹炮

榴弹炮在人类历史上有着独特的地位，也是炮兵武器家族的重要成员。在现代世界，依靠点火直接发射的火炮已基本消失，榴弹炮则成为实战当中最具影响力的武器。这种地位是在历史上缓慢形成的。

榴弹炮的功能介于迫击炮和加农炮之间，近代早期，它有着迫击炮的机动性，发射的炮弹也比加农炮弹口径更大。这是一种间接打击敌人的武器，通过将炮弹以抛物线形式高高射出，从而打击躲藏在视线之外的目标。

火力支援

榴弹炮的历史可以追溯到胡斯战争期间（1419—1434），胡斯的军队当时采用了一种"霍夫尼斯"野战炮——那是一种可以装在车上发射中型炮弹的防御性加农炮——作为其庞大炮兵部队的一种作战武器。这些火炮能够对密集的敌军队列实施惩罚性打击，主要用于掩护己方的炮车。"霍夫尼斯"翻译成德语就是"霍比策"，进而在英语中呈现为"豪维策"（howitzer）。

虽然胡斯的军队为榴弹炮奠定了基础，但是这种武器真正形成的时间却是在 17 世

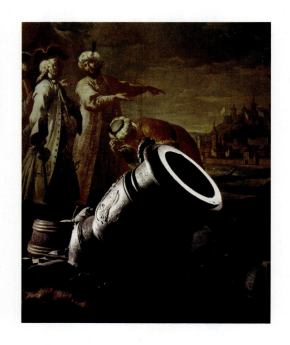

左图：18、19 世纪的榴弹炮主要用于攻击防御工事。这幅图中展示的是所谓的"贝尔格莱德榴弹炮"，1717 年，萨伏伊的尤金亲王率领下的哈布斯堡军队曾用这台 6.7 英寸（合 17 厘米）口径的榴弹炮轰击奥斯曼帝国的城防工事。（图片由盖蒂图片社提供）

纪。它首先被设计成一种攻城武器，用于仰面攻打敌军的城墙。很快，它就显示出了自己在不同地形条件下的用处。由于重量相对较轻，炮管相对较短，它们可被运到战场的各个角落，为攻克关键目标提供重型火力支援。例如，18世纪初，在马尔伯勒的指挥下，榴弹炮可以发射一些8—10磅口径（合20—25厘米）的重型炮弹，但只需要8匹马拉动一架炮车。相比之下，英国的六磅口径野战炮则需要13匹马才能拉动。与众多直接打击的火炮不同，榴弹炮主要用于发射"燃烧弹"，那是一种装满火药或燃料的球状空心弹。虽然榴弹炮的精度有所欠佳，这种武器还是被吸收进了轰炸型炮兵武器的大家庭。

多种用途

纵观18世纪，榴弹炮在火炮领域取得了坚实的地位，可以发射从7磅到24磅不同口径的炮弹。鉴于榴弹炮在进攻和防御方面具有的灵活性，正如1812年英军第二次攻占西班牙巴达霍斯时表现的那样，可以通过榴弹炮发射三种不同口径的炮弹，分别用于攻击从壕沟到堡垒的不同目标。

下图：第二次英布战争期间，布尔人使用榴弹炮攻打莱迪史密斯时的照片。（图片由艺术档案馆提供）

进入 19 世纪,榴弹炮的品种日益多样,出现了轻型山炮,其体形较小,拆卸之后,可以放在驴背上运载;第一次世界大战期间更是出现了令人望而生畏的德国列车炮,如口径达 17 英寸(合 43.2 厘米)的"大伯塔",需要 200 人来进行操作,射程可达 9 英里(合 14.5 公里)。从 19 世纪下半期开始,随着滑膛炮筒的完善,以及推进燃料、后坐力吸附和装弹速度方面的改进,出现了"榴弹枪"这种兼具野战炮和攻城炮角色的炮兵武器。进入 20 世纪,榴弹枪稳步成为主要的火炮类型,配备了自行火炮系统之后,它的机动性也得到了改善。

在 20 世纪的战争中,火炮成为真正的杀戮机器:敌军的死亡人数中,七成左右都是死于炮击。榴弹炮的巨大威力是造成这种现象的重要原因,时至今日,人们仍对这种武器心存敬畏。

上图:美国内战期间使用的 12 磅口径榴弹炮。(图片由盖蒂图片社提供)

下图:近代早期的榴弹炮是"大伯塔"这种武器的直接先驱,后者由德国工业家古斯塔夫·克虏伯(Gustav Krupp)设计,射程可达 9 英里(合 14.5 公里),从 1917 年开始德军对巴黎实施了长达十多个月的炮击。(赫尔顿档案馆藏品,图片由盖蒂图片社提供)

029 战列舰

1500—1800 年间，战争的许多方面都发生了巨变，但就海战而言，却没有出现多少变化。在所谓的"帆船时代"，战船由配备大约半打火炮的载重较轻的武装帆船，变成威力巨大的战列舰，最大的战舰配备的火炮多达一百多门。伴随着航海技术的进步，这些战船具有了远洋航行能力，海军也就成了帝国的缔造者。

舰载火炮

战船配备火炮的先例最早可以追溯到 14 世纪，但是，这些新型武器随即产生了一个问题。锻铁或青铜铸造的火炮及其牵引炮车十分沉重。主甲板上如果放置几门大炮的话，就会使战船头重脚轻，有可能导致严重的失衡问题。1545 年"罗斯·玛丽号"大型战舰的沉没，部分原因可能就是由于舰载军械的失衡。尤其对单层甲板的大帆船而言，大炮增加了那些操作船桨的海员的负担，使航速显著下降，继而有损其攻击实力。

但从 16 世纪开始，出现了一系列海军技术革命，使战船拥有了更加稳定的炮台。总体上看，这些变化大致可以分为以下几种。单层甲板的大帆船被三桅帆船、"大船"、大帆船和"快速帆船"所取代。甲板的层数、船员的数量、载重的吨数都得到了显著增加，

其代表船只是英国的"海上霸王号"，该船有三层甲板，载重 1675 短吨（合 1520 公吨），船员 600 名，于 1669 年下水。18 世纪，随着象限仪和六分仪的应用，航海仪器也得到了升级。同一时期，如何测算经度的问题也被约翰·哈里森（John Harrison）发明的航行表解决了。

上图：舰载火炮的操作人员正在准备发射炮弹。战列舰基本上就是一些漂浮的火炮发射平台，其主要功能就是对敌舰发动猛攻，直至对方投降。（菲利普·海桑特威特藏品）

巡洋战舰

帆船航行能力的提高，意味着世界上的各个大洋都已变成帝国争霸的战场。传统的单层甲板帆船装备的炮口向前的大炮数量极少（通常只有7门左右），另有一些口径较小的火炮，安装在甲板上具有战略意义的位置。大型帆船的出现，也意味着最大的战船可以装载多达甚至超过100门火炮。这些火炮被排成长队，通过船体一侧的船舷炮口发射炮弹。从炮口装弹的火炮设有炮车，尾部用粗绳索固定，可以防止火炮失控落入船舱。通过绳索和滑轮系统，则可使火炮回到指定发射位置。

这些帆船的侧翼极具杀伤力，但却需要新型战术加以协调。17世纪中叶，英国和荷兰率先发明了"列队作战"的战术，让负责攻击的战船排成相互呼应的队列，从而避免在以齐射方式攻击敌军时伤及友军。有能力在战斗时保持队列阵型的战船，就是所谓的"战列舰"。这些战舰型号各异，但在各国海

舰载火炮的战时用法

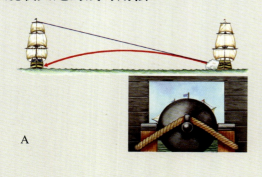

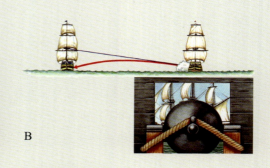

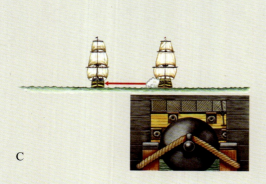

A. 瞄准远距离目标：在距离敌舰大约1320码（合1207米）时，炮手瞄准的是敌舰的主桅杆顶部的木冠。

B. 瞄准中距离目标：在距离敌舰大约880码（合805米）时，炮手瞄准的是敌舰的主陀螺仪。

C. 瞄准近距离目标：在距离敌舰大约400码（合366米）或更近时，炮手直接瞄准敌舰的船体，因为进行点射时无须抬高火炮的仰角。在300码（合274米）内，侧舷火炮的威力尤为显著。

上图：纳尔逊率领舰队取得特拉法加大捷，使得英国在接下来 100 年内占据海上优势。联军 33 艘战舰有 18 艘被击沉或俘获，英舰无一损失。图中法舰"敬畏号"夹在"胜利号"与"提米莱尔号"之间。（图片由艺术档案馆提供）

军那里都有标准的分级体系。例如，根据英国海军使用的"分级"标准（详见右栏），"一级"战舰威力最大。

从策略层面来讲，对舰队的指挥官而言，理想的办法是将自己的队列调头，使之贴近敌舰队列的头部或尾部，这就意味着自己可以发射舷炮，敌人却无法还击。不过，这种战法相对比较罕见，而且双方同时开炮时场面极其惨烈，每一方都会如暴风骤雨般向对方施以齐射、排射、散射和连射。此类海战

英国战舰的评级标准

根据舰载火炮的数量，18 世纪英国战列舰的评级标准如下：

一级：三层甲板，100 门火炮

二级：三层甲板，90—98 门火炮

三级：两层甲板，74 门火炮（此为 18 世纪后半叶与 19 世纪初英国皇家海军当中数量最多的一种战舰）

四级：两层甲板，50—60 门火炮

五级：护卫舰，两层甲板，32—36 门火炮

六级：护卫舰，一层或两层甲板，28 门火炮

无级：六级以下的所有船只，例如单桅帆船和火攻船

"常胜号"战舰

技术规格：

下水日期：1765年5月7日
排水量：3500美吨（合3556公吨）
总长：186英尺（合56.6米）
龙骨长度：151英尺4英寸（合46.1米）
横梁宽度：52英尺（合15.8米）
吃水深度：21英尺（合6.5米）
武器装备：32磅口径火炮30门；24磅口径火炮28门；12磅口径火炮30门；6磅口径火炮12门

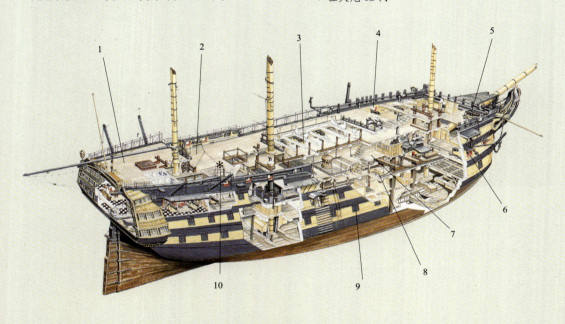

图例：

1. 艉楼甲板
2. 后侧甲板
3. 顶层甲板
4. 12磅口径火炮
5. 68磅口径火炮
6. 24磅口径火炮
7. 中层甲板
8. 炮台
9. 左舷甲板32磅口径火炮
10. 纳尔逊在1805年特拉法加之战中遭受重创之地

极具破坏性，但却经常无法决定胜负，因为最终的胜利不但取决于大炮的火力，还取决于天气状况和航行技巧。

后来，轮船在19世纪日益流行。蒸汽动力的战舰摆脱了风力的束缚，可以采用更加灵活多样的战术。罕有其匹的大型帆船虽然曾被作为海军绝对实力的象征，但其时代至此也走向了终结。

帝国战争

（1800—1914）

IMPERIAL WARS 1800—1914

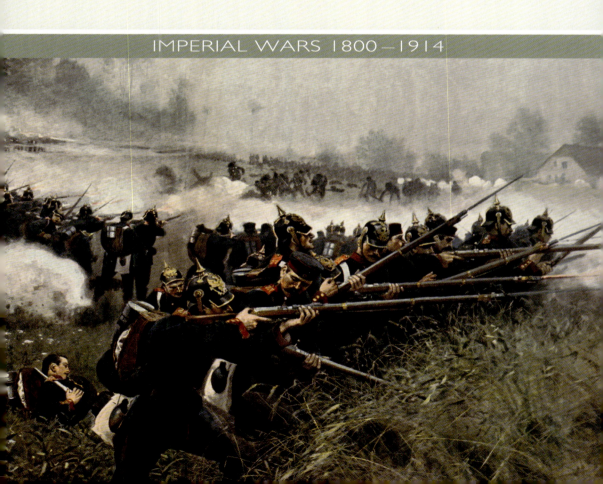

030 贝克步枪

在膛线枪械的战略和战术方面,德国曾经遥遥领先。经典的耶格尔步枪曾是伞兵、侦察兵和狙击手的专用枪械,其口径为 0.75 英寸,枪管长 30—32 英寸(合 762—813 毫米),并具有直线型枪托,可以降低直接作用于肩膀的后坐力。推弹杆也由木质换成了铁质,以便更加有力地把子弹推进枪膛。

上图:英国陆军第 95 步兵团一名手持贝克步枪的士兵,他所属的团在英军中最先采用了艾泽基尔·贝克设计的新式步枪。(彼得·纽瓦克藏品,图片由布里奇曼艺术图书馆提供)

神枪手与狙击手

随着德国和瑞士移民的到来,耶格尔步枪对美国的步枪和神枪手产生了极为重要的影响。肯塔基步枪或宾夕法尼亚步枪采用了许多相同的设计,但把子弹的口径限制在 0.4—0.5 英寸之间。美国独立战争(1775—1783)期间,在美国神枪手的手中,这些步枪能在 300—400 码(合 275—365 米)的距离内击中敌人,给英军以重创,尤其是射杀了许多英国军官。例如,在 1777 年 9 月 19 日的弗里曼农场之战中,一位美军狙击手击毙了西蒙·弗雷泽(Simon Fraser)将军,使英军被迫撤退。这场战斗也因此而成为美国革命战争中的一场关键战役。

经验和教训

虽然许多英国军官谴责普通士兵杀害尊贵的军官是不敬行为,但陆军军官也从中汲取了经验和教训。法国革命战争初期,法国军官也曾遭遇类似经历,以步枪作战的散兵的重要性逐渐得到了重视。1770年代后期,英国少数士兵配备了后膛装弹的弗格森步枪,但直到19世纪初,步枪武装部队才成为英国陆军中相当重要的一部分。

1798年,军械局开始为造价昂贵且数量不多的后膛装弹式弗格森步枪寻找替代品。耶格尔步枪自然成了最佳选择,约有5000支被配发给不同的轻步兵部队。次年,枪械制造商艾泽基尔·贝克(Ezekiel Baker)接受委托,在耶格尔步枪的基础上研制出了一种适合英国人使用的新型服役步枪。这就是1800年开始服役的充满传奇色彩的贝克步枪。起初生产的步枪口径为0.7英寸,大规模批量生产的步枪口径较小,为0.62英

下图:1808—1809年的冬天,英军从克伦纳撤退时,使用贝克步枪的后卫部队拖住了追兵的脚步。奥古斯特—玛丽—弗朗索瓦·科贝特(Auguste-Marie-Francois Colbert)率领的法国骑兵若能击败这些后卫部队的话,英军的命运就会落到他们手上。但在1809年1月3日,步兵汤姆斯·普伦基特(Thomas Plunkett)以后仰姿势(更适合远距离射击)击毙了法军统帅,使法军陷入混乱,英军最终得以逃脱。(彼得·丹尼斯绘画作品,图片版权归鱼鹰出版社所有)

寸，子弹从一根长 30 英寸（合 762 毫米）的七槽膛线炮管射出。该步枪总长 45.5 英寸（合 1156 毫米），大大短于布朗·贝斯式步枪，因此更适合从掩体背后发起机动灵活的小规模战斗。

贝克步枪在很多方面都不同于早先的膛线枪械。它的重要意义在于，英国军队开始了从齐射战术向机动射击战术的缓慢转变。装备了贝克步枪的英国步兵第 95 团，以善用地形及在超过 200 码（合 182 米）范围内的射击能力闻名，他们尤其喜欢射杀那些身价不菲或执掌大权的人，如敌军的军官、军士、鼓手和炮手。英国步兵第 95 团的经验被更多部队所采纳。随着标准弹药的引进、步枪制作工艺成本的降低，以及 19 世纪后膛装弹效率的提升，每位士兵都能适应远距离消耗战。在步枪时代，那些暴露在枪口面前的人必死无疑。

> **神枪手**
>
> 英国步兵第 95 团士兵哈里斯回忆拿破仑战争期间与一名法国枪手的战斗情况：
>
> 尖锐的火枪警报使我大吃一惊，几乎在同一时间，一颗子弹呼啸着从我头上擦过……我转身望着子弹射来的方向……但什么也没看到。我检查了一下手中的步枪……当敌人再次射击时，一颗子弹又擦着我的身体飞过。这次我已准备就绪，迅速转过身来，看到了那名枪手。他正蹲在一个小土丘后面，离我大约二十步远。我随手朝他开了一枪，立刻把他击倒在地。

下图：一对耶格尔军用燧发枪，大约制作于 1750 年，是贝克步枪的直系祖先。（马丁·佩格勒藏品）

108　100 件武器中的世界简史

031 德莱赛针枪

前膛装弹式枪械在战场上的表现可能会差强人意。例如，它的装弹时间较长，火力不够威猛，而且容易分散，经不起长时间的损耗。虽然在弹药方面实现了一些改良，但前膛装弹的枪械通常比不上来复枪。相比之下，后膛装弹式枪械则完全改变了这种局面。

装弹的枪械

1812年，瑞士枪械制造商约翰尼斯·保利（Johannes Pauly）发明了第一款现代后膛装弹式火枪。这是一款铰链式枪管猎枪，它自带的纸弹壳中装满了铜头和引物颗粒。纸弹壳被插入枪管中，当扣动扳机时，燃着的撞针能在固定臀位冲击引物颗粒并引燃纸弹壳。在一次演练中，保利用他的新武器在一分钟内连续射击了22次，滑膛枪在同样的时间内则只能射击3次。

1835年，法国人卡西米尔·勒福肖（Casimir Lefaucheaux）革新了这一创意，发明出一种新的后膛弹壳。这种针式弹壳的特点是用黄铜包裹粉末、引物和子弹。撞针从引物的上侧发起撞击。勒福肖的步枪设有槽室，可供撞针伸出之用。开火时，撞锤敲打撞针，迫使其下行冲击引物并引燃纸弹壳。

针式弹壳效果不错，虽然其最成功的应

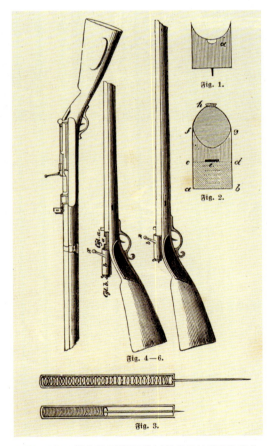

上图：这幅早期的版画说明了新式针枪设计带来的革命。（图片由 AKG 图片社提供）

帝国战争（1800—1914）

用是在左轮手枪上,但它依然在接下来的几十年中创造了巨大的商业财富。最重要的是,它的发明开启了步枪从外部点火到以内部点火为主的演变。

枪栓的演变

普鲁士枪械制造商约翰·尼克劳斯·冯·德莱赛(Johann Nikolaus von Dreyse)的"单一"弹壳开创了步枪设计的新时代。1836年,德莱赛取得了世界上第一款直动式步枪——德莱赛"针枪"的专利权。这款步枪通过一个类似普通门栓一样的系统装填子弹,这个"门栓"有一个弹簧环销贯穿中心。当"门栓"被拉起和放回时,安装了单一硬板弹壳的枪膛就会暴露出来。弹壳本身有些古怪,雷管位于子弹的后部而非弹壳的后部。通过向前推螺栓并将手柄向下锁紧至框架的凹处,枪就可以射击了。扣动扳机后,长针状的撞针被释放出来,击破弹壳的底部,穿透粉末并撞击雷管,进而射出子弹。

德莱赛的后膛装弹式枪械的确是一种革命性的创新。1848年,普鲁士军队采用了0.607英寸口径的"针枪"。他们在1860年代与丹麦和奥地利的战争中凭借这种步枪造成了敌军灾难性的人员伤亡。它的速度是每

德莱赛"针枪"——性能参数

以 1849 年普鲁士陆军步枪为例：

子弹口径：0.607 英寸

射击原理：直动式

供弹方式：手动单发

枪身长度：1422 毫米

枪管长度：964 毫米

膛线标准：4 槽

枪身重量：9 磅（合 4.1 千克）

子弹初速：约 950 英尺／秒（合 290 米／秒）

左图：1866 年普奥战争中克尼格雷茨战役中，普鲁士军队利用德莱赛"针枪"给对手造成毁灭性打击。（Mary Evans Picture Library/Interfoto/Daniel）

五秒钟发射一发子弹，有效射程超过 220 码（合 200 米）。

直动式步枪风靡了一段时间。后来，内部点火式弹壳成为大势所趋。到了 19 世纪末期，每位士兵都在战场上使用直动式步枪，以及内部点火式弹壳。直动式步枪适于在恶劣条件下使用，而且能够保证超常的射程和精准度，所以时至今日人们仍然把它用作猎枪、比赛用枪或狙击武器。"针枪"本身的影响虽然甚微，并很快便被更好的模型取代，但德莱赛"针枪"开启了历史上最成功的武器血统。

上图：M1870 式卡宾针枪，由普鲁士人设计，采用了德莱赛针枪系统，安装的则是比原枪晚 20 年生产的后膛装弹设备。（选自因特尔图片社，由玛丽·埃文斯图片社提供）

032

美国柯尔特 M1851 式 左轮手枪

进入19世纪时,燧发式手枪已经存在了大约三个世纪。但是,它一次只能发射一枚子弹,使其在激烈的小规模战斗中作用甚微。一旦射出枪膛里的子弹,手枪的最佳用途也就是握住枪管,把枪柄当棍棒来用。从防御角度而言,可以射击多发子弹的"鸭掌"或"胡椒罐"手枪性能要稍好一些。这两种手枪都有多个弹巢,前者呈斜面展开,后者则是围绕轮轴旋转。两者都很笨重,不易携带和射击,而且"胡椒罐"手枪在射击时极易引燃邻近弹巢的子弹,造成"跳火",继而伤及手掌。

击发式左轮手枪

随着击发式枪械时代的到来,左轮手枪改变了一切。可以说,左轮手枪的发明者其实并非伟大的塞缪尔·柯尔特,而是马萨诸塞州的阿蒂默斯·惠勒(Artemus Wheeler)。(不过,早在16世纪,一些火绳枪、转轮枪和燧发枪就已开始使用转轮击发装置。)1818年,惠勒获得了多弹筒装填单管燧发式来复枪的专利(每一弹筒可以完成一次独立射击)。他的发明在商业上并未取得成功。后来,以利沙·科利尔(Elisha Collier)将弹筒应用于燧发枪机技术,创造出了一种新型枪械。科利尔设计中的独创性在于,每次射击之间,弹筒都会被竖立击锤的动作转动起来。

上图:塞缪尔·柯尔特(1814—1862),柯尔特特许枪械制造公司的创始人。(图片由AKG图片社提供)

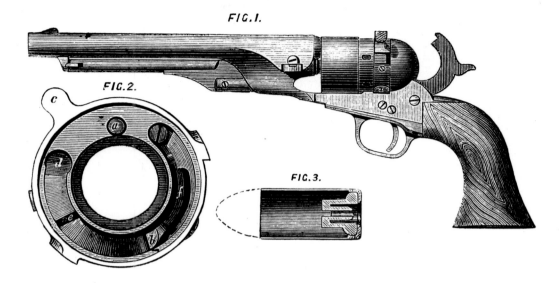

上图：左轮手枪的示意图：枪身（图1），后膛盘（图2），以及子弹（图3），摘自1869年在伦敦出版的《力学杂志》。（图片选自世界历史档案馆，由AKG图片社提供）

即便如此，独创性并未带来射击的稳定性，科利尔手枪的销售情况比较惨淡。就在这时，塞缪尔·柯尔特出现了。

柯尔特为手枪工业带来了一场革命。他研制的第一把手枪是1836式柯尔特·佩特森左轮手枪，这是一种口径为0.34英寸的五连发手枪，其中每个枪膛都可独立装填火药、底盖和子弹。该枪为"单动模式"——竖立击锤在每次射击之间转动弹筒——它在柯尔特的初次尝试中略显笨拙，这让1836式柯尔特·帕特森手枪在火力、稳定性及短程精准度上均相形见绌，不过后来的左轮手枪完全改变了这一情形。新型手枪包括1847式"惠特尼维尔·沃克"柯尔特手枪，以及标准的1851式海军雷管手枪。

1851式海军手枪显示出了左轮手枪的潜能。这是一种便于控制、具有高度平衡性的六连发手枪，口径为0.36英寸，枪管长7.5英寸（合190毫米）。重要的是，它可以被极为方便地装在皮带枪套内。在战场上，由于表现稳定且射击精准，它被军方和民间买家大批购入——截至1873年，其总产量已达25万余支，仅英国就购入了4.1万多支。从德克萨斯牛仔（左轮手枪的一个重要

帝国战争（1800—1914） 113

上图：一把美国海军配备的1851式柯尔特左轮手枪，曾在美国内战期间被一位无名的北卡罗来纳州步兵军团成员使用。（美国内战档案馆藏品，图片由布里奇曼艺术图书馆提供）

消费群体）到职业骑兵，它可以为各种人群提供重要的支援或短程火力，这是人类历史上一直都在期待的贴身武器。

像海军手枪这样的武器只算是开启了左轮手枪的序幕。后来，柯尔特的专利过期之后，手枪领域涌入了不计其数的竞争者，其中包括雷明顿公司和史密斯威森公司。撞击式左轮手枪最终让位给了子弹式左轮手枪，后者极大地提高了手枪装填弹药的速度。柯尔特公司自身则仍在继续生产左轮手枪，例如著名的柯尔特单发军团，即后来的"和平缔造者"，其中的一两种经典枪型直到130年后才停产。柯尔特的设计带来了巨大的贡献，直至今日，其基本原理仍被应用于左轮手枪上。

1851式柯尔特海军手枪——性能参数

子弹口径：0.36英寸

射击原理：单动左轮手枪

装弹方式：6发弹筒

枪身长度：12.9英寸（合328毫米）

枪管长度：7.5英寸（合190毫米）

膛线标准：7槽

枪身重量：2.4磅（合1.1千克）

子弹初速：700英尺/秒（合213米/秒）

033
1853 式恩菲尔德步枪

1853 式恩菲尔德步枪的重要性在于，它是自燧发式枪支出现以来枪械设计史上影响最为深远的新发明，而且终结了燧发式枪支 300 年的统治历史。

击发系统

这种发明采用的是撞击式系统，起源于 18 世纪晚期致力于寻求改良竞技类枪支的苏格兰牧师亚历山大·约翰·福赛斯（Reverend Alexander John Forsyth）。他发现燧发式枪支的问题在于点燃火药与主要装弹环节之间的时间差，这段时间差足以让猎物有足够的时间在被击中前逃脱。一种化学药品雷酸汞解决了这个问题，它一经碰撞就会爆炸，产生出一团燃烧速度极快的高温火焰。福赛斯创造了一种新的"香水瓶"（因其外形而得名）来闭锁——从而在撞针与击锤之间装入一定数量的药引。出于实际需要，即便不用燧石，也几乎能在瞬间完成点火。

福赛斯带领人们冲进了撞击式点火时代。不久之后，另一些人尝试改良，创造出了使用装在纸包中或弹粒中的雷酸盐闭锁。1820 年代，撞击式雷帽迈出了最重大的一步。这一发明的创始人有好几个，包括英国的约瑟夫·曼顿（Joseph Manton）、美国的约书亚·肖（Joshua Shaw）和法国的弗朗索瓦·普雷拉（Francois Prelat）。不论其起源如何，它的作用原理是这样的。雷酸盐混合物被盛装在可压碎的铜质雷帽中，这种雷帽被放置于金属头上，其下有一个通往枪支

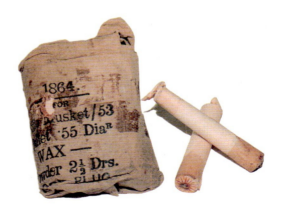

右图：这幅照片中的弹药就是 1853 式步枪子弹及其包装。外包装上的文字说明了这种子弹的若干细节。（马丁·佩格勒藏品）

帝国战争（1800—1914）

上图：1853 式来复枪的早期样品，生产于 1854 年，是史上第一支安装标准推弹杆的步枪。（英国皇家军械博物馆托管委员会藏品，编号 XII.3064）

膛室的洞。扳动扳机，击锤会落在雷帽上，并击碎雷帽，从而引爆雷酸盐，并借此点燃弹药。这一系统不需要燧石，并且比燧发式枪支更为可靠，装弹更快，也更为精准。

米涅弹

米涅弹是法国人克劳德-埃蒂埃纳·米涅（Claude-Etienne Minie）在 1847 年的发明（尽管是建立在早先的成品之上）。米涅寻求各种方式缩减枪口装填式步枪的重新装弹时间，并改进了其宽度稍窄于枪口的锥形铅弹，使其尺寸更易于冲击枪管。不过，这种子弹在底部有一圆锥形凹洞，射击时气体涌进凹洞挤出子弹，从而使枪膛呈现气密状态。米涅弹在各个方面均达到最佳性能，装填迅速，精准度高，射程达数百码，并具有巨大的穿透力。与撞击式系统一起，它显著地提高了来复枪类枪支的杀伤力。

标准步枪

采用撞击式枪机创造出的一种重要枪械是英国 1853 式恩菲尔德 P53 型来复枪，它基本上成了英国陆军的首选标准步枪。发射口径为 0.577 英寸的重型子弹时，这种重 8.6 磅（合 3.9 千克）的 P53 型步枪不仅用时更短，并且较英军先前的武器更轻。至于射程，它拥有一个可被设置为 100—1000 码的梯形表尺。同时，P53 型步枪在工业上也非常成功，1853—1867 年间，这种枪支共生产了将近 150 万支。

它留下了一条贯穿英帝国的血色痕迹，同时也是美国内战期间（1861—1865）使用最广泛的枪支。发射米涅弹（详见左栏）时，它可以拥有和装填无膛线枪一样快的装弹速度，而又远较后者精准，将撞击式枪机系统的优点完全体现了出来。正是 P53 型步枪这样的枪械，决定性地消解了燧发式枪支几个世纪以来的权威。

上图：印度兵变期间的英军第93步兵团。此次兵变是配备恩菲尔德式步枪的直接后果之一。在给步枪装弹时，东印度公司雇佣的印度土兵必须咬开子弹的包装，而那些子弹据说涂有动物油脂，这显然违背了这些土兵的宗教原则。（图片由国立军事博物馆委员会惠赐）

右图：美国内战期间配有恩菲尔德式步枪的南方邦联士兵。美国北方和南方军队使用了超过50万支P53恩菲尔德式步枪。（公版图片）

帝国战争（1800—1914）

> 我从未听到过这样让人心烦意乱的、数千支来复枪不断开火发出的声音,也从未看到过这样一幅杀戮的景象……
>
> ——阿瑟·莫法特·朗,《印度兵变》(1857)

上图:罗伯特·吉布的《细细的红线》是历史上最著名的战争题材油画之一,画中描绘的是英国第93步兵团与俄国骑兵正面交锋时的情景。英军配备的是上了刺刀的P53恩菲尔德式步枪。据说,他们的指挥官命令道:"谁也不许从这里撤退,你们必须死守脚下这块阵地。"(图片由国立军事博物馆委员会惠赐)

034
加特林机枪

1718年,英国人詹姆斯·派克(James Puckle)为世人展示了一件外形奇特的武器。派克这挺可以持续开火的机枪的创新之处在于,它有一个可以手动操作的旋转装弹系统,弹夹装有9发子弹。用手转动机枪的摇柄,就能在发射一枚子弹的同时装填另一枚子弹,无需停歇。这一系统虽然能用——在1722年的测试中,一名士兵在7分钟内连续发射了63枚子弹——但它既不实用,也没有在商业上取得成功。即便如此,它仍在通往机枪的道路上迈出了第一步。

炮车与齐射

19世纪发生了三次使"自动"枪支成为可能的技术革命:撞击式雷帽、单头子弹和后膛装弹技术。这些发明使快速、持续装弹并开火成为可能。例如,1857年,詹姆斯·里利(James Lillie)爵士介绍过一种配有12支枪管的火枪,每个枪管后面都有一个手摇曲柄,可以转动弹夹为其装弹。美国内战期间,出现了另外一些类型的机枪,例如弹夹装有25发子弹的比林赫斯特-瑞卡机枪,绰号"咖啡机"的阿格尔机枪,后者只有一支枪管,可以利用重力原理通过一种漏斗预先装填弹药。更著名的是蒙提戈涅·米特雷尔卢斯式机枪,这是一种在1870年由比利时人发明并引入法国服役

上图:英布战争(1899—1902)中,一挺早期英国机关枪正对布尔人开火。(布里吉曼艺术图书馆)

的枪支。它至少有37支枪管,通过一盘装有37枚子弹的钢质弹夹装弹,射击时使用的是一套独立的后膛转盘,里面装有37枚枪针。转动手柄依次装弹时,可使它以每分钟150转的速度射击。这种机枪性能极

上图：1870 式加特林机枪的前视图与 1872 式加特林机枪的后视图。（图片由玛丽·埃文斯图书馆提供）

上图:在 1898 年美西战争期间的圣胡安山之战中,陆军中尉约翰·H. 帕克(John H. Parker)指挥的三挺加特林机枪为志愿军第一步兵团(外号"骠骑军")和第十骑兵团围攻凯特尔山提供了火力支援。(图片选自彼得·纽瓦克军事图片库,由布里奇曼艺术图书馆提供)

> 我们暴露在西班牙人的火力下,但是敌人几乎不敢开火,因为就在我们出发之前,不知何故,加特林机枪在山脚开起火来。所有人都在喊"加特林机枪!加特林机枪!"然后我们就跑开了。加特林机枪射向那些战壕的顶部。要是没有加特林机枪的话,我们不可能占领凯特尔山。
>
> ——杰西·D. 兰登,
> 志愿军第一步兵团,1898 年

佳,但在普法战争期间,法国人以使用野战炮的方式操作它们,从而犯了战术失误,进而导致战争失利。

新型致命武器

第一种有效的手动机枪是理查德·加特林(Richard Gatling)在 1861 年开始研制并

1877年6月15日,理查德·加特林写信给伊丽莎白·贾维斯(Elizabeth Jarvis),向她解释自己研发机枪的原因:

亲爱的朋友:

关于我为何发明机枪,并以我的名字来命名,你可能会感兴趣,我这就告诉你吧。1861年战争刚刚爆发时(我正住在马里兰的印第安纳波利斯),我几乎每天都能看到有新兵开往前线,同时有伤员和牺牲者从前线运回。大部分死者之所以丢掉了他们的性命,不是因为战死,而是由于服役期间罹患疾病,或死于饥寒。于是我就想,如果我能发明一种机器,一种机枪,能够迅速射击,足以使人以一当百,就可以在很大程度上减少征召大批军队的必要,进而也可减少战死或病死者的数量。我仔细想了一下这个问题,最终决定以发明加特林机枪的形式把这个想法付诸实施。

R.J.加特林
敬上

在1864年达到技术成熟的机枪。加特林机枪使用了多个枪管(10个左右),每一个都有自己的膛室,围绕一个中心轴旋转。当操作者转动侧面的曲柄时,枪管部分就会旋转。在曲柄的顶部,每个枪管都会被一个来自240发圆柱弹仓填满中发式子弹,当枪管到达六点钟位置时即行开火。在接下来的180度运行中,枪膛弹出用过的弹壳,预备好盛装新的子弹。要使机枪保持开火状态所要做的全部操作,只是转动曲柄。

加特林机枪在1866年被美军采用,之后以不同的口径和型号被卖到世界各地。它可保持每分钟400转的循环开火速度,同时其多枪管设计也解决了之前困扰机械式机枪的枪管过热问题。从英国在非洲的殖民战争到俄罗斯在中亚的地区冲突,在不计其数的战斗及冲突中,加特林机枪证明了自己的可靠性。在1898年美西战争期间的圣胡安山战役中,美军的三架加特林机枪在三分半钟的时间内开火约18000次。面对那些没有类似装备的军队,它造成的后果是毁灭性的。

最终,在19世纪末期,加特林机枪被马克沁机枪所淘汰。然而时至今日,旋转枪管加农炮的设计原理仍被应用在诸如美式迷你机枪和苏联时期的AK-630机枪等各种武器上。加特林机枪在本质上证实了自动枪支的原理和效果,继而提高了它们在实战中的杀伤力。

035 "汉利号"潜艇

"汉利号"潜艇的故事是以智取胜的典范。故事发生在1863年，美国正在进行残酷的内战。对南部邦联而言，它的战略和生存所面临的最大威胁之一就是联邦海军对其海岸线的封锁。通过切断关乎南部生死存亡的补给线，北方军队不仅限制了运往南部的重要物资数量，还导致南部出口的棉花数量下降了95%，从而限制了南方用棉花换取军备和货物的能力。

人力驱动的潜艇

有关潜水装置的试验可以追溯到17世纪，但史上最早的军用潜艇，一艘名为"海龟"的单人操作的气泡状潜艇是美国人戴维·布什尼尔（David Bushnell）在1775年设计的。此后，美洲和欧洲试验了各种潜艇，但没有一艘能够击沉敌人的船只，绝大多数最终都因成本太高而被迫凿沉或丢弃。然而，"汉利号"潜艇却成功地走上了战场。

联邦海军的封锁给了新奥尔良一些富裕市民改进潜艇设计的动力。1862—1863年，他们建造了两艘命运不佳的潜艇，第一艘被迫凿沉，第二艘自行下沉。然而，第三艘样品"汉利号"潜艇则在1863年7月通过了测试，并于8月开至被联邦海军封锁的查尔斯顿港。

"汉利号"是一艘长40英尺（合12.2米）的潜艇，外观并不像现代的潜艇。乘员有8名：1名掌舵，另外7名手摇螺旋桨。船头和船尾的压载舱也是手泵，操作起来令人精疲力竭。两个矮小的指挥塔配有小舷窗来提供有限的视野。"汉利号"装备有竿式鱼雷，实质上是包含一根17英尺（合5.2米）长的

下图："汉利号"是第一艘在战争时期击沉战舰的潜艇。（图片由海军历史研究中心提供）

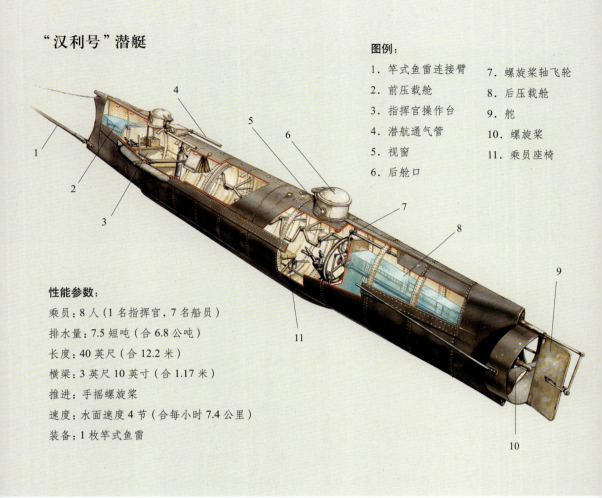

"汉利号"潜艇

图例：
1. 竿式鱼雷连接臂
2. 前压载舱
3. 指挥官操作台
4. 潜航通气管
5. 视窗
6. 后舱口
7. 螺旋桨轴飞轮
8. 后压载舱
9. 舵
10. 螺旋桨
11. 乘员座椅

性能参数：
乘员：8人（1名指挥官，7名船员）
排水量：7.5短吨（合6.8公吨）
长度：40英尺（合12.2米）
横梁：3英尺10英寸（合1.17米）
推进：手摇螺旋桨
速度：水面速度4节（合每小时7.4公里）
装备：1枚竿式鱼雷

铁杆，其上连接有一个内装90—130磅（合41—59千克）黑火药的铜桶。其设想是：使鱼雷漂至目标船只，将铁杆嵌入舰身，然后"汉利号"倒退并通过拉火绳引爆火药。

在查尔斯顿港的头一年，"汉利号"前途堪忧。8月29日和10月15日，它两次沉入海里，所幸都被及时打捞上来。1864年2月17日，它第一次出海执行任务，目标是击沉停靠在萨利文岛执行封锁任务的联邦战舰"豪萨托尼克号"。

史无前例的攻击

晚上8:45左右，在夜幕的掩护下，"汉利号"接近敌方舰船，并在贴近海面的位置进行跟踪。它在行进中被发现，"豪萨托尼克号"上的海员使用步枪射击，不过没有奏效。（由于"汉利号"潜艇位于水下，这就意味着联邦战舰无法把舰载火炮的炮口降到足以进行有效发射的程度。）当距离目标非常接近时,"汉利号"发射了鱼雷,用铁刺把鱼雷嵌在"豪萨托尼克号"的船壳上。"汉利号"乘员调转船身离开,同时放出引燃的火绳。

当"汉利号"与"豪萨托尼克号"之间约有50码(合46米)的距离时,火绳绷紧并点燃了鱼雷。"豪萨托尼克号"弹药库的爆炸加剧了鱼雷的爆炸强度,船体炸裂,不到五分钟,船就沉没了。

"汉利号"是第一艘在战争时期击沉战舰的潜艇。然而潜艇及其上的乘员并没有在任务完成后归来。它沉没的原因尚不确定;可能的原因包括被小型武器穿孔,或是

上图:美国内战期间《哈珀周刊》上登载的一幅潜艇示意图,当时的报刊经常发表此类非常失真的"来自地狱的机器"图片。(图片由斯特拉福德档案馆提供)

船身被鱼雷和"豪萨托尼克号"弹药库的连环爆炸折断。不管怎样,"汉利号"代表了一种武器系统的开始,并会成为日后世界大洋上船舶最大的威胁。

最后值得一提的是,"汉利号"的残骸在1995年被发现,并于2000年8月8日被打捞上来。潜艇上乘员的遗体仍在其中。2004年,他们被以标准军礼安葬在查尔斯顿的玉兰公墓。

下图:1864年2月"汉利号"潜艇在查尔斯顿港口攻击"豪萨托尼克号"战舰时的情景再现。"汉利号"直到行进到距离目标不到50英尺(合15.2米)时才被对方发现。"豪萨托尼克号"的神枪手对这艘"大木头"状的舰艇进行射击,但却无法阻止它施放鱼雷。(托尼·布莱恩绘画作品,图片版权归鱼鹰出版社所有)

036 水雷

在海军历史上，虽然潜艇、水面舰只和航空母舰经常成为制胜因素，鱼雷却曾是而且仍是最能对航道构成实际威胁的武器之一。鱼雷的施放成本很低，使用期限长达数月乃至数年，足以使一国海军不用现身就能控制某些指定水域。

早期设计

水雷有着令人惊讶的古老血统。早在 14 世纪，中国人就已开始探索漂浮爆炸装置。16 世纪，荷兰人制造了一种水雷，就是把炸药装在无人驾驶的船中，使这些"炸弹船"漂入敌军港口和海上航道。然而，第一种真正意义上的水雷是美国独立战争期间由美国军事工程师戴维·布什尼尔发明的。（布什尼尔也是"海龟号"潜艇的发明者，详见前文。）布什尼尔的水雷，实际上称为"鱼雷"，由安装有压敏燧发机械装置的防水火药桶组成。水雷在 1777 年特拉华河的军事行动中得到部署，但是并没有取得作战的成功。

1790 年代末期，罗伯特·富尔顿（Robert Fulton）制造出定时漂浮水雷。这些水雷证明并不实用，因此他又设计出一种由缆绳连接的双号水雷，设想船被缆绳绊住并将水雷拉向船只。多次试验之后，他将水雷没入水中，保证它们能够在船只吃水线以下引爆。1805 年和 1807 年，富尔顿在大型战舰上成功地试验了这些武器，由此证明水雷的概念是可行的。

左图：德国人整齐堆放的水下鱼雷，时间约在 1944 年。（照片由里亚·诺沃斯蒂拍摄，由 AKG 图片社提供）

上图：亚瑟港一览。日俄战争期间，鱼雷既被用作进攻武器，也被用于防守，日军就曾在亚瑟港的入口施放大量鱼雷。（图片由 AKG 图片社提供）

压力引爆

直到 19 世纪，水雷战的时代才真正来到。19 世纪前半叶，帕维尔·席林（Pavel Schilling，俄国）和塞缪尔·柯尔特（美国）等人曾试验使用电流引爆水下鱼雷。克里米亚战争（1854—1856）期间，普鲁士人莫里

右图：俄国"彼得洛巴甫洛斯克号"战舰被日本施放的鱼雷炸沉。日俄战争是人类首次大量使用鱼雷的战争，预示了两次世界大战中的一种景象。（图片由 AKG 图片社提供）

兹·雅可比（Moritz Jacobi）成功地研制出接触型水雷，船一旦触碰水雷的化学导火线（一玻璃试管硫酸）就会爆炸。英国明轮蒸汽机船"摩林号"就曾遭受这种鱼雷的破坏。

到了1860年代，水雷被列入现代海军军备，主要以接触或电流操控引爆。接触引爆水雷可以部署在海中，或自由漂浮或固定；电子操控引爆水雷则部署在距离海岸很近的水域，用来保护港口——用一根电线连接水雷和海岸岗哨。说到战斗用途，水雷曾经在美国内战中被使用——共计50艘舰船被炸沉。日俄战争期间（1904—1905），部署了更多的水雷并造成了严重的毁坏。日本海军有3艘战列舰和4艘巡洋舰被水雷炸沉，而俄国"彼得洛巴甫洛斯克号"战列舰则被布在亚瑟港入口处的日本水雷击沉——638名海员遇难。此次冲突证明了水雷的军事价值和战略灵活性。第一次世界大战中部署了31万枚水雷。第二次世界大战推动了通过磁性、压力或声响触发器引爆而非接触引爆设备的广泛引进，进一步增加了它们的效用。仅在1935—1945年间，就有超过60万枚水雷被部署在大西洋和欧洲水域，影响到全世界数百万吨航船的安危。

直到今天，由于制作精密，持久耐用，价格低廉，部署方便，轮船飞机皆可，水雷仍对国际安全造成威胁。自第二次世界大战结束以来，曾有无数艘舰艇在交战水域内外被鱼雷击伤或击沉，它们仍是未来困扰各国海军的一大难题。

下图：两次世界大战期间，英国和德国都曾大量使用鱼雷，既为防守己方水域，也为破坏对方船只。鱼雷经常挣断锁具被冲到岸边，在那里它们被专业人员小心翼翼地加以处理。（帝国战争博物馆藏品，编号A6355）

037
炸弹

任何枪炮采用的都是单纯投递弹药的方法。因此,军工技术的改进与武器自身的改进同等重要。19世纪,无论在哪一领域,这一点都没有比在炮弹发展领域表现得更为明显。威力巨大的高爆炸药,更加高效的推进剂,把炮弹由一种笨重而低效的投掷物变为一种极具破坏力的武器,足以摧毁视线之内的楼宇、堡垒和舰艇。

炸弹的形状

直到19世纪中叶,具有代表性的炮弹一直都是实心弹丸或是简单充满火药的实体炸弹,由燃烧缓慢的导火索引爆。这些炸弹的球形形状反映出大炮的滑膛结构,然而,随着1850年代和1860年代来复枪的引进,后膛装弹的大炮需要新的炮弹。炮弹在形状上变成圆筒或圆锥状,具有稳定的飞行轨迹。这种改变立时带来两个启发。第一个启发是,当炮弹前端着地时,可以给其装上触发引信,通过撞击来引爆。第二个启发是,通过增加炮弹前端的金属密度(或把前端制成实体),使这种加长型炮弹具备穿甲能力。

因此,人们需要在弹壳内填充更具威力的炸药。炸药在19世纪的发展历程极为复杂,此处无法展开描述。专就军用炸药而言,

右图:阿尔弗雷德·诺贝尔不仅发明了炸药,还发明了无烟火药,即英国人所熟知的柯达炸药,这种炸药在爆炸时不会产生浓烟,可被用于制造大炮、坦克与舰载火炮的炮弹。(图片由AKG图片社提供)

帝国战争(1800—1914)

上图：一名工人正在为一枚炮弹填充爆炸物，时间约在 1900 年。（图片由 AKG 图片社提供）

颇有可圈可点之处。1884 年，关于推进剂的研究出现重大突破，一位名叫保罗·佛埃雷（Paul Vielle）的法国化学家发明了一种基于硝化纤维的无烟火药，这种火药比黑火药威力强大三倍，并且几乎不会产生烟雾。起初，这种无烟火药只适用于轻型武器（从而大大增强了它们的威力），但在 1887 年，黄色炸药的发明者阿尔弗雷德·诺贝尔发明出火箭固体燃料，英国称之为线状无烟火药。它能使炮弹产生强大的推力，从而完成远程轰炸任务。20 世纪初，改进后的无烟火药更是产生了前所未有的巨大威力。

爆炸力

随着推进剂的发展，炸弹也随之发展。第一种主要的军事高爆炸弹的弹药是三硝基酚，还有像立德炸药一样的相关混合物。这种炸弹在1870年代开始服役，据说一直沿用到第一次世界大战。20世纪初期诞生了更稳定、威力更强的三硝基甲苯（TNT）炸药，三硝基甲苯在1860年代就已被发现，但直到1902年才被用于制作炸药。从那时起直到第二次世界大战，炸药的发展才又出现重大突破，生产出了像RDX（三次甲基三硝基胺）、PETN（季戊四醇四硝酸酯）和EDNA（二硝基乙胺）这样的新型产品。（需要指出的是，这三种炸药中都含有TNT

上图：一枚德国高爆炸弹在一座隐藏在树林里的英国军火库旁边爆炸，时间约为1916年。（图片由玛丽·埃文斯图书馆提供）

成分。）

炮弹改革的最后一步就是导火索。第一次世界大战初期，导火索主要有三种类型。触发引信位于炮弹的前端，由撞击引爆炸药（一些更精细的改进造成了些许延搁）。定时引信会在特定时间引爆炸弹，通常是炸弹飞到敌人的上方时——重重的炮弹碎片四下飞散，这些炮弹会给没有设防的军队造成毁灭性的伤害。相比之下，穿甲弹倾向于延迟撞击底部引信，使其在引爆前在一定程度上穿入目标。引信的选择在20世纪已经变得相当精细，包括接近传感器，这种引信旨在当其检测到已经抵近目标时才引爆炸弹。

大炮的发展在科学上很是令人着迷，在心理上却是令那些处在新型炮弹接收端的人惊骇不已。高爆炸弹已经成为战场上的主要杀手，几乎无法防御。

弹药配置

历史上，大炮的弹药配置途径有三种。第一种是固定炮弹，形状很像步枪子弹，其推进剂、引信和弹壳是一体的。这种炮弹是野战炮、轻型舰载火炮和小型榴弹炮最常用的弹药。对大型火炮来说，炮弹的个头太大太重，无法采用固定炮弹。对这种大型武器来说，有两种替代办法：一是采用半固定的炮弹，弹壳与弹药和引信分离；二是在装弹时采取分别安装，依次装填弹壳、弹药和引信。半固定的炮弹通常适用于大型榴弹炮，分离装弹的办法则多用于大型舰载火炮和港口大炮。

038
法国1897式75毫米口径火炮

19世纪，后膛装填炮管和膛线炮管得到了广泛使用，并对火炮技术产生了深远影响。这两种技术都不算新，但在19世纪，它们极大地增加了火炮的射程和精度，并使间接瞄准射击最终的应用成为可能。

后膛炮

发明后膛装弹式野战炮的先驱者是英国的威廉·阿姆斯特朗（William Armstrong）和德国的阿尔弗雷德·克虏伯，他们两个人都在1850年代成功地研制出新型火炮。就舰载火炮而言，法国发明出了连续装弹系统，从而使得海军全面进入后膛装弹时代。

渐渐地，后膛炮带来了更大威力；伴随更强大火炮的出现而来的是对后坐力控制系统改进的需要，特别是炮手能否在每次射击后不必再次进行瞄准。19世纪同样见证了该领域取得的巨大成就。固定炮位上的大型火炮被安装在炮车的斜面发射架上（斜面正好托起炮管的尾部），并在炮车一侧架设用于消解大炮后坐力的底盘，以确保大炮在发射炮弹后仍能回到原来位置。但对野战炮来说，最重要的反冲力控制系统是液压缓冲器，通常包括充满液体的气缸，以活塞的运动来吸收大炮的后坐力，并使大炮返回原定炮位。从1890年代起，在"液压气动系统"中，压缩气体与燃油得到了搭配使用。

火炮的最后一项重大变化出现在瞄准系统上。19世纪末20世纪初，出现了各式各样的瞄准设备，尤其是"测向仪"和测角仪，使得炮手能够计算角度以进行间接瞄准射击。对敌人来说，死亡可能不加警告随时到

下图：第一次世界大战期间，法国75毫米口径火炮有时也会被改造成防空火炮。（本书作者私人藏品）

上图：1914 年马恩河战役期间法国 75 毫米口径火炮的炮手们。（格雷厄姆·特纳绘画作品，图片版权归鱼鹰出版社所有）

来，除了听见第一轮炮击的声音。然而，由于偏爱直接瞄准射击的心理，以及远程射击的精度问题，间接射击瞄准技术直到第一次世界大战时才得到充分应用。

长期服役的火炮

法国 1897 式 75 毫米口径火炮是一个将

> 法国人的火炮真是可怕……遍地笼罩在滚滚浓烟中，使我几乎什么都看不见；浓烟中还夹杂着白色的榴弹碎片。不时会从浓烟中出现无人骑乘的马匹拉着拖车逃离蒙索。
>
> ——德国炮兵所记 1914 年马恩河战役的第一场战斗

所有这些元素融于一件武器中的绝佳范例。先进的液压气动后坐系统使得火炮在每一次开火后仍能保持精确的位置——射击过程中火炮的尾部和轮子甚至不会移动（相反，火力十足却没有后坐力系统的滑膛炮开火时则会后退 3 英尺或 1 米）。结合动作迅速的旋

炮兵负责征服,步兵负责占领。——贝当元帅

转螺旋后膛装填系统,一名训练有素的炮手可以使用它每分钟向目标发射15枚炮弹;后坐周期只花费大约两秒。(炮弹也是定装式弹药,这样可以支持弹药的快速再填装)。它可以将高爆弹、穿甲弹或榴霰弹投掷出约7500码(合6900米)的距离,虽然之后使用船尾形弹药可以使某些炮弹类型的射程增

上图:法国第20炮兵团(RA)的火炮阵列。"七五式"野战炮的命中率很高,但其弹道十分平缓,这在第一次世界大战后期证明很成问题。(图片由伊恩·萨姆纳惠赐)

加至12000码(合11000米)。

1897式火炮在之后二十年里一直是陆军首选的最佳野战炮之一,并被波兰、英国、美国的军队广泛使用。它在第一次世界大战期间表现卓越:在1914年马恩河战役中打散了德国的进攻,并在1916年凡尔登战役中发射了共计1600万枚炮弹。由于使用轻型炮弹,它对炮台和铁丝网工事的破坏力很是有限,但其射速对步兵突击却具有很强的杀伤力。为炮兵提供的炮盾也是其特色,这能保护他们免于小型武器攻击。1897式火炮甚至坚持到了第二次世界大战,直到1945年才彻底退出世界战场。1897式火炮是工程学上的一项伟大成就,这既包括它本身的创新,也包括它汲取的19世纪火炮领域最新发展出来的精华。

1897式75毫米口径火炮规格

口径:55毫米

炮手:6人

运输方式:马匹或拖拉机牵引

炮身长度:106英寸(合2692毫米)

射角:负11°至正18°

射界:6°

重量:3400磅(合1542千克)

弹种:75×350毫米 13.13—15.951磅(合5.97—7.25千克)高爆弹、榴霰弹、穿甲弹

炮口初速:1600英尺/秒(合487米/秒)

039
98式
毛瑟·格维尔步枪

德莱赛针枪虽然是击发式枪械的开创者,但将这种枪型加以完善的,则是毛瑟枪。

管状弹匣

在1884年出产的武器中,彼得·保罗·毛瑟(Peter Paul Mauser)这位因其高品质的手动枪栓设计而出名的工业家兼设计师,推出了一款枪管下部具有管状弹匣的性能良好的八连发步枪。这种步枪表现极佳,法国1886式步枪采用了类似的系统,而且直到1940年依然在法国军队中服役。

具有管状弹匣的武器虽好,但这种设计使子弹弹头紧挨着前面子弹药筒的底火,因而不得不牺牲枪支的安全性。而当全部装满弹药后,枪支的前部较重,不利于射中目标。1885年,市场上出现了另一种枪型。在曼利彻尔系统中,步枪的特点是在枪栓下出现了完整的弹匣。打开枪栓,使用者可以将五发子弹组成的弹匣装入枪膛,然后通过循环使用枪栓,可以每次给步枪填装一个弹匣。相对于管状弹匣来说,这是一个重要进步,它的改进版在1888年时被德国陆军选为标准步枪。

右图:自1900年起,路易斯·博塔(Louis Botha,1862—1919)曾在第二次英布战争(1899—1902)期间担任布尔军队的总指挥。图中展示的毛瑟枪带有图文装饰。(世界历史档案馆藏品,图片由AKG图片社提供)

帝国战争(1800—1914) 135

上图：毛瑟枪五发子弹式弹夹安装过程。（选自《插图版伦敦新闻》，图片由玛丽·埃文斯图书馆提供）

毛瑟方案

然而问题出现了，用这种弹匣进行装填意味着一旦枪支被填装好弹药，在再次装填之前，所有的子弹弹筒都不得不全部打完并被弹出——你不能在打了一半的弹匣里加装额外的子弹。解决这个问题的人叫毛瑟。他将弹匣填装换成可填充式填装，这种方式使得子弹弹筒被从一个薄夹子中推到弹匣里——夹子自身并不填装到枪体中。这就意味着在热战中，只需打开枪栓，将新弹药从下方弹匣里堆叠的子弹上面按进去，就能将单发子弹装入弹匣。

毛瑟枪机不仅成为一系列成功的毛瑟步枪的母本，直至今日也是许多手动枪机步枪的模板。1893年，毛瑟还改善了枪栓机构本身的设计。这些变化包括一个出众的三次上锁系统和改进了的取弹器。

1898年，德国军队采用7.92毫米口径的毛瑟步枪，将其作为98式毛瑟·格维尔步枪使用。这种步枪及其缩短版型号——98K式卡尔步枪——从1890年代后期直到第二次世界大战结束一直都是德国步枪的标准版本，毛瑟步枪的质量可想而知。从北非沙漠到俄国冬天的冰原，强悍的毛瑟枪机都

下图：斯潘道普鲁士州立兵工厂1916年左右生产的98式毛瑟枪。这种步枪是第一次世界大战期间德国步兵的标准配置。图中这把步枪是加拿大远征军的韦伯上校从一名德国军官那里俘获的战利品。（帝国战争博物馆藏品，编号FIR7100）

能持续工作。加装瞄准器后,毛瑟步枪可以射中656码(合600米)外的目标。

作为战斗武器,98式格维尔步枪或98式卡尔步枪并不完美。它们又重又长,98式格维尔步枪长49.3英寸(合1250毫米),重9磅(合4.1千克),作为近距离格斗武器显得十分笨拙。更重要的是,虽然在长距离上使用起来十分顺手,但在实际的交战距离内——典型的交战距离小于220码(合200米)——轻机枪及其他自动武器的射击速率胜过任何手动枪机步枪。由于这些原因,第二次世界大战过后,冲锋枪便使毛瑟枪成为冗余。但事实上,历史上最专业的步兵军团——第二次世界大战时期的德国陆军的主要装备仍是手动枪机的毛瑟枪,这对其质量是个充分的说明。

下图:德国冲锋队在进行突击训练,他们随时准备用毛瑟枪发起进攻。(帝国战争博物馆藏品,编号Q 55483)

杠杆式步枪

杠杆式枪械与击发式枪械走的是两种不同的道路。1848年发明的美式夏普斯卡宾枪采用的是后膛垂直击发系统,通过一支与扳机护圈相连的杠杆来操作。稍晚一些的英式马蒂尼-亨利步枪采用的则是起落式枪机,也是通过杠杆来操作,枪机起落之时子弹就能上膛发射。反复起落的杠杆为研制连续发射的步枪奠定了基础。1860年,斯宾塞卡宾枪引领了这种风潮。这种步枪的弹匣装有7发口径为0.52英寸的子弹,一发子弹射出后,下方的杠杆可使另一枚子弹自动上膛发射。不过,最著名的杠杆式步枪无疑要属亨利/温彻斯特连发步枪,它实际上成了美国西部狂野枪手的代名词。这种步枪最早出现于1866年,它的弹仓位于枪管而非枪托下方,可以容纳15发子弹。老练的枪手几秒之内就能完成装弹和射击。

040

1911 式柯尔特手枪

1911 式柯尔特手枪远非世界上第一款自动手枪。这项荣誉要归于 1892 年德国人约瑟夫·劳曼（Joseph Laumann）的一项延迟后坐力武器专利，从 1894 年起，8 毫米口径的舍恩伯格－劳曼手枪便被生产出来。与左轮手枪相比它几乎没有任何优势，其内置弹匣只有 5 发子弹的容量，因而卖相很差。1894 年的一款更重要的设计是 7.63 毫米口径的博查特手枪。与舍恩伯格－劳曼手枪相比一个重要不同是，依靠后坐力操作的博查特手枪有一个独立的 8 发子弹的弹匣，能被插入手枪柄中。

勃朗宁手枪登场

博查特手枪无疑是一种巨无霸型手枪，它重 3 磅（合 1.4 千克），体形之大，几乎不可能用单手射击。（它的枪托实际上是可以拆卸的。）德国人并未止步，最终研制出了一种自动手枪，代表枪型包括 1896 式伯格曼手枪、C/96 式毛瑟枪，以及 1908 年生产的 P08 式鲁格手枪，可以发射 9 毫米口径的巴拉贝鲁姆子弹，这种子弹后来成为世界上自动手枪和轻型冲锋枪的标准子弹。还有一些

右图：美国海军陆战队征兵海报，显示出海军陆战队员对 1911 式柯尔特手枪的信任。（图片由美国国会图书馆提供）

跨国公司也开始生产半自动手枪,其中包括萨维奇、勃朗宁、德莱赛、斯太尔和伯莱塔公司,像潮水一般为市场供应这种新型枪械。接着,1911式柯尔特手枪出现了。

1911式柯尔特手枪的设计者其实是伟大的枪械设计师约翰·摩西·勃朗宁(John Moses Browning)。20世纪初期,勃朗宁曾在比利时国营军火公司(FN)供职,并为其设计出了具有传奇色彩的1900式和1903式半自动步枪。后者与日后的M1911式手枪采用的是同一种设计图,勃朗宁授权比利时国营军火公司生产他所设计的手枪,自己则返回美国研制新型的柯尔特手枪。

上图:越境进入墨西哥惩罚敌人的美国士兵,腰间佩戴的正是M1911式手枪。(图片由美国国家档案馆提供)

下图:在这幅年代久远的照片里,美国骑兵在1941年的演习中挥着M1911式手枪发起冲锋。柯尔特手枪只需单手射击,是骑兵的绝佳配置。(图片由美国国家档案馆提供)

上图：一把M1911式柯尔特手枪，配备的是第二次世界大战时期的枪套、皮带和弹匣袋。（图片由勒罗伊·汤普森惠赐）

压力降至安全级别，然后一个摆杆将枪管后部向下拉，使枪管与滑座凹槽脱离并使滑座继续向后运动，压迫回位弹簧。在这个过程中，在滑座回到弹匣，拨出一枚新子弹并上膛之前，打过的弹壳被弹出。

1911式柯尔特手枪的两个优点是它的威力和简洁。直到1990年代，它一直都是美国陆军的标准手枪，以相当的可靠性在所有可能的战区、地形和环境中服役。目前它仍在美国国内市场生产，毫不夸张地说，其余上百种自动手枪都因它的基本设计而受益。

0.45英寸口径手枪的威力

1911式柯尔特手枪是勃朗宁的杰作，与他的著名的机关枪并驾齐驱。这款手枪使用威力十分强大的0.45英寸柯尔特自动手枪弹，通过一个可装7发子弹的盒式弹匣发射出来。弹药筒的选择是基于美国军队在菲律宾暴乱期间（1899—1902）的作战经验而作出的，在此期间，美军发现0.38英寸口径的左轮手枪阻止叛军的能力很是有限。

1911式柯尔特手枪的操作简单而粗犷。它的枪管特点是上部有两个固定的枪口，正好就位于枪膛的前方，并分别固定在手枪滑座的凹槽中。手枪开火后，枪管和滑座一起向后弹回一段很短的距离，同时，开火时的

左轮手枪与半自动手枪

有一种情况值得我们注意，那就是为什么在自动手枪和左轮手枪之间，有些人更乐意使用前者。左轮手枪性能更加可靠，它们极少走火，就算是子弹卡壳，也能再次扳动扳机，或竖起击锤，继而进行下一轮射击。半自动手枪则不那么可靠，它们经常卡壳。不过，它们的火力更猛，装弹速度更快。自动手枪的弹匣所装的子弹至少是六连发左轮手枪的两倍，现代版的自动手枪弹匣可以容纳15发以上的子弹。进一步来讲，当你清空弹匣，只需几秒钟，你就可以再次换好弹匣，而无须像左轮手枪那样挨个填装子弹。仅凭上述这些原因，以及后坐力更小等其他一些因素，今天的半自动手枪就能完败左轮手枪。

上图：虽然两幅图时代相隔几十年，但在训练场上，美国两代军人仍然信任M1911式柯尔特手枪。
（图片由美国国家档案馆和美国海军陆战队提供）

041 铁甲舰

19世纪，海军迎来了前所未有的巨大变革。蒸汽动力和螺旋桨使海军终于摆脱了风力的束缚，从而可使他们在实战中采用更加灵活的战术。（与其相应，沿途的加煤站也就具有了战略意义。）进一步来讲，随着后膛装弹火炮的发展，舰载火炮的远程射击精度大为提高，继而使舰载炮塔成为大型海军火炮的标准配置。

战舰的弱点

发生上述变化时，风帆动力的战船和前膛装弹的火炮仍在使用，并一直延续到19世纪后半叶。但在1850年代，海军舰艇的制造工艺出现了另一项重大变化。1853年11月30日，土耳其的一支木质船体舰队：7艘护卫舰、2艘轻巡洋舰、2艘蒸汽船及2艘运输船，被俄国战舰在几分钟内放火点燃并尽数摧毁。这次战役暴露出木质战舰对炮火毫无抵抗力，因而战舰设计师们从铁质商船获取了灵感，使得军舰能够得到装甲的防护，而那时的铁质商船已经开始成规模生产。

实现这种防护的一种方式是创造出"铁甲"，实质上就是木质战舰外面被包上一层铁板作为防护。这个步骤起初被很不规则地应用着，但到1859年，法国人首次下水了第一艘真正意义上的铁甲舰：单甲板护卫舰"荣耀号"。船体被4.7英寸（合119毫米）厚的铁板包裹，排水量6206短吨（合5630吨），并由蒸汽和帆的组合为动力。战舰装载了36门后膛装弹的火炮，坦率地讲，它把英军吓坏了。作为回应，英国人建造了大型的铁质船体战舰"勇士号"。这艘战舰在1860年下水，排水量10315短吨（合9358吨），搭载40门火炮，一时间成为世界上最强大的战舰。

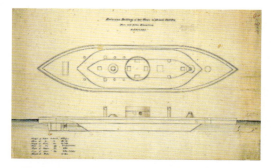

上图：瑞典设计师约翰·埃里克森（John Ericsson）在1862年绘制的"莫尼特号"战舰甲板及侧面示意图。（图片由美国国家档案馆提供）

铁甲战争

铁甲舰或者有铁甲做防护的战舰逐步成为当时的规则，而世界上许多强大的海军也开始越来越多地将其用于战场。因而整个世界很快就目睹了历史上首次铁甲舰之间的冲突。这场冲突发生在1862年3月9日，在美国内战当中被称为汉普顿锚地海战。南部邦联战舰"弗吉尼亚号"（事实上是重新组装的联邦护卫舰"梅里马克号"），与在弗吉尼亚切萨皮克湾附近活动的新近改造的联邦护卫舰"莫尼特号"相遇。虽然双方战舰都是木铁结构，但双方的布局则相差甚大。"弗吉尼亚号"在纵向由倾斜的铁板构成了三角形的上部结构，并有从圆形舱门伸出的枪支。与之相比，"莫尼特号"则有一个几乎

我们的炮台乱作一团，挤满了烟熏火燎、浑身脏兮兮的人们，指挥官表情严峻。船舱里的机器室和锅炉房中，有16座火炉正在向外冒火，浓烟滚滚。消防员像古代的角斗士一样站在那里，用掣链钩和长柄铲清理燃烧物，反而使得火势越来越大，烟雾越来越浓，温度越来越高。周围一片喧嚣，炮弹在爆炸，火苗在燃烧，蒸汽在泄露，机器在轰鸣，甲板上的战斗仍在继续……这幅场面，只有诗人描写的地狱才能媲美。

——拉姆齐，"弗吉尼亚号"铁甲舰首席工程师

下图：这幅版画极佳地描绘了1862年3月9日"莫尼特号"铁甲舰与"弗吉尼亚号"铁甲舰近距离交战时的情景。"弗吉尼亚号"在先一天的战斗中受损的烟囱、甲板护栏和救生艇清晰可见。（图片由劳恩·菲尔德惠赐）

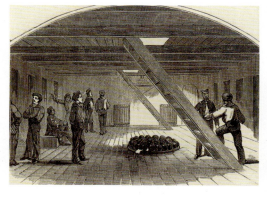

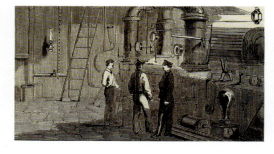

本页图：这是1862年4月12日美国《哈珀周刊》上登载的一组版画，描绘的是"莫尼特号"铁甲舰的内部情况。画中虽然有些地方不够准确，但却提供了一个观察战舰乘员生活的珍贵视角。A. 舱内驾驶室的放大图，舵手站在方向盘的前面。请注意图中的瞭望口和通话管道；B. 船舱一览，舱内有楼梯通向炮塔，船舱甲板中间堆放着炮弹；C. 战舰的餐厅，装有铁制扶手，顶层即是炮塔装置；D. 装修豪华的船长室；E. 军官室是一个交流区；F. 工程师及其助手正在检查两座马丁牌锅炉中的一座。（图片由劳恩·菲尔德惠赐）

与水面持平的铁质甲板,中间只有一个单独的铁炮台,装有两门 11 英寸口径的达尔格伦火炮。这场战斗本身对战局并不具有决定性,而只是一场 4 个小时的步履艰难的竞赛,武装的船体抵御着来自对方炮弹的穿透。双方战舰最后都以撤退告终,但铁甲的价值得到了验证。

上图:"弗吉尼亚号"开足马力冲向"莫尼特号"。图片中间偏左的位置可以看到受损的"明尼苏达号"帆船,它曾是上一个航海时代的象征。(雷蒙·贝利斯所绘《铁甲舰》,于 1975 年捐给美国海军艺术馆)

下图:1863 年 4 月的维克斯堡通道之战。1863 年 4 月 16 日,海军上将波特的铁甲舰受命穿过维克斯堡与下游的海上舰队会和。7 艘铁甲舰和 3 艘军用运输舰顺流航行时,南方军队沿着河岸点燃了焦油桶并发出照明弹照亮北方联盟战舰,使其炮手能够更好地瞄准战舰进行射击。不过,最终所有的铁甲舰都安全地离开了通道。(托尼·布莱恩绘画作品,图片版权归鱼鹰出版社所有)

> **对马海峡之战**
>
> 1905年5月27—28日在对马海峡发生的日俄大战表明,尽管海军采用了新技术,但却依然无法取代传统战术。这场海战是日俄战争的一部分,发生在朝鲜与日本之间的对马海峡,当时由8艘战列舰、8艘驱逐舰、9艘巡洋舰和3艘铁甲舰组成的俄国舰队正在通过海峡。俄国舰队司令是奇诺维·罗泽德斯特凡斯基(Zinovi Rozhdestvenski)中将,他率领的经过长途航行、士气低落、阵型散乱的舰队,突然遭到精明过人、雄心勃勃的东乡平八郎(Heihachiro Togo)大将率领的训练有素、机动灵活的日本舰队的袭击。日本舰队只有4艘战列舰,但有更多的巡洋舰和驱护舰,其舰载火炮的瞄准系统也更胜一筹。凭借速度、灵活性和夜战的优势,日本舰队趁俄国人惊慌失措之际,一举击沉17艘俄国战舰,并俘获5艘,付出的代价不过是3艘鱼雷艇被击沉。正如俄国人事后总结的那样,在蒸汽机、铁甲舰和后膛火炮的时代,战术层面的失误仍是无处不在。

1873年,皇家海军的"蹂躏号"战舰下水服役。如果说这艘战舰与其他舰艇有什么不同的话,那就是它真正代表了将会在现代世界中占据支配地位的海军战舰设计的一般模式。它是一艘全部由蒸汽驱动的远洋战舰——没有安装任何用于辅助航行的船帆。它最初的武器装备包括两个位于船体上部甲板的炮台,每个炮台装有两门12英寸口径的前装式火炮。(1891年,这些武器被更换为10英寸口径的后膛装填火炮。)在"蹂躏号"下水20年后,几乎所有主要的战舰都沿袭了这一模式,船体先是铁甲,然后变为钢铁建造。一场轰轰烈烈的战舰军备竞赛由此拉开序幕。

第一次世界大战

（1914—1918）

WORLD WAR I 1914—1918

042
手榴弹

某种程度上,手榴弹陪伴我们的时间比火药还要漫长。从公元第一个千年起,中国人就在使用原始的手榴弹。在中世纪,球形铸铁手榴弹虽然威力有限,但在近距离内仍可致命。16—19世纪,出现了多种不同形状的手榴弹。然而,从18世纪起,尤其是随着城堡攻防战的减少,手榴弹在战术上已处于较为次要的地位。不过,直到第一次世界大战期间,手榴弹才成为每个士兵基础装备的一部分。

天然装置

手榴弹基本上就是一个步兵单人用手投掷的炮弹。虽然手榴弹受限于投掷者的臂力,但仍适用于从有限的空间里清扫敌人,如壕沟、房间等。手榴弹是攻击掩体和战壕里敌人的理想工具,但在第一次世界大战进行的第一年中,手榴弹的种类和有效性在士兵间有着非常明显的不同。

当时德国的准备最为充分,他们装备了7万颗手榴弹和10.6万颗枪榴弹。法国和俄国的军队有适量数目的手榴弹,而英国则只有限数量且不可靠的MKI杀伤式手榴弹,这种手榴弹一旦受到撞击就会爆炸。所有的士兵也都临时生产手榴弹以应付堑壕战无休止的需求。这些手榴弹在质量和工艺方面都不尽相同,以英国常用的手榴弹为例,它只不过是一个装满火药棉和弹片的锡罐,外面连接了一段导火索。德国和法国生产的手榴弹,常把爆炸装置连接到一根长手柄上,这样可以更好地利用杠杆原理将其投掷得更远。

这些爆炸装置虽然各有特色,而且表现

上图:第一次世界大战期间,英国兵工厂中的一名女工正在对米尔斯手榴弹进行质检。随着战事的推进,妇女越来越多地担当起过去男性承担的工作,包括兵工厂里的工作。(帝国战争博物馆藏品,编号 Q54615)

上图：德国士兵正在从战壕中投掷手榴弹，时间约在1915年。前方士兵通常使用圆形手榴弹，后方士兵则使用长柄手榴弹。第一次世界大战期间，手榴弹成为普通士兵的基本装备，这种情况一直持续到第二次世界大战。（图片由AKG图片社提供）

各异，但它们在战争中证明了自己的价值，情况也就随之发生了改变。

标准设备

1915年，官方制作的新式手榴弹被投入使用，这种手榴弹成为标准设计，直到下个世纪仍在使用。新式手榴弹中最具影响力的是由桑德兰的威廉·米尔斯（William Mills）设计的英国5号米尔斯手榴弹。这种手榴弹的轮廓是齿轮形状，用铸铁做成，但其表面却是锯齿状的，以便于在引爆时能够产生有效的爆破（引爆的速度有时并不稳定）。使用时，使用者要拉开一个保护弹簧顶住的撞针杆的安全针，并且通常要紧紧抓住控制杆直到将手榴弹扔出去，这时控制杆飞出去，引发4秒的延期引信。

米尔斯手榴弹重量仅有1.25磅（合0.57千克），便于拿在手中，而且可以扔出15码（合14米）远。战争结束时，700多万枚米尔斯手榴弹被生产出来，并在此后生产了更多。（第二次世界大战期间，36M式手榴弹成为英国陆军的标准配置。）1915年，德国也生产了其里程碑式的手榴弹，这就是24式长柄手榴弹，它爆炸的头部连接着一个长木柄的尾部。摩擦点火引信的牵引绳穿过手柄，这一手柄则意味着，24式长柄手榴弹可以扔出米尔斯手榴弹两倍远的距离。

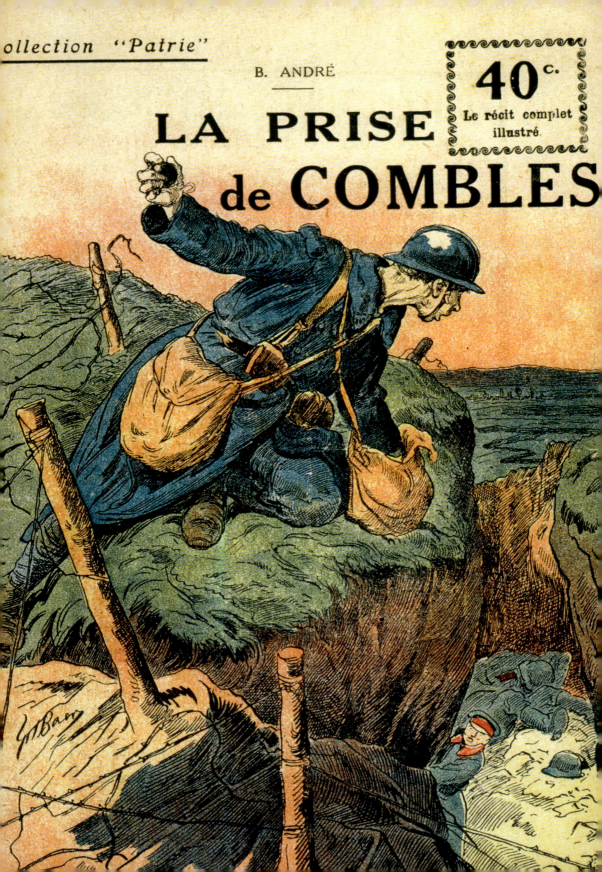

波西耶尔山岭之战

1916年的波西耶尔山岭战役例证了完整的手榴弹在战争的前几年中如何出现在步兵战争中。7月23日,索姆河战役持续了三周,澳新第一军团和几个英军编队对具有重要战略意义的波西耶尔山岭发起袭击。袭击达到了其最初目的,但随后德国的反击导致很多使用轻武器和手榴弹的近距离作战。

下面是澳大利亚第五步兵旅战地日记的摘要,里面描述了波西耶尔山岭的战役:

没有初步的轰炸。战役开始时,敌人提前察觉,伤亡非常惨重,敌军火炮和机关枪火力变得非常密集。袭击者接近铁丝网时发现它几乎是完整的,而且只有一方(右翼)成功到达敌军的壕沟。打开一个缺口后他们立即开始两路轰炸(用手榴弹攻击),但因携带炸弹的排中人员伤亡严重,炸弹的供给很快就耗尽了。

在第一次世界大战及以后的很长时间,这两种和其他很多种延迟引爆的手榴弹成了步兵战术的核心。例如,英国就曾在堑壕战中使用九人"爆破小组"战术,其中两人每隔一定时间向战壕或碉堡投弹,另外两人负责向他们输送手榴弹,其余的人负责以小型武器提供火力支援或进行扫荡。

第二次世界大战期间,手榴弹是城镇战不可或缺的一部分,是紧急房间清理的最好办法之一。同样的战术也出现在了如今的阿富汗战场上,表明有些战争依然保持低技术含量。

左页图:这幅当年的法国宣传画描绘的是1916年索姆河战役期间,法军奋力夺回贡布雷村时的情景。(图片由AKG图片社提供)

下图:四分之一个世纪之后,另一代德国士兵在第二次世界大战期间投掷着本国生产的长柄手榴弹。(阿尔斯坦·比尔德摄影作品,图片由AKG图片社提供)

043

鱼雷

1914年9月5日，距离第一次世界大战爆发只有几个星期，英国"探路者号"巡洋舰从苏格兰的东海岸巡逻返航。下午3：45，在午后阳光的照耀下，没有丝毫危险迹象。突然，船上的警戒人员报告在船首右舷处出现一枚鱼雷。哨所的官员立即下达了紧急躲避命令，但为时已晚。从U21潜水艇上发射的一枚德国鱼雷，从船底横梁部位狠狠地扎进了船舱然后爆炸。爆炸导致船上弹药舱发生爆炸，将"探路者号"炸成碎片并使其在短短四分钟内沉入海底，二百多条生命随之消失。在数百条被潜艇发射的鱼雷击沉的舰艇中，"探路者号"是遭遇不幸的第一艘战舰。

水下杀手

鱼雷是自19世纪不断得到发展的产物，其最早版本是"圆柱形鱼雷"，由一个从船首或早期潜水艇上的一根长杆的末端安装的简单爆炸装置构成。第一种真正意义上的自推型鱼雷是1867年英国潜艇工程师罗伯特·怀特海德（Robert Whitehead）的发明。这种鱼雷由压缩空气推动，最高速度可达6节（合11千米/时），覆盖区域有数百码，可携带重18磅（合8千克）的炸药弹头。奥地利政府作为委托方并没有启用怀特海德式鱼雷，反倒是英国海军部门购买了这项专利并改造生产出这款武器。

在接下来的40年里，各国海军都使用了鱼雷，并不断改进水面舰艇和潜艇的鱼雷发射系统。到1914年战争爆发时，鱼雷技术得到了显著提升。此时的鱼雷采用了螺旋控制系统，装有静压深度计，拥有更强大的

上图：一艘皇家海军320式水上飞机在此扔下了一颗18in鱼雷。（帝国战争博物馆藏品，编号Q27453）

上图：美国海军征兵海报。（图片由 AKG 图片社提供）

推动力。战争初期,一枚典型的鱼雷能以高达44节(合81千米/时)的速度航行至将近1000码(合9144米)的区域。它们即将在战争中得到检验。

水下猎人

从"探路者号"战舰的毁灭,到后来数以百万吨计的舰艇的沉没,现代鱼雷展示了它们的巨大威力。在潜艇战的最前线,德军零星地发动了对商船和军舰无限制的战役。这些行为颠覆了海上作战的原则。例如,1914年9月22日,在不到一小时的战斗中,德国U-9潜艇相继击沉了英国"豪格号""阿布基尔号"和"克雷西号"巡洋舰。仅在1917年,U型潜艇就击沉了为盟军输送物资的600万吨(准确数字为609.6万吨)船只。在采取了护航措施之后,盟军

下图:第一次世界大战期间,英国"科迪莉亚号"轻型巡洋舰发射鱼雷时的情景。(帝国战争博物馆藏品,编号SP1613)

"卢西塔尼亚号"邮轮

1915年5月7日"卢西塔尼亚号"邮轮的沉没是最著名的沉船事件之一。U-20(沉默者号潜艇)在距离邮轮766码(合700米)的位置向邮轮发射了一枚陀螺传导接触引爆鱼雷。U-20的指挥官瓦尔特·施魏格尔(Walther Schwieger)少校随后报告:"鱼雷击中了右舷的后侧舷门。我看到了非常强烈的爆炸,引起一片巨大的烟云。鱼雷爆炸后,很可能发生了二次爆炸(有可能是锅炉)……邮轮立即停航并很快向右舷倾斜,船首也很快下沉……'卢西塔尼亚'这几个字被烧得焦黄。"

海上生命线才得以维系。

可以发射鱼雷的并不限于潜艇。鱼雷艇和驱逐舰也能从甲板上安装的管道发射鱼雷。1915年8月12日,184式短程水上飞机成为第一架用空投鱼雷击沉敌舰的飞机。等到战争结束,鱼雷和潜艇已经改变了先前海战的特性,使得巨大的战舰看起来不过是比较诱人和昂贵的目标而已。在第二次世界大战期间,这种情况得到了进一步证明。

044
无畏舰

无畏舰刚出现时，其影响不亚于1940年代核武器对全球战略安全局势产生的影响。随着1906年"无畏号"战舰的出现，其他各类战舰几乎在一夜之间都失去了存在的价值。

大型炮舰

19世纪末期，战舰上已经广泛配置了多功能的武器装备，包括从远程大炮到短距离环状武器的不同口径的发射器。理论上，从远距离射击敌军主战舰到近距离与敌军鱼雷艇交战，配备了如此多武器的舰船应该无所不能。然而，实际战斗情况证明，这种理论并不起用。正如日俄战争表明的那样，拥有多种口径发射器只是使有效的火力控制复杂化了。进一步来说，最有效的火炮是可以发射最大口径（大约12英寸）炮弹的大炮，它能击中2万码（合18300米）以内的目标，而其他各种武器几乎都打不到这么远。

一种新理念出现了，即战舰应该只配置统一口径的大型发射器（轻型防御武器除外）。日本早在1905年就曾尝试按照上述设想配备战舰，然而却是英国首先将其制造出来。"无畏号"战列舰重18120长吨（合18410吨），甲板厚12英寸（合30.5厘米），最快速度达21节（合39千米/时），最重要的是它的两个炮塔上有10个12英寸口径的发射器。如此装备的战舰此前从未有过。

右图："皇家橡树号"战舰，绰号"超级无畏舰"，在武器和控制系统方面进行了升级，1914年开始建造，1916年完工。它参加过1916年的日德兰海战。1939年10月14日，它在斯卡帕湾停泊时遭到德国U-47型潜艇突袭，随后沉没。（图片由斯特拉福德档案馆提供）

上图:"无畏号"战列舰曾是一代战舰的命名者,这幅照片摄于1914年,当时它是英国海军第四战斗群的旗舰。它的动力来自涡轮机,速度及续航能力比往复式螺旋桨动力的舰艇更胜一筹,舰上装有12门12英寸(合305毫米)口径的大炮,这种革命性的战舰使当时的其他各类战舰都黯然失色。(帝国战争博物馆藏品,编号Q22184)

日德兰海战

日德兰海战是世界现代史上规模最大的一场主力舰之战。1916年5月31日,在丹麦海域附近的北海地区,德国海军与英国海军的主力战舰第一次,也是唯一一次在战争中相遇。德国远洋舰队司令莱因哈德·舍尔(Reinhard Scheer)上将曾试图避免与英国海军中将戴维·比蒂(David Beatty)爵士率领的皇家海军主力舰队交战。比蒂麾下的战舰先是与一艘德国巡洋战舰猛烈交火,并最终导致双方舰队主力以雷鸣般的巨炮参战。双方都竭力争取占到上风,最终舍尔设法摆脱了英国皇家舰队的纠缠。双方的代价极高——英国海军损失了3艘巡洋战舰、3艘巡洋舰,以及8艘驱逐舰,德国海军则损失了1艘主力舰、1艘巡洋战舰、3艘巡洋舰和5艘驱逐舰。虽然此次战役未分胜负,但如此惨重的损失在战略层面对德国影响更大。

威力和弱点

"无畏号"战舰于 1906 年 2 月 10 日下水。一夜之间,包括英国皇家海军在内的各国海军发现,其他各类战舰都失去了存在的价值。随着时局日益紧张,各国纷纷加强了军备竞赛。截至 1918 年,英国建造了 48 艘无畏舰,德国建造了 26 艘。无畏舰成为英国所有大型战舰的总称,在随后 30 年中,这种战舰变得更快更大,配备了更重型的装甲和更大的发射器。在此基础上又出现了类似的改良型号,如"巡洋战舰",仍配备有重型武器,但为加快速度而减少了装甲零件。"胡德号"战舰曾是最有名的巡洋舰之一,它重达 46680 长吨(合 47430 吨),搭载了 8 个 15 英寸口径的发射器,最大速度达 431 节(合 51 千米/时)。然而,由于它没有甲板保护装置,1941 年 5 月 24 日,它被德国"俾斯麦号"袖珍战舰炸毁,除了 3 名乘员,其余船员全部丧生。

"胡德号"战舰的命运是对那个时代的极大讽刺。英国皇家海军这些曾经宏伟而醒目的象征,如今却成了帝国脆弱的负担。第

下图:无畏舰排成战列时的壮观景象。这是日德兰海战期间从英国"铁公爵号"旗舰上观察到的傍晚 6:30 时的情景。"皇家橡树号"无畏舰正在对德国巡洋战舰开炮。(霍华德·杰拉德绘画作品,图片版权归鱼鹰出版社所有)

上图：日德兰海战的珍贵照片。英国"无敌号"战舰被德国巡洋舰击中后发生爆炸。日德兰海战是第一次世界大战当中最后一场大规模海战。（帝国战争博物馆藏品，编号 SP2468）

一次世界大战期间，主要的战舰几乎都没参战。最显著的例子是在 1916 年 5 月的日德兰海战中。战舰如此昂贵，以至于参战各方都担心自己被卷入风险极大的战争中。随着时间推移，尤其是在第二次世界大战期间，人们发现潜艇和飞机才是战舰的真正克星。1941 年 5 月 27 日，"俾斯麦号"战舰战败之后，德国海军将他们的主要战舰停靠在国内的安全水域，然而它们最终仍被英国皇家空军炸毁。人类有史以来建造的体型最大的战舰是日本魔鬼级战舰"大和号"与"武藏号"，其排水量为 72000 长吨（合 73000 吨），各自配备了 9 门口径 18.1 英寸的大炮，它们都在太平洋战争期间被美国空军摧毁。到第二次世界大战结束，战舰成为保护航空母舰或提供对岸攻击最有效的漂浮防空系统。在鱼雷和炸弹的世界中，大型发射器似乎已经不再具有决定性作用。

045 李-恩菲尔德步枪

历史上,李-恩菲尔德步枪(SMLE)被公认为是最好的手动军用机枪。两次世界大战期间,它是英国步兵的主要武器,其衍生型号在英国军队一直服役到1954年,直至被L1A1式半自动步枪代替。单就使用寿命而言,它就值得我们尊敬。

新尺寸

李-恩菲尔德的革新始于1888年,当时英国军队正式采用李-梅特福德手动步枪作为标准军用武器。这个名字源于此种枪械主要部件的设计者:詹姆斯·帕里斯·李(James Paris Lee)研制了枪栓和弹匣,威廉·梅特福德(William Metford)则负责研制枪管和枪膛。李-梅特福德步枪在当时已经是非常好的一款步枪,内置0.303英寸口径的弹药筒,为英国军队服役了几十年。到了1890年代,当线状无烟火药代替了有烟火药成为轻型推进燃料,李-梅特福德步枪的枪管和膛线不得不重新配置。最终由皇家轻武器工厂(RSAF)完成于靠近伦敦的恩菲尔德洛克地区,因此,新式步枪就被命名为李-恩菲尔德步枪。

李-恩菲尔德Mk1步枪于1895年11月被引进,但在1903年,一款新的名为"0.303英寸李-恩菲尔德MkI弹匣式短步枪"被研制出来。说它"短"是合情合理的,它由李-梅特福德步枪的49.5英寸(合1257毫米)缩短到44.57英寸(合1132毫米),新的尺寸适用于步兵和骑兵,这也是此次缩短步枪长度的原因。当时也有许多专家认为这种改进只不过是为了降低成本,不过很快他们的负面评价就被证明是错误的。

战争测试

李-恩菲尔德步枪的威力在于快速手动,枪体的实木一直包到枪口,弹匣能装10发子弹,单次射击量非常大。它能击毙一英

左图：英国肯特的射击学校正在讲授狙击课程，时间约在1915年。李–恩菲尔德步枪不仅是最便携的近战武器，也能为英国步兵提供可靠而精准的中程火力支援。（帝国战争博物馆藏品，编号Q53552）

下图：第一次世界大战期间，与英国军队一起服役的三个美国师团全部配备英式武器，包括李–恩菲尔德步枪。照片中的士兵所属部队是第28师第111团K中队，他们手中拿的是新发的马克三型一号李–恩菲尔德步枪。（图片由美国国家档案馆提供）

里外的敌人,但在开阔地带的最佳射程通常是400码(合365米)。总的来说,李–恩菲尔德步枪持久耐用,攻势强劲,值得信赖。正是这些品质使它成为第一次世界大战期间极佳的战斗步枪。

在1914年8月的蒙斯战役中,英德在

上图:阿拉伯的劳伦斯在1916年使用的李–恩菲尔德步枪。弹夹附近的枪身上刻着字母"TEL"和日期"一六年四月十二日"。(帝国战争博物馆藏品,编号Q66270)

下图:1918年,英军一名狙击手正在用李–恩菲尔德步枪瞄准射击。(帝国战争博物馆藏品,编号Q6902)

Mk I 式李-恩菲尔德步枪——性能参数

口径：0.303 英寸

自动原理：杆栓式枪机

供弹方式：10 发可拆卸弹筒

长度：44.57 英寸（合 1132 毫米）

枪管长度：25.19 英寸（合 640 毫米）

膛线：5 槽

重量：8.18 磅（合 3.71 千克）

枪口初速：2025 英尺/秒（合 617 米/秒）

西线的首次交锋，充分证实了李-恩菲尔德步枪的威力。训练有素的英国远征军（BEF）射手使用李-恩菲尔德步枪发出的强劲火力，致使德国指挥官冯·格鲁克（von Kluck）将军误认为英军使用的是机关枪。其实，英军只不过是用步枪以每分钟 15 发的速度实施点射。后来，英国新兵被严令训练到这种水平，但每分钟 12 发已是他们最可行的成绩。

李-恩菲尔德步枪适用于各种条件的壕沟战，在脏乱环境中表现尤其稳健，在无人区的典型距离射击中精确无误。然而，尽管它配备了望远镜瞄准器，可作狙击武器使用，但由于其全木工制作较易受到环境影响而造成枪管变形，因而不适于在射程大于 1000 码（914 米）的情况下作战。然而，作为战斗步枪，很少有其他型号的枪能与之匹敌。

046
喷火器

正如前文所述,军人早在很久以前就已使用过火攻。但却是在1915年,它走进第一次世界大战的战场,从而开启了喷火武器的新时代。

德国喷火部队

在将便携式实战喷火器引入现代战争的问题上,德国人最初有些犹豫不决。1901年,工程师理查德·菲德勒(Richard Fiedler)向德国军队提出喷火器的想法,宣传把它作为清理敌军阵地、摧毁战略要点和防御步兵进攻的工具。1908—1914年间,菲德勒[在工程师和士兵伯恩哈德·雷德曼(Bernhard Reddemann)的协助下]把这种想法付诸实施,研发了两种主要的喷火器模型。第一种是便携式的克莱茵喷火器(一种小型喷火器),它实质上是一个背在后背上并附有一个较小的高压气罐(内装空气、氮气或二氧化碳)的大油罐。压下阀门,气体就会释放出来,从手持喷枪中喷射出燃料。燃料在枪口处被点燃,产生一束长达20码(合18米)的有油烟的火焰。然而,燃烧时间只有几秒。另一种是格罗斯喷火器(一种大型喷火器),只适用于静态防御炮台,需由一组人员来操作。它能燃烧四十多秒,火焰可喷射出40码(合36米)。

第一次实战测试发生在1914年的一场小型战斗中,1915年,德军统帅部成立了一个专业的喷火器进攻部队。1915年2月,该部队在马朗库尔首次参加了与法军的作战。在进攻之前,敌方战线就已被巨大的火舌烧焦了,致使喷火器进攻部队在进行突击时,法军已无力抵抗。喷火器进攻部队在战场上

上图:对那些初次遭遇敌军喷火器的人来说,这绝对是一种可怕的经历。图中德国喷火部队正与冲锋队一起协同作战,时间约在1918年。(罗伯特·亨特藏品,图片由玛丽·埃文斯图书馆提供)

上图：图中的喷火器在西线战场上充当了反坦克武器。早期的喷火器必须手动点燃，此举极为危险。因此，后来的喷火器有的采用了自动点火系统。（图片由玛丽·埃文斯图书馆提供）

的表现令人印象深刻，随后，一个整编的喷火营在3月宣告成立，并最终发展成为一个3000人的团。

上图：尽管德国人是喷火器的先驱，但协约国部队很快就跟上了他们的步伐。图中德军在展示俘获的法国便携式喷火器。

烧焦的土地

在随后的战争中，喷火部队成为德国进攻战术的一个必备要素。两人操作的喷火器可以消灭前方战壕内的敌军，压制对方的火力，或杀死他们，从而为自己一方的主攻步兵开辟道路。喷火部队的一些战果堪称显著。例如，1915年7月30日，20台德国喷火器对霍格的英军发起攻击，迫使英军逃离战壕。不过，英军后来通过反击重新夺取了阵地。喷火部队在同其他装备手榴弹和机关枪的进攻部队协同作战时，能够发挥出最强效的作战能力。它们不太适于单独行动。

很快,协约国部队也有了自己的喷火器和喷火部队。英国研制出了哈尔喷火器,射程可达33码(合30米);法国则研制出了希尔特喷火器,使用的燃料是汽油和萘并吡咯。这两种喷火器都在1916年中期投入使用,并以同样的战术来对付德国军队。

喷火器的威力十分恐怖。防御者即使没有被直接烧死,也会因碉堡内氧气耗尽而窒息。由喷火器造成的伤亡相对较少,其功效在于使防御者在从战壕中逃出时被轻武器火力消灭。由于这些原因,美军在第一次世界大战期间从未正式使用喷火器,但到了第二次世界大战,美军也开始愿意使用喷火器,这证明后者完全适用于进攻固若金汤的碉堡和太平洋战场上难以接近的设施。1945年之后,大量的喷火器都被弃用,部分原因是出现了空投的凝固汽油弹,但它并未被任何公约禁止使用,因此在将来很可能还会出现。

下图:第二次世界大战期间,便携式喷火器仍在使用。图中一名德国突击士兵正在使用喷火器摧毁东线战场上某个地方的一座房屋。(帝国战争博物馆藏品,编号COL 176)

047
MKI/IV 坦克

1915年2月，英国海军部成立了"陆舟委员会"，目的是监督名为"陆舟"的装甲车辆的设计和生产。这种装甲车辆将有可能打破西线战壕战的僵局。它的设计灵感来自英国使用装甲汽车应对各种警务或战斗任务的经验。新的装甲车辆配备有重型武装，以抵抗敌军的小型武器，并具备真正的越野能力。

从"小威利"到MKI坦克

陆舟委员会的第一辆装甲车是"小威利"。它是一个由两条连续履带推动，并由可控轴上的两个车轮引导的四四方方的战车。发动机为戴姆勒公司的105匹马力（合78千瓦）的六缸引擎，使其公路最高时速可达2英里/时（合3.2千米/时），但这还未及其越野时速的一半。它所配备的武器包括各种机枪，并在最初设计的车身上安装了一座固定的炮塔，配有一门2磅口径的自动火炮。

"小威利"从未参加过实战，但它无疑是坦克设计的先驱，并为以后的坦克设计奠定了基础。1916年1月16日，陆舟委员会推出了名为"母亲"或"大威利"新型战车。这款战车是W. G. 威尔逊中尉为满足陆军部的要求而设计的，它能穿越8英尺（合2.44米）宽和4英尺6英寸（合1.37米）高的战壕。"母亲"就是后来的MKI坦克，是英军第一款投入作战的坦克。

左图：MKI"雌性"坦克前视图，这辆坦克可能参加过1916年11月的军事行动。之所以称其为"雌性"坦克，是因为它配备了5架机枪。相比之下，更常见的"雄性"坦克配备的是两门6磅口径的火炮和4架机枪。（博文顿坦克博物馆藏品）

早期行动

MKI 坦克与"小威利"的外观差别很大。从侧面看,它是菱形结构,履带将整架坦克的外边缘包住(不过仍然保留了后部的两个转向轮)。它有两种型号,"雄性"坦克装备了两门 6 磅口径速射炮和 4 门机枪,"雌性"坦克则配备了 5 挺机枪,专门用来击退成群的步兵攻击。这种坦克的速度较为缓慢——最大时速为 3.7 英里/时(合 6 千米/时)。1916 年 9 月 15 日,这些庞然大物参加了弗勒尔-科斯莱特的战事,用于向索姆河对岸发起进攻。由于机械故障,49 辆坦克中的大多数并没有到达目标。然而,那些越过河岸的坦克击溃了守军。这些坦克已经证明了自己的价值。

MKI 坦克经过几个阶段的改进衍变成了 MKIV 坦克,后者是英国在第一次世界大战中的主战坦克。MKIV 坦克于 1917 年 6 月开始服役,它经历过繁多的改进,如发动机、通风设备、武器装备、转向装置、操作性能,但坦克上的 8 名士兵的体验依然很糟糕。这些早期的坦克车厢内温度超过 32℃(合 90°F),车体内充斥着来自引擎和武器开

下图:1917 年 7 月,英王乔治五世在高级军官的陪同下,观看两辆新型的 Mark IV 坦克如何清除路障。(博文顿坦克博物馆藏品)

上图：正在接受测试的"小威利"坦克。（托尼·布莱恩绘画作品，图片版权归鱼鹰出版社所有）

上图：第一批坦克震惊了全世界，大战过后，它们被运到若干国家参加公共活动。"布列塔尼亚号"坦克就曾参加过纽约第五大道和"英雄国土"主题游行。（托尼·布莱恩绘画作品，图片版权归鱼鹰出版社所有）

火后有毒的烟雾，声音嘈杂，而且行动不便。坦克外的子弹射击使得锋利的金属碎片到处乱"溅"，能见度很低。

尽管车体的内部环境十分恶劣，但却并不影响该坦克在战场上的战斗力。1917年11月，在康布雷，约476辆坦克顶着猛烈的炮火行进了6英里（合10千米）。坦克突破了敌军部署的铁丝网工事，加之坦克炮的强大威力，兴登堡防线首次被切断，并向前突进了3.7英里（合6千米）。这块阵地虽然后来被德国军队反击得手，但坦克的作战能力已不容置疑。

到战争结束时，所有的战斗部队都装备了坦克。在战争年代，陆军装甲兵成为陆军武力的绝对核心，1939年德国发动的闪电战充分证明了这一点。

坦克的作用

下面这段文字摘自1917年12月1日发行的英文版小册子《法国坦克部队训练指南》：

考虑作战坦克的作用时，必须记住的指导原则是，它们同其他各种武器一样，主要用于协助步兵的攻防行动。步兵是唯一能够占领并守卫阵地的武装力量，他们的本领和毅力有赖于稳固的后防。

因此，使用坦克时不能冒险变更那些公认的步兵攻防战术。它们的职责与大炮、机枪和迫击炮一样，是协助步兵在火力上占据优势。鉴于它们能够抵御步枪和机枪的射击，并能迅猛开火，灵活移动，鼓舞士气，所以可用坦克有效协助步兵摧毁敌军坚固的据点和机枪堡垒，压倒敌军的反击火力，并协助防守侧翼。在防守方面，它们可以单独或与步兵协同发起反击，并在必要的情况下掩护己方军队撤退。

上图：在康布雷战役期间，一辆英国MKIV式坦克出现在德国军队的战壕，这是人类战争史上首次以坦克群发动突袭。（帝国战争博物馆藏品，编号Q6284）

048 齐柏林飞艇

齐柏林飞艇是本书的一个特例。其他武器在战争史上都有深远的影响，飞艇却仅是一个过渡阶段，并未产生多么恶劣的影响。即便如此，它仍不失为一种远程战略轰炸的最初尝试，后来的远程轰炸武器对数百万人造成了更严重的后果。

上图：为了应对首次齐柏林飞艇轰炸袭击，《每日新闻》提供了一份关于如何防范空袭及免费"齐柏林轰炸保险"的传单。（图片由查尔斯·斯蒂芬森惠赐）

海军与陆军

第一次世界大战初期，德国的小型飞船部队（共有 7 艘飞船）分属于陆军部队和海军部队。两大军种在飞船的实战作用问题上一直存在分歧。陆军主要把它当做低空轰炸机，曾在战争最初的几个月将其用于攻击列日和安特卫普这样的城市。然而，陆军很快就对使用这种巨大而脆弱的武器丧失了兴趣，因为在面对防空火炮时，它们几乎不堪一击。因此，在 1916 年的凡尔登战役之后，陆军就放弃了这种战术轰炸行动。

齐柏林飞艇空袭

飞艇的制造商主要有两家：齐柏林公司和舒特兰茨公司——齐柏林飞艇后来成了所

上图：LZ 62 式齐柏林飞艇——第一艘"超级飞艇"，1916 年 5 月首次飞行。第一次世界大战期间，德国一共制造了 16 艘飞艇，主要用于对协约国实施战略轰炸。（伊恩·帕尔默绘画作品，图片版权归鱼鹰出版社所有）

有德国飞艇的通用简称。指挥飞艇战斗的是飞艇营的彼得·史特拉塞尔（Peter Strasser）少校。齐柏林飞艇第一次空袭发生在 1915 年 1 月 19 日，当时，两架飞艇（L3 和 L4）袭击了大雅茅斯、谢林汉姆和金斯林。这场空袭造成的损害并不是特别大，但确实给英国的士气带来了片刻的冲击。

在此之后，飞艇更加频繁地空袭英国海岸（1915 年 5 月 31 日首次对伦敦发动空袭），战绩非常可观。1915 年，齐柏林飞艇发起的空袭共造成英国 181 人死亡、455 人受伤和多达数十万镑的损失。

起初，英国的空军防御根本无力抵抗飞艇。英军的战斗机飞行员竭尽全力才能飞到与飞艇相当的高度，但即使达到了飞艇的高度，他们也很难将其击落——步枪和（后来出现的）机关枪对飞艇的巨大机身根本无能为力。在夜间空袭中，高射炮炮手很难侦测到并瞄准无声的飞艇。然而，形势逐渐开始对飞艇不利。战斗机的性能得到了改进，并且配备了装有炸弹和燃烧弹的航空机关炮，这使飞机更容易开火，而这对飞艇而言无疑具有灾难性的影响。如果它们无法入侵英国领空，皇家飞行大队（RFC）就会等到这些飞艇进入法国领空再发起进攻。1916 年，德国陆军放弃了对英国的空袭，但海军一直到

右图：费迪南德·冯·齐柏林伯爵，这位德国将领是齐柏林飞船公司的创办人，他对自己制造的飞行器所取得的辉煌战绩十分得意。（图片由 AKG 图片社提供）

上图：一艘齐柏林飞艇向伦敦投掷了一枚重达 660 磅的炸弹，爆炸造成两人死亡。
（帝国战争博物馆藏品，编号 LC30）

齐柏林飞艇

齐柏林飞艇是一种大型武器——1914年生产的飞艇长度为525英尺（合160米）；后来飞艇的长度显然超过了这个尺寸。例如，L59型飞艇长743英尺（合226.5米），直径78英尺（合23.9米），气体容积2420000立方英尺（合68500立方米）。动力来自于连接在机舱或用螺栓连接在框架上的吊舱上的发动机，对大炮或其他武器而言，飞艇的升力让人印象深刻。飞艇的续航能力非常强，但航行受天气状况的影响很大。飞艇的最高时速达50英里/时（合80千米/时），对敌军飞行员和枪手而言，它们成为容易命中的缓慢的移动目标。

上图：在伦敦上空，齐柏林飞艇完全不敌改进后的空中防御武力。一张当时的明信片上显示，SL11飞艇被探照灯发现并被高射炮攻击。（图片由伊恩·卡瑟尔惠赐）

1918年仍在使用新型的升限更高的飞艇进行空袭，不过由于新型飞艇的气温过低，机上成员容易因体温过低被冻伤。

相较于飞艇造成的破坏——在1917年只有9万英镑（1915年的几次单独行动造成的损失要超过这个数字），德军的损失太高了。在战争中，德军共派遣了115架飞艇，其中超过三分之一的飞艇都被毁坏或损毁而无法维修。史特拉塞尔本人也在1918年8月5日驾驶L70飞艇对英国实施最后一次轰炸时，在诺福克海岸被击落身亡。史特拉塞尔的齐柏林飞艇并没有塑造其所参与其中的战斗格局，但这些飞艇却对将要到来的战争产生了影响。

049 维克斯马克沁机枪

1916年8月,在索姆河战役中,英军第100机枪连的士兵们用10支维克斯机枪开火了。他们在一处想要阻击德军的地方持续开火12小时。在这半天的火力马拉松里面,10支维克斯机枪射击了将近100万发子弹,射击范围达2000码(合1828米),连续使用了100支枪管。然而,所有的枪都保持完好,让维克斯停止发射的原因出在有问题的弹药上。

马克沁革命

索姆河战役展示的史无前例的强大火力,是自19世纪末开始的枪械技术革命的一部分,它的发明者是出生于美国的英国平民发明家和工程师希拉姆·马克沁(Hiram Maxim)。

1884年,马克沁展示了一种全新的武器——机枪。此前的"自动"武器,如加特林机关枪都是用手驱动的,而马克沁发明的机枪则由后坐力驱动,不再需要人手驱动。这种枪由布质弹带供弹,通过反冲动力将子弹推入枪管,其冷却方式为水冷式。

马克沁机枪的发射速度约为550转/分,这令那些早期见到这种枪的人们感到震惊。1885年,马克沁进一步改良了设计,引入了更简单的锁启闩体的"肘节闭锁"系统,从而使枪更加可靠,更适合于战场维修和保养。与此同时,马克沁与英国维克斯公司合作,这家公司后来仍在继续生产马克沁机枪的各种衍生型机枪。

左图:维克斯机枪操作人员通常有6人:2人负责射击,其余的人负责输送弹药和零件,或在一旁待命。照片中的人物是1916年索姆河战役当中奥维耶附近的马克沁机枪操作人员。(帝国战争博物馆藏品,编号Q3995)

工业化战争

上图：1915 年，苏格兰步兵团第一营两名新入伍的维克斯机枪手正在西线接受培训。(帝国战争博物馆藏品，编号 Q51584)

到第一次世界大战开始时，世界各大军队都已采用了机枪的技术和原理。此时，虽然并非所有机枪都采用马克沁机枪的设计原理，但德军装备了一款实质上与马克沁机枪并无二致的 MG08 机枪。英国也采用了马克沁机枪的设计原理，不过又改进了内部布局，使机枪更轻，更易控制。这就是 1912 年被英国陆军采用的维克斯机枪。

维克斯机枪展示了新式机械枪技术的强大威力。它能以每分钟 500 转的速度发射 0.303 英寸口径的子弹，在大型水套的作用下，枪管仍能保持冷却。(每发射 10000 发左右子弹之后，应该更换枪管，若射击速度过高，则应更快将其换下。) 步兵使用它时需要将其架设在沉重的三脚架上，还需安装

右图：维克斯机枪在第一次世界大战末期得到广泛使用。照片反映的情况是 1918 年 5 月战争接近尾声时，德军仍在发动最后的攻击。维克斯机枪手显然没有时间挖掘战壕，而是简单地把机枪架在当地一座粮仓里。(帝国战争博物馆藏品，编号 Q6571)

维克斯马克沁机枪——性能参数

口径：0.303 英寸

自动原理：短后坐式

供弹方式：250 发布质弹带

循环射速：450—500 转／分

长度：45.5 英尺（合 1155 毫米）

枪管长度：28.5 英尺（合 723 毫米）

膛线：4 槽

重量（枪支）：33 磅（合 15 千克）

重量（三脚架）：50 磅（合 22.7 千克）

枪口初速：2240 英尺／秒（合 682 米／秒）

瞄准器，以便进行直接或间接射击。前者的射击范围可达 2000 码（合 1828 米），后者的射击范围最远可达 3800 码（合 3475 米）。这种 0.303 英尺口径的机枪可以射穿砖、混凝土和沙袋防御。当射击暴露在外的试图穿越无人之地的步兵时，维克斯机枪的射击效果就像用镰刀一刀斩断一排队列。当然，德军遭遇了英军用维克斯机枪的袭击，令他们感到非常恐怖。

维克斯机枪的设计如此强大，技术如此娴熟，以致到了 1968 年，这种机枪及其衍生型号仍在英国军队中服役。它配置在坦克、舰艇和飞机上，被作为轻型防空武器和步兵武器。像维克斯机枪这样的机枪证明了，工业规模的火力决定了战争的胜负。

下图：美国步兵也曾使用维克斯机枪，照片反映的是 1918 年 5 月他们接受一名英国机枪大队士官指导时的情景。（史提芬·布尔摄影作品）

050

刘易斯式轻机枪

第一次世界大战给人留下的最深刻的印象,莫过于僵持不下的堑壕战,中间也有一些大规模的运动战,以及大量的阵地战和游击战。在相对固定的阵地上,维克斯或马克沁这样的重型机枪能够发挥显著的作用,但它们太过沉重,不利于随同步兵一起运动。如果步兵希望随身携带自动武器,他们就得寻找另外一种符合此类要求的机枪。

机枪的类型

自马克沁机枪出现之后,到1914年,新型机枪逐渐普及。新型自动控制机枪出现在1880和1890年代,其中包括气流控制枪械,其原理是利用开枪时产生的气压制动武器。1889年,约翰·摩西·勃朗宁最新试验了这种枪械,但实现重大技术突破的,则是奥地利陆军上尉阿道夫·奥德卡里克·冯·奥格萨(A. Odkolek von Augeza)男爵。他设计了一款机枪,用一根导气管把枪管里的气流导出,然后导入一个带有活塞的气缸。活塞通过操纵杆与枪栓相连,当操纵杆在气压的作用下向后运动时,就能把枪栓打开,利用回流的气压把它冲回机座,继而把上一发弹壳弹出。枪栓一旦被冲回机座,回流的气压就会驱使它复位,一个往复装填一枚子弹。其实,这种设计原理与内燃机极为相似。而且,这种机枪的冷却材料是空气,而不是水,

右图:新西兰步枪大队的一名射手正在西锡兰前线使用刘易斯式机枪射击,他所用的双脚架是经典的轻机枪射击用具。(英国皇家军械博物馆藏品,编号Q10506)

第一次世界大战(1914—1918)

上图:无所不在的刘易斯式机枪。照片反映的是 1918 年第二次索姆河战役期间,一组德国机枪手正在展示他们缴获的英国刘易斯式机枪。(英国皇家军械博物馆藏品,编号 Q55482)

因而也就不需要再携带笨重的冷却水套了。

气动装置继而成为世界上许多机枪的主要控制系统。这种机枪的反冲力可以受控制——气流系统可以吸收大部分的反冲力——并且比反冲控制机枪更轻便,这就使得突击机枪成为可能。

刘易斯式轻机枪

我们现在知道,"轻"机枪出现在 20 世纪初,最早的一款当属 1902 年的丹麦"麦德森"机枪,重 22 磅(合 10 千克),弹匣可容纳 30 发子弹。整整十年之后,刘易斯式轻机枪开始登场。这种机枪由美国陆军上校艾萨克·刘易斯(Isaac Lewis)设计(参考了塞缪尔·麦克莱恩的早期设计),采用导气式原理,并因其与众不同的创新设计而为人们所熟知。一个大的护罩盖在枪管上,当枪口射击时,冷空气被吸进护罩内。一个像时钟一样的复位弹簧,通过调整张力来调整射击频率。它由上部的 47 发供弹装置供弹。对步兵来说,其最大优点是,它仅重 11.8 千克。

起初,在美国没有人购买这种机枪,刘易斯遂将其带到了即将发生战争的欧洲。

上图：澳大利亚士兵正在学习使用刘易斯式机枪。[帝国军事博物馆藏品，编号 E（AUS）683］

1914 年，他将这种机枪卖给了比利时人，1915 年又将其卖给了英国。

到 1917 年，每一个英国步兵分队都配有一挺刘易斯机枪，这极大地增强了步兵的火力和机动作战能力。机枪安装了简易的两脚架，可被安置在任何地方，发射出 0.303 英寸口径的子弹，有效射程可达 650 码（合 594 米）。这种武器的便利意味着刘易斯式轻机枪可以配置在飞机、坦克、装甲汽车及摩托车上。此外，制作 6 挺刘易斯式轻机枪的时间只能制造出一挺维克斯机枪，在第一次世界大战结束前，超过 5 万挺这种机枪被制造出来，其中包括可以

刘易斯式轻机枪（英国）——性能参数

口径：0.303 英寸

自动原理：气动式

供弹方式：47 发弹鼓（飞机上装配 97 发弹鼓）

循环射速：500 转/分

长度：49.2 英寸（合 1250 毫米）

枪管长度：26 英寸（合 660 毫米）

膛线：4 槽

重量（枪身）：26 磅（合 11.8 千克）

枪口初速：2440 英尺/秒（合 744 米/秒）

上图：在1918年德国发动的春季攻势期间，一名刘易斯式机枪射手正在马尔库瓦附近的利斯运河河畔通过木制通道进行射击。（帝国军事博物馆藏品，编号Q6528）

发射0.30英寸口径子弹的枪型，后来开始在美国军队服役。

尽管英国后来采用了升级版的布伦机枪，但库存的刘易斯式轻机枪将继续为第二次世界大战效力。（美国军方则以勃朗宁自动步枪替代了刘易斯式轻机枪。）第一次世界大战结束时，轻机枪已被稳固地确立为步兵战术的一部分，这很大程度上是由于刘易斯式轻机枪的性能完美地诠释了轻机枪的概念。

051 毒气

第一次世界大战期间,毒气的应用是已经发生过的可怕的战争中最令人无法接受的一件事情。虽然1899年的《海牙宣言》和1902年的《海牙公约》都禁用毒气,战场上还是很快就充斥了毒气,并杀死、毒害了成千上万名士兵。不过,尽管毒气曾在1914—1918年间被广泛应用,但在作战过程中其局限性及优势很快便充分显示出来,随后即被禁止作为常规武器使用。

打破僵局

随着西线战场发展为阵地战,交战双方都在战术和技术上寻找方法来打破僵局。直到1915年4月22日,在伊普尔的第二场战斗时,德国军队开始尝试使用毒气。这并不是毒气第一次被应用于战争;1914年,法国和德国都试验了催泪弹和其他刺激性化学物质。最初的战斗实验不是很成功,然而在伊普尔,德国人开始在英、加、法军前线施放氯气,为自己一方的步兵进攻做准备。毒气致使多达1400名盟军士兵死亡和4000人受伤。(氯气通过刺激肺部,致使吸入者肺里充满液体而亡。)尽管毒气战遭到盟军谴责,但1915年9月24日在卢斯一战中,英国却

右图:虽然德国军队率先使用毒气,但参战各方也迅速采用了这种武器。图中是法国军队在索姆河战役期间对德国军队施放氯气时的情景,由于风向不定,施放毒气的风险很高。(图片由西蒙·琼斯惠赐)

上图:一名德国轻步兵和一名步兵军官戴着防毒面具,试图阻击盟军的毒气进攻。(图片由西蒙·琼斯惠赐)

第一次世界大战(1914—1918)

上图：1919 年的绘画作品《毒气受害者》，作者是约翰·辛格·萨金特，他是毒气受害者中的幸存者之一，曾短暂失明，这幅作品描绘了他心中挥之不去的阴影。（帝国战争博物馆藏品，编号 ART1460）

下图：1915 年 4 月 22 日，在波尔卡佩尔的法国战壕内，一名氯气受害者躺在地上，他紧握双拳，嘴唇与眼睛向外翻出。（图片由西蒙·琼斯惠赐）

以相同的方式予以反击,施放了 5900 个氯气罐。毒气的调度取决于风向,这对英军来说非常痛苦,因为大量毒气被吹回英军战线,致使 1000 多名英军伤亡。

致命化合物

尽管毒气没有带来预期的战略突破,但自 1915 年起,它仍是一种常用武器。另外两种气体已被武器化:碳酰氯毒气和芥子毒气。碳酰氯毒气会导致毁灭性的呼吸系统损伤,吸入时不易被察觉,伤员吸入 48 小时后会死亡。芥子毒气是一种残忍的、使人起水疱的无味药剂,能够使人失明、残废、肺

为国捐躯,甘美荣光

我们像背着麻袋的老乞丐一样连连弯腰,跌跌跄跄,
嘴里一面咳血,一面恶声诅咒,就像老巫婆一样。
看到鬼火般的闪光,我们赶紧停下脚步,
然后继续摸索前行,向着远方的安全屋。
我们迷迷糊糊地走着,许多人丢了靴子,
脚掌磨出了血,人人都成了瘸子和瞎子。
疲惫至极的人,也快变成了聋子,
甚至听不出来,爆炸声吵得要死。

毒气!毒气!弟兄们,快走!手忙脚乱之际,
赶快带上防毒面具,趁时间还来得及。
但仍有人在大喊大叫,倒地抓狂,
就像火焰或石灰撒到了他的身上。
黑暗中,透过灰蒙蒙的镜片和浓浓的绿光,
我看到他仿佛就要淹死在一片绿色的海洋。
在日后的所有梦境,我只能无助地观望,
他跌倒在我面前,嘴角流血,窒息而亡。

你若是能走进那令我窒息的梦乡,
走近我们丢弃他尸体的那节车厢,
看着那翻白的眼睛和扭曲的面容,
仿佛受了绞刑,又像魔鬼生了病;
你若是能听到,随着车厢的颠簸,
他肺里的坏血从嘴里咕噜噜洒落,
像肿瘤一样恶心,胃液一样酸苦,
天真的人啊,舌头仿佛长了疮毒;
我的朋友,你再也不会慷慨激昂,
鼓励孩子们追求荣耀,战死疆场。
"为国捐躯,甘美荣光"——
不过是古时的弥天大谎。

——威尔弗雷德·欧文(Wilfred Owen)

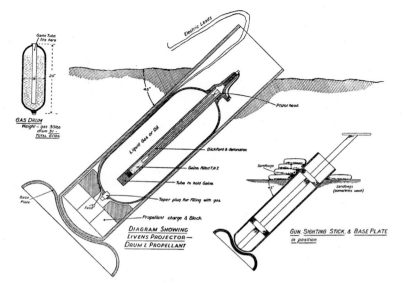

左图：利文斯毒气发射器包含一根以 45 度角埋进土里的管子，它的发射原理与迫击炮相似，可以把毒气罐射向敌军队列。这是英国陆军使用毒气的标准手法。（选自福尔克斯《毒气》）

损伤和死亡。1915 年 7 月 12—13 日，英军遭受了第一次芥子气炸弹轰炸，15000 名英军士兵受伤，450 多人死亡。不同种的毒气通常会同时被部署，伴随而生的浓烟更易使人意识模糊。

最初，毒气被直接放置于密封容器内。但到 1915 年末，大炮成为主要的接递方式。因为大炮射击精准，能使投掷出的毒气远离友军战线。战争初期，防御毒气的简单方法几乎是中世纪的，即用厚棉花或纱布做成的、用从尿到苏打的碳酸氢钠的各种混合物浸泡过的罩子罩住脸。然而，截止到 1917 年，更多复杂的毒气面罩、呼吸器、头罩被设计出来。部分由于这一原因，部分由于令人惊奇的成分消失了，毒气弹的伤亡人数自 1915 年开始显著下降。

第一次世界大战结束后，世人对战时使用毒气的行为义愤填膺，于是在 1925 年

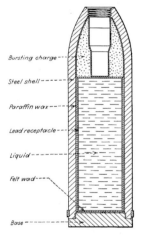 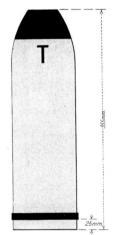

上图：德国 15 厘米口径 T 型毒气弹是第一种用于实战的毒气弹。它装有 0.5 加仑（合 2.3 升）左右的催泪毒液，盛在铅制容器中，顶部装有爆炸装置。（选自普伦提斯 1937 年版《战争中的化学品》）

关于化学战争的《日内瓦协定》中，毒气战被禁止。然而，化学武器的威胁并没有被平息，训练进行此类袭击依然是现代军事训练中不可分割的一部分。

052
迫击炮

便携式迫击炮（相对于巨大的攻城迫击炮而言）最早出现于1904—1905年的日俄战争期间。俄国炮兵中将利奥尼德·尼古拉耶维奇·戈比亚托（Leonid Nikolaevich Gobyato）设计了一款新型迫击炮，能够以很高的仰角近距离发射海军炮弹。俄国迫击炮的威力如此卓越，给德国观察员留下了深刻的印象。德国军队随即开始自行研制，并在1914年战争即将爆发之前生产出了160门新型迫击炮。

迫击炮的优势

第一次世界大战期间，僵持不下的堑壕战成为常态，十分适合迫击炮的发展和应用。迫击炮是传统的短程武器，虽然精度不高，但却有许多值得我们注意的优点。通过以高弹道投掷间接火力，迫击炮可以在一个安全的位置操作——炮手们可以待在敌人看不到的地方。大多数（并非所有的）迫击炮都是装载炮弹的，这意味着它们可以很方便地用于受限地点，也可以简单地提供高效火力支援。相较于高速火炮炮弹，作为低速射弹的迫击炮弹可以容纳更多弹药（这种炮弹壳不需要做得太厚）。由于没有反弹机械装置、大炮架和笨重的炮膛，它们比常规炮弹更便携。因为便携的特点，即使布置在战壕里受保护限制的地方，迫击炮也能为第一次世界大战的阵地战步兵提供即时的重火力以压制敌人。

右图：1917年夏天，德国士兵在弗兰德斯海岸的沙丘使用绰号"掷弹筒"的迫击炮作战。（帝国战争博物馆藏品，编号Q50665）

堑壕战

德国战时的迫击炮被统称为掷弹筒。共生产出三种型号：轻型76毫米，中型170毫米，重型250毫米。中型和重型迫击炮在机动性上没有定论，但能提供强大的火力支援——举例来说，170毫米迫击炮每小时能发射35发110磅（合50千克）的炮弹，最大射程达325码（合297米）。德国人显然十分热衷于使用迫击炮，截至1918年，他们在战时总共使用了将近16000门迫击炮。

然而，改进迫击炮特性和功能的则是英国人。1915年1月，一位名叫威尔弗雷德·斯托克斯（Wilfred Stokes）的人设计了

下图：一组德国迫击炮队员在76毫米德国轻型掷弹筒旁的照片。（图片由史蒂芬·布尔惠赐）

斯托克斯迫击炮——性能参数

口径：3英寸
操作人员：2
炮筒长度：51英寸（合1295毫米）
射角：45°—75°
重量：1041磅（合47.17千克）
炮弹重量：10.61磅（合4.84千克）
　　　　高爆炸弹
有效射程：750码（合686米）
最大射程：800码（合731米）
最大发射速率：25转/分

3英寸口径的斯托克斯迫击炮，仅重104磅（合47.17千克），只需两人操作。（德国迫击炮需要6—21个人才能操作。）炮管底部固定在地面的基板上，上部用一个两脚架稳定并调节。它的炮弹重10磅（合4.5千克），底部有一个碰撞弹药仓。要发射迫击炮，炮

上图：1916 年，澳大利亚士兵正在安装英式 9.45 英寸口径迫击炮，战士们戏称它为"飞猪"。（帝国战争博物馆藏品，编号 Q4092）

手只需简单地把炮弹置于炮筒内；当炮弹撞击炮筒底部时，碰撞弹药仓就会引爆，其最大射程可达 800 码（合 731 米）。一个炮手每分钟可以发射 25 发炮弹。

斯托克斯迫击炮是一种改变战局的武器。它能为小的步兵班提供便携式间接火力支援，到战争结束时，每个师配有 24 门迫击炮。英国用 2 英寸中型和 9.45 英寸重型迫击炮来提供更强大的火力支援。

到战争结束时，迫击炮已成为步兵火力在各个方面都不可或缺的一部分，并延存至今。当然，它们的性能已经有了显著改观，其射程、准确性和爆破力都得到了提升。最新研制的一些迫击炮装有全球卫星定位系统，能在误差小于 11 码（合 10 米）的精度范围打击数英里内的目标。如今，许多迫击炮在火力方面都可与更重的大炮相媲美，并且它们的造价也更为低廉，从而确立了它们在战场上的地位。

上图：1917 年国王私人约克郡轻步兵团成员给迫击炮弹装引线。（帝国战争博物馆藏品，编号 Q6025）

第一次世界大战（1914—1918） 187

053 索普维斯骆驼式战斗机

在早期战争史上,空军主要执行侦察任务。飞行器由于具有高空优势,通常被用于侦察敌军的动向和位置,伴随着后来的双向无线电通信技术,飞行器逐渐被用作机载火炮观察员,用来校正火力命中目标。

战斗机的诞生

飞行最初是一种文明的商业活动——飞行员在空中相遇,会彼此敬礼;如果遇到好斗的家伙,就会开枪示意——然而,经过一段时间,军方很快就意识到:敌人的侦察飞机会对己方的军事行动构成严重威胁。于是,飞机逐渐被用于摧毁敌方飞机,并装备了机关枪。1915年,法国飞行员罗兰·加洛斯(Roland Garros)采用导向装置,这是由雷蒙德·索尼埃(Raymond Saulnier)发明的一种把金属偏转片固定在螺旋桨叶片末端的机械装置,这种装置可使机关枪直接通过螺旋桨开火,不用怕打到螺旋桨叶片。这样的装备使得莫拉内-索尼埃L型飞机成为历史上第一架战斗机,并立即取得一连串胜利。

但这种优势法国并未保持太久。在之后的几周内,德国人在荷兰飞行器设计师安东尼·福克(Anthony Fokker)的帮助下,设计出了一种射击电动协调装置,它可以使机关枪与螺旋桨叶片的位置同步,只有当螺旋桨叶片不在子弹路径时,才会开火。这是一种革命性的进步。现在单座战斗机驾驶员就可以直接俯视到机关枪,这意味着驾驶员可以直接瞄准目标。双方都能迅速启动电动射击协调装置。

左图:索普维斯骆驼式战斗机的驾驶舱和引擎盖一览,可以清楚地看到两挺维克斯机关枪通过推进器可以直接开火。(图片由菲利普·贾雷特惠赐)

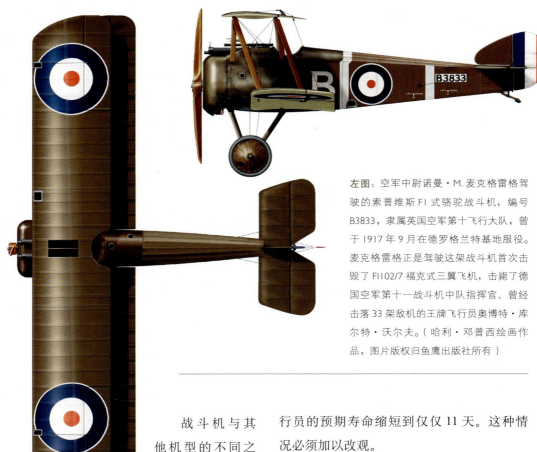

左图：空军中尉诺曼·M.麦克格雷格驾驶的索普维斯 F1 式骆驼战斗机，编号 B3833，隶属英国空军第十飞行大队，曾于 1917 年 9 月在德罗格兰特基地服役。麦克格雷格正是驾驶这架战斗机首次击毁了 F1102/7 福克式三翼飞机，击毙了德国空军第十一战斗机中队指挥官、曾经击落 33 架敌机的王牌飞行员奥博特·库尔特·沃尔夫。（哈利·邓普西绘画作品，图片版权归鱼鹰出版社所有）

战斗机与其他机型的不同之处在于，它更强调速度、灵活性，以及更高的功率重量比。新型战斗机外壳更厚，速度更快，转弯更加灵活。例如，1915 年，福克－艾因德克战斗机一度成为空中霸主，但它很快就被英式 FE2 系列和法式纽波特及斯帕德 VII 型战斗机超越。1917 年初，德国人引进了埃尔巴托 D 型双翼飞机，把其他各类飞机都比了下去。在 1917 年的"血腥四月"，协约国军队损失了 30% 的飞行员和战斗机，使飞行员的预期寿命缩短到仅仅 11 天。这种情况必须加以改观。

索普维斯骆驼式战斗机的优越性

对许多航空历史学家来说，索普维斯骆驼式战斗机是第一次世界大战时最好的多用途战斗机之一。首先，在 1917 年 6 月的行动中，它的最大速度可达 118 英里/时（合 190 千米/时）——信天翁 D 第三代的最大航速达 109 英里/时（合 175 千米/时）——飞行

上图：骆驼式战斗机的机身下方安装了机架，可以携带 25 磅口径的库珀式炸弹。自 1917 年 9 月以来，骆驼式战斗机承担了扫射敌军战壕的任务，因为它机动灵活，可以比其他机型的战斗机更好地躲避地面火力。（彼得·鲍尔斯藏品，图片由飞行博物馆提供）

上限是 19000 英尺（合 5790 米）。它拥有非比寻常的机动性并且可装备不是一挺而是两挺可同步的威格士机关枪，这意味着任何一架出现在它眼前的飞行器都将有大麻烦。它还可以在翼下装备四枚 25 磅（合 11.3 千克）的炸弹，这使其成为敏捷的对地攻击机。

索普维斯骆驼式战斗机立刻影响了西线战场的空中优势。有近 5500 架骆驼战斗机

王牌飞行员

空军少尉劳伦斯·库姆斯（Lawrence Coombes）曾驾驶战斗机击落 15 架敌机，这些成就基本上是在索普维斯骆驼式战斗机的驾驶舱内完成的。下面这段文字是他对 1918 年 5 月 11 日一次行动的回忆：

一个由英国和澳大利亚飞行员组成的 24 架骆驼式战斗机编队在这一天发起了一次进攻。我们在阿尔芒蒂耶尔扔了 92 颗炸弹，袭击了一座军火库。约有 8 架敌机在我们上方俯冲下来，另有 20 多架飞机在与我们相同的高度攻击我们。一架澳大利亚骆驼式战机失火坠落，而亚历山大（空军中尉威廉·亚历山大）也使得一架敌军战机失火。我也把一架"信天翁"战机打得失控了。

返航途中，我们发现地面突然升起大雾，覆盖了法国大片区域。我们飞行编队当中有 9 架飞机（包括我驾驶的在内）在试图着陆时坠毁，一架被击落，一架受损严重。有不少盟军飞机由于遇到突发情况最后也遭遇了类似的命运。

被生产出来，它们共击落1294架敌机和3架齐柏林硬式飞艇。骆驼战斗机在数量上占绝对优势，这意味着即使在1918年性能更好的德国福克飞机问世后，德军仍然未能改变战略上的劣势。骆驼战斗机在火力、速度和机动性上的结合，完美地呈现了其空中作战能力，后来的英国战斗机都是在此基础上研制而成。

下图：1918年3月28日，塞西尔·金中尉驾驶索普维斯骆驼式D1777战斗机参加了空战。在被一架福克DI式战斗机"压倒"之前，他成功地击落一架阿尔贝托DV式战斗机，最后被迫着陆。（马克·波斯尔思韦特绘画作品，图片版权归鱼鹰出版社所有）

上图：驾驶骆驼式战斗机的王牌飞行员之一，约翰·特劳鲁普上尉，据说他曾击落18架敌机，1918年3月24日一天就击落6架。然而，这些数字超出了德国空军的实际损失。骆驼式战斗机的飞行员据说总共击落1294架敌机，这个数字同样有水分。特劳普从未击落过一架DI式战斗机。（图片由约恩·古特曼惠赐）

054 福克 D VII 战斗机

1917年下半年,德国空军企图改变由索普维斯骆驼式战斗机给协约国军队带来的空中优势。福克公司的首席设计师莱茵霍尔德·普拉茨(Reinhold Platz)随后设计出一款战斗机,虽然对改变空战结果已于事无补,但它们却是同时代战斗机中的佼佼者。

三翼飞机

1917年初,皇家陆军航空队开始使用索普维斯三翼机,它装配了一挺维克斯机关枪。该型号飞机以其机动性和空气动力特性,给德军留下深刻印象。作为回应,莱茵霍尔德·普拉茨设计了福克DI三翼机,从8月开始,为数不多的该型战斗机被派往前线。DI后来成为得到德国王牌飞行员青睐的战机,后者在其飞行生涯中曾击落80架敌机。关于DI战斗机有值得大书特书的地方。它可以在极小的空间转向,爬升速度极好,同时有两挺7.92毫米马克沁轻机枪提供火力。但总的来说,DI是一种相当慢的飞行器——它的最高时速仅为103英里/时(合165千米/时)——这意味着它只有在低海拔飞行和技术熟练的飞行员手中才能展现出最佳性能。尽管它的一些作战纪录令人印象深刻,但它并未能将空中优势转向德国。

左图:福克DVII式战斗机的倒悬图,部分机壳被拆下,显示出机翼的木质悬臂结构。(图片由格雷格·范·韦恩加登惠赐)

顶级设计

1917年末，普拉茨投身于设计另一种战斗机。此次设计的战斗机在西线战场带来了非常显著的影响。D VII 战斗机在装配原梅赛德斯 DIIIa 引擎时，速度可与骆驼战斗机匹敌，后来的 BMW 发动机使它的最高时速可达124英里/时（合200千米/时）。速度已经成为许多人对战斗机性能要求的必要因素，只有高速的战斗机才能速攻速退。这款战斗机还保留了它跨海拔高度的性能（最高飞行高度略超骆驼式战斗机），而且机动性很好。值得一提的是，由于盟军对 D VII 战斗机的尊重，它是在1918年的停战协定中被指定交出的唯一一款战斗机。

如果 D VII 战斗机在战争初期就被大量用于作战，那场空战的结果也许就不同了。它的一些飞行员成为王牌飞行员，例如卡尔·戴格洛就在1918年7—11月间驾驶一架 DVII 战斗机击落22架敌机。然而决定战争胜负的因素有很多，并不仅限于优秀飞行员，即便如此，DVII 战斗机仍是第一次世界大战期间最好的战机之一。

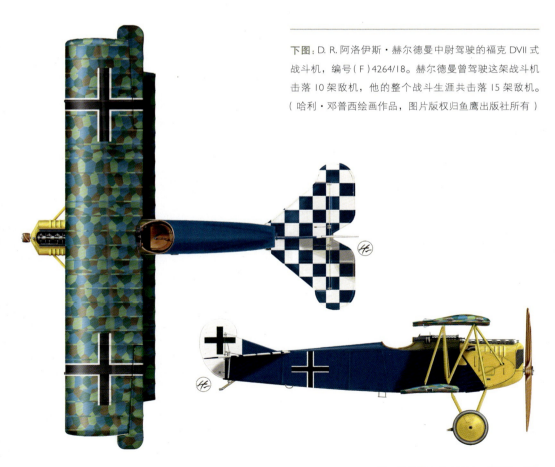

下图：D. R. 阿洛伊斯·赫尔德曼中尉驾驶的福克 DVII 式战斗机，编号（F）4264/18。赫尔德曼曾驾驶这架战斗机击落10架敌机，他的整个战斗生涯共击落15架敌机。（哈利·邓普西绘画作品，图片版权归鱼鹰出版社所有）

上图：恩斯特·乌德特是德国空军排名第二的王牌飞行员，照片中他身后的飞机就是他驾驶过的福克 DVII 式战斗机。第一次世界大战期间，他一共击落 62 架战机，后来成为纳粹和德国空军高级军官。（图片由格雷格·范·韦恩加登惠赐）

下图：第一次世界大战之后，美军空勤人员在对一架 D-VII 战斗机进行检查。飞机安装的 180 匹马力（合 134 千瓦）发动机清晰可见。福克 DVII 式战斗机的卓越速度正是源于这台发动机，在空战中很少有飞机能超过它。（R. 瓦茨摄影作品，图片由格雷格·范·韦恩加登提供）

福克 D VII 战斗机——性能参数

类型：单坐双翼战机
乘员：1
长度：22 英尺 10 英寸 (6.95 米)
翼展：29 英尺 2 英寸 (8.9 米)
高度：9 英尺 (2.75 米)
净重：1508 磅 (684 千克)
最大起飞重量：2006 磅 (910 千克)
发动机：梅赛德斯 D.IIIa 180 马力 (134 千瓦)，后为 BMW IIIa
最高时速：116 英里／时（采用 D IIIa 发动机时的最高时速达 187 千米／时）
武器装备：2 挺 7.92 毫米口径马克沁 08/15 式轻机枪

第二次世界大战

（1939—1945）

WORLD WAR II 1939–1945

055 地雷

地雷有多种用途,如造成敌方人员和车辆的损伤;控制或以其他方式限制敌人的战术运动;阻止敌人的行进路线;或使敌军陷入绝境。此外,即使没有地面部队在场,布雷区也能防守一个区域。

地雷战其实有着悠久的历史。最早使用装有火药的地雷的记录可以追溯到13世纪的中国(它们可以通过导火线引爆)。美国内战时,出现了最早通过机械装置引爆的地雷。第一次世界大战期间,德国人生产了一种原始的反坦克地雷,其实是一种用大炮的弹壳装上压力引爆的导火线,或是一种通过压力引爆的木箱式地雷。不过,到了第二次世界大战,才真正进入现代地雷战,继而把大片土地变为致命的战场。

反步兵地雷

反步兵地雷是士兵们的噩梦,第二次世界大战期间,一共铺设了几百万颗这样的地雷。德国人尤其擅长设计反步兵地雷,因而对盟军士兵来说,它们着实是一场噩梦。诸如S35那样的"跳跃式"地雷尤其让他们感到恐慌。这种地雷可以通过压力、绊索或电线遥控引爆,一段短暂的延迟之后,含有约360个钢球的内部套管被投射到几英尺的空中,并在那里引爆,大量的弹片就会飞到各个方向。为了应对1942年盟军引入的电子探雷器,德国人研制出木制地雷和玻璃地雷,它们的主体分别用木材和玻璃制成,这使它们几乎无法被探测出来。

除此之外,德国人还研制出另外数十种反步兵地雷,使大片区域变成死亡陷阱,它

上图:一名美国步兵正在小心翼翼地清除敌军铺设的反坦克地雷。在第二次世界大战最后的日子里,德国军队在撤退时布下了数量极多的诡雷。(图片由盖蒂图片社提供)

> 冒险是必然的，但要是所有人员都保持警觉，并被训练得能在任何时候直观地搜索地雷，那么损失将会大大减少。
>
> ——第二次世界大战期间的美国陆军侦察兵

上图：英国地雷探测小组的一名成员正在清除一颗地雷，时间约在 1944 年。（图片由盖蒂图片社提供）

上图和右图：德国在地雷设计领域遥遥领先。这颗 TMi42 式饼形地雷最早生产于 1929 年，直到第二次世界大战末期仍在使用。它既能用作反坦克地雷，也能用作反步兵地雷。（图片由史蒂芬·布尔惠赐）

上图：一排通过压条相连的德国 TMi35 式反坦克地雷，它们可以同时被引爆。（图片由史蒂芬·布尔惠赐）

们不易发现，或在被发现之后，需要耗费大量时间来清除。反过来，德国人也饱受大面积的盟军雷区之苦，尤其是在东线和北非战场。到战争结束时，仅苏联就铺设了 200 万颗地雷。美国的布雷区与他们的战术理论一致，通常被机关枪和迫击炮的火力覆盖，这样一来，那些试图穿越雷区的人所担心的就不止脚下的爆炸装置了。

反坦克地雷

正是由于提倡装甲战争，以及其他一些次要原因，才导致地雷战的迅猛发展。除了德国在第一次世界大战中的实验，意大利人首先使用 9 型反坦克地雷——这种地雷实质上是一个装有 7 磅（合 3 千克）炸药的长长

右图：一位英国军械处理工程师手拿一颗德国饼型反坦克地雷。这种地雷经常被附加到反步兵地雷（图中这种地雷绰号"活泼的贝蒂"）上以阻挠清理行动。（图片由美国军方提供）

的木盒子，通过盖子上的压力引爆。德国生产了一些战争中最好的反坦克地雷，其中包括四款饼形地雷，一颗这种地雷就能摧毁盟军坦克，或粉碎坦克履带。许多这种型号的地雷都有整体防排装置或二次熔断器井，这大大增加了拆除炸弹引信的危险和问题。

英国人在制造反坦克地雷上滞后于其他国家，他们制造的第一颗反坦克地雷是MK IV，这种地雷实质上是一个装有8.25磅（合3.75千克）三硝基甲苯（TNT）烈性炸药或巴拉托炸药的蛋糕铁盒，其上配有一个压发引信。然而，它很容易因为附近的爆炸而感应起爆，后来，它被较不敏感的MK V取而代之。美国陆军则使用如M1、M1A1和M4的反坦克地雷。

上述对第二次世界大战中地雷的粗略介绍没有提及地雷造成的众多人员伤亡和引发的问题。例如，许多反步兵地雷所含的炸药仅能炸去一只脚或腿，但它们被特意设计出来，目的是通过让敌军伤员撤离而耗尽敌军的人力。在战争中被地雷摧毁或损坏的坦克占所有毁伤坦克的近30%。时至今日，已有成千上万的人因为这两种地雷"遗产"及在新近冲突中设置的地雷而丧命。

关于地雷的建议

下面这些建议选自一名英国士兵写于1944年的《步兵培训备忘录》：

我接受的教导是，当你踩到反步兵地雷时，唯一能做的事就是稳住那只脚，身体后仰，就当那只脚被炸飞了，同时希望那颗地雷不会炸到地面以上的部分。陆军第八工程队一位在处理S型地雷方面有着丰富经验的人告诉我，虽然这一办法有时管用，但却十分错误。反步兵地雷有三到四秒的延迟引爆时间。当你踩到它时，就已触发地下的引爆装置。在这之后也就是听到引信爆炸的声音之后的三到四秒时间里，地雷中的炸药就会把周围四到五英尺内的东西炸飞……或许，最佳的选择是跑到距离地雷三四码之外的地方卧倒。

056 深水炸弹

深水炸弹是在第一次世界大战中由英国发明的,旨在应对德国潜艇的威胁。到第二次世界大战时,深水炸弹的基本结构变化不大,基本上是一个装有高爆炸药的大金属罐——例如英国的 MK VIII 型深水炸弹,它重达 410 磅(合 185 千克),其中 396 磅(合 179 千克)是炸药。在对抗 U 型潜艇的战争中,很快引发了一项重大变革。

破坏性压力

通过流体静力手枪的方式,深水炸弹被预先设定在一定深度爆炸。有些型号的深水炸弹起爆深度非常可怕——英国的 MK 10 型深水炸弹最高可预设的起爆深度达 1500 英尺(合 457 米)。指挥官必须评估/检测敌方潜艇的深度和航向,并确定深水炸弹的位置。直接接触没有必要——一颗沉重的深水炸弹可以在距离潜艇 30 英尺(合 9 米)的范围内爆炸,并产生足够的压力粉碎船体。

第二次世界大战期间,使用深水炸弹最多的是盟军方面,作战背景是密集应对德国 U 型潜艇。一旦 U 型潜艇露出水面,就能被厘米波长的雷达探测到。然而,一旦它潜入水下,最佳的探测手段则是反潜艇声呐探测器。根据声呐探测器传回的信号,护航指挥官就能判断出潜艇的可靠位置,继而投放一组深水炸弹,通常是五颗。这些深水炸弹要么滚降到船尾部,要么通过套管式投掷器投掷到侧面上方。

左图:美国水手准备投放一种最原始的深水炸弹,即装满爆炸物的钢罐。(图片由美国国家档案馆提供)

上图:"子爵号"战舰的水手正在准备投放深水炸弹。深水炸弹通常是简单地从护卫舰的船尾滚到海里。它不需要直接击中目标,只要能在目标附近爆炸,就能造成相当程度的破坏。(帝国战争博物馆藏品,编号 A13370)

投放手段

然而,这个系统有一个问题,就是超声波水下探测器在 197 码(合 180 米)的范围内会与潜艇失去联系。英国的"刺猬"弹解决了这个问题,并于 1942 年投入使用。它从装在艇艏前部的六排发射器投掷出 24 枚小深水炸弹,落入水中形成一个直径约 130 英尺(合 40 米)的圆圈。英国制作的一个更强大的发射器"鱿鱼"于 1943 年末投入使用。它可以以三角形发射三枚重深弹;炸弹通过压力引爆,每个炸弹装有 200 磅(合 91 千克)炸药。"刺猬"弹和"鱿鱼"弹的主要优点是在部署武器的同时,超声波水下探测器可以保持与敌军潜艇的联系。有很多深水炸弹是从飞机上被投掷的,但这些炸弹往往更轻,并被设置在 30 英尺(合 9.1 米)深的

潜水范围引爆。

深水炸弹可能是一种普通武器，但战争中所有被毁坏的 U 型潜艇中有 43% 是深水炸弹击沉的。在战后时期，深水炸弹得到了各种改进，从各种各样的核弹头到投掷到敌军潜艇上的空投武器。如今同往常一样，潜艇的最佳防御手段仍是不先被敌人发现。

左页图："椋鸟号"战舰投放的深水炸弹爆炸时在海面溅起大量水花。英国商船在穿越大西洋运送物资时，损失了 3 万多名海员，其中 69% 死于潜艇袭击。如果没有反潜艇战术和武器，尤其是深水炸弹的话，这个数字可能会更高，英国在战争中存活下来的能力也十分堪忧。（帝国战争博物馆藏品，编号 A22031）

上图："爱斯基摩号"战舰的水手正准备从船尾投放深水炸弹。（帝国战争博物馆藏品，编号 A7414）

亲历深水炸弹

维尔纳·里特·冯·沃伊格兰德（Werner Ritter von Voiglander），一位 U 型潜艇船员回忆被盟军深水炸弹锁定为目标时的情景：

我们列队站好，听到了"嘣"的一声……深水炸弹已经发射出来了……我们数算着深水炸弹的数量。连续发射出 5 枚……第一枚和第二枚已经来了，然后是第三和第四枚。一旦第五枚爆炸了——"嘣"！——所有一切就都完了。我们以为"我们脱不了身了！我们已经中弹了！"一个小时，甚至不到一个小时，在四十五分钟的时间里，我们全速前进，航行了七点五英里，然后电量就用完了。我们悄无声息地漂着，这是一场真正的猫鼠游戏。

上图：美国海军一幅官方海报。（图片由美国国家档案馆提供）

第二次世界大战（1939—1945） 203

057 汤普森冲锋枪

汤普森冲锋枪更广为人知的名字是"汤米枪",它并非世上第一挺冲锋枪。第一挺冲锋枪的殊荣可能要归1914年意大利生产的维勒－帕罗沙双管冲锋枪,但更令人信服的则是1918年德国生产的伯格曼MP18式冲锋枪。然而,汤普森冲锋枪却是真正被引进军事界和民用界并有大量生产潜力的冲锋枪。自1921年以来,这种冲锋枪大约生产了170万支,使其成为历史上最成功、最可靠的武器之一。

霰弹枪

汤普森冲锋枪是约翰·汤普森(John Thompson,1860—1940)的得意之作,他是一位美国陆军军官和枪械专家,于1916年创建了自己的企业——自动枪械公司。在此之前,他是美国军械部小型武器的主管人员,也是雷明顿武器公司的首席设计工程师。当美国于1917年加入第一次世界大战时,汤普森被召回陆军军队。他为标准美国陆军步枪——斯普林菲尔德M1903——的作战缺陷感到沮丧,但也找到了一个解决方案:"我们战壕里的步兵需要一种小型机关枪,这种枪可以发射50—100发子弹,它要很轻,能够让步兵在战壕中匍匐前进的时候拖动它,这样我们的步兵每人手持一挺机关枪就能单枪匹马地消灭一个连队。"

左图:苏格兰拉格斯第三突击队的一名士兵正在接受训练。他配备的武器是一挺汤普森M1式冲锋枪。短小精悍的枪身设计使其更适于贴身携带。这种冲锋枪因结实耐用、火力威猛而闻名,并深得众多冲锋队员的青睐。(帝国战争博物馆藏品,编号 H12271)

上图：自动枪械公司 1927 年的汤普森冲锋枪销售广告："只卖给站在法律和秩序一边的人！"

左图：1944年在意大利巡逻的英国士兵，巡逻队的队长和队中倒数第二人使用的都是汤普森冲锋枪。（图片由美国军方提供）

> 凡是被汤普森冲锋枪的子弹击中的人，无一还能进行反抗。
> ——第二次世界大战中汤普森冲锋枪不知名的使用者

下图：1945年在日本冲绳，一名手持汤普森冲锋枪的士兵正全力以赴准备射击的时候，另一名机枪手低头闪到一旁。（图片由美国国家档案馆提供）

上图：奥斯卡·佩恩设计的外形独特的"L"型弹鼓，弹鼓前侧装有卷绕器，可以旋转供弹。

汤普森和一组才华横溢的工程师开始着手研制这种武器。模型最早于1919年被研制出来，但第一个成品是M1921。这是一种手持式、摩擦延迟后坐力、射速约850转/分（后来的型号射速大多为600转/分）、0.45ACP口径的大威力手枪弹。弹药是从直弹匣或视觉上独具特色的50或100发弹鼓发射出来的。但在它可以投入战争得以检测使用之前，战争却已经结束了。因此，早期汤普森冲锋枪流入了平民和执法队伍手中。

黑帮和士兵

好莱坞电影使得汤普森冲锋枪成为美国禁酒时代（1920—1933）流行的黑帮武器，进而使其名垂千古。最终，该枪引起军队的注意。第二次世界大战之前，M1928式冲锋枪最为流行，并在1930年代吸引了美国海军和

汤普森冲锋枪的主要枪型及规格参数

M1921式：

子弹口径：0.45ACP

枪口初速：920英尺/秒（合280米/秒）

空枪重量：10磅4盎司（合4.6千克）

枪身长度：不带枪托25英寸（合635毫米），带枪托31.8英寸（合807毫米）

枪管长度：附带散热装置10.5英寸（合268毫米）

瞄准系统：莱曼后置梯度表与前置准星片

射击速度：800转/分

供弹方式：20发弹匣，50发或100发弹鼓

M1928A1式：

子弹口径：0.45ACP

枪口初速：920英尺/秒（合280米/秒）

空枪重量：10磅12盎司（合4.8千克）

枪身长度：33.75英寸（合857毫米）

枪管长度：附带散热装置10.5英寸（合268毫米）

带有伸缩器的枪管长度：12.5英寸（合305毫米）

瞄准系统：莱曼后置梯度表与前置准星片

射击速度：600—725转/分

M1/A1式：

子弹口径：0.45ACP

枪口初速：920英尺/秒（合280米/秒）

空枪重量：10磅7盎司（合4.7千克）

枪身长度：32英寸（合813毫米）

上图：M1921AC 式冲锋枪的侧视图，展示了它的独特外形。许多收藏家和枪械历史学家认为，这是汤普森冲锋枪当中最经典的一款。

海军陆战队的一些部门购买。到 1938 年，美国陆军也成为汤普森冲锋枪的主要客户，此外该枪还吸引了诸如英国这样的国际买家。

正是在第二次世界大战期间，汤普森冲锋枪的性能得到了最充分的体现。1942 年，汤普森冲锋枪的简化型号 M1 式开始在美国军队服役。过去采用的是昂贵的弹鼓、前握把、摩擦延迟后座系统，在 M1 式中取而代之的是更合理、更经济并且适于军工生产的设计。进一步的简化推动了 M1A1 式冲锋枪的诞生，到 1944 年，100 多万挺 M1A1 式冲锋枪被分发到士兵手中。士兵们逐渐爱上了这种近身武器，将其视为便携性、功能性和可靠性的完美组合。与所有的武器一样，汤普森冲锋枪并不完美，但它却是一种让人信赖的武器。

第二次世界大战后期，自动步枪得到普及，但汤普森冲锋枪并没有被完全取代。许多执法单位都保留了汤普森冲锋枪——联邦调查局直到 1976 年都在使用汤普森冲锋枪——它们在亚洲，特别是中国、韩国和越南被广泛运用。汤普森的民用枪型今天仍在生产，而老式武器已经成为收藏家们所寻找的物品。汤普森冲锋枪是历史上最伟大的冲锋枪，是便携式武器的先驱。自 1921 年起，共有 170 万挺包括所有衍生型号的汤普森系列冲锋枪被生产出来，这使其成为历史上最成功、最可信赖的枪械之一。

058 勃朗宁 M2HB 机枪

有些枪械的设计如此完美,以至于它们的生命周期比大多数武器都要持久。勃朗宁 M2HB 机枪就是一例。它的第一款机枪已经问世八十多年,至今仍是许多国家,包括美国和英国陆军重机枪的首选。它基本上没有进行过改动,却仍经久不衰,着实引人注目。

重型枪管

19 世纪后期,约翰·摩西·勃朗宁初步尝试机枪设计,尤其着力于导气式系统的设计。然而,1900 年,他的注意力开始转向后座作用系统,并在 1910 年推出了一款 0.3 英寸口径、三脚架架设、水冷式原型机枪。稳健的射击机制与 500 转/分的射击速度,使得这种机枪立即吸引了人们的注意力,但由于战前人们对这款机枪的冷漠致使其并未吸引订单。不过,当美国于 1917 年加入第一次世界大战后,勃朗宁 M1917 步枪开始投入使用。(一次不停歇发射 2 万发子弹的演示说服了当局。)

M1917 式是勃朗宁机枪一个重要系列的开端,这个系列还包括后来在众多战斗中成为美国陆军标准火力的风冷式 M1919。它们成为美国陆军的标准用枪,从带有两脚架的步兵攻击武器,到装甲战车上的机枪,它们可以胜任各种角色。在第一次世界大战接近尾声时,美国远征部队 (AEF) 司令约翰·潘兴 (John Pershing) 将军要求研制一种能阻击飞机、坦克、炮兵部队的远射程重机枪。勃朗宁于是将现有的 M1917 式的设计按比例放大,使其适用于口径 0.5 英寸的子弹,这就是 M1921 式机枪。0.5 英寸口径的 M1921 式机枪不仅加强了火力,也使更多的热量积聚在枪管,这对于风冷式 M2 型而言是一个问题。于是,带后枪管的 M2HB 式机枪(较

上图:约翰·勃朗宁亲自测试史上第一挺 0.50 英寸口径的机枪。这款机枪其实是 M1917 式 0.30 英寸口径勃朗宁机枪的升级版。(图片由美国陆军提供)

上图：美国 B-17 轰炸机上的一名机枪手正在用勃朗宁 M2 式机枪射击。这幅照片显然是在地面摆拍的，因为他没有佩戴氧气面罩。（图片由美国国会图书馆提供）

奥迪·墨菲

奥迪·墨菲是第二次世界大战期间受到嘉奖最多的美国士兵，并在战后成为一名好莱坞电影明星。下面这段文字摘自他的《荣誉勋章》，该书讲述的是他 1945 年 1 月在法国的一次行动中赢得这枚勋章的故事。值得注意的是其中提到的 0.5 英寸口径机枪的作用。

陆军少尉墨菲率领下的 B 中队受到 6 辆坦克和一群步兵的攻击。墨菲少尉命令队员撤到树林中一处预先安排的地点，他自己则依然坚守在指挥所，通过电话给炮兵传达开炮信号。他右后方的一辆我方反坦克装甲车被直接击中，开始起火燃烧。车上的士兵随后撤入树林。墨菲少尉继续引导炮兵开火，击毙了大量向前行进的敌军步兵。当敌方坦克来到他的指挥所跟前时，墨菲少尉爬到仍在燃烧、随时都有可能爆炸的反坦克装甲车上，用车上的 0.50 英寸口径机枪对敌人开火。他迎着三个方向的敌军独自应战，凭借致命的机枪火力，他击毙了数十名德军，迫使其步兵停止进攻。敌军的坦克由于缺乏步兵支援，也开始后撤。在一个小时的时间里，德国人使用了各种武器试图消灭墨菲中尉，但他依然守住了自己的阵地，并消灭了一组试图从右翼悄悄偷袭的德军。

厚的枪管有助于吸收和消散热量）随即被研制了出来。

辉煌战史

就重机枪而言，M2HB 式机枪近乎完美。它的有效射程约 2200 码（合 2011 米），但间接射击的最大射程至少是其有效射程的两倍。子弹的破坏力是可怕的，能够相对容易地打穿多数建筑物，标准穿甲弹能在 547 码（合 500 米）的射程内刺穿 0.75 英寸（合 19 毫米）厚的硬化装甲钢板。

第二次世界大战期间，M2 式和由它衍生出的其他型号机枪的性能得到了充分认可。从 B-17 空中堡垒轰炸机到谢尔曼坦克的炮塔，这种枪被广泛应用。一个或两个 M2S 机枪就可能对敌方编队造成严重损害或延误，特别是当它们藏身于沙袋时，而且它们能够粉碎德国半履带车或 Bf 109 战斗机的

上图：1945 年春，在德国作战的美国步兵 102 师士兵配备的正是他们信赖的 0.50 英寸口径机枪。（美国国家档案馆藏品，图片由汤姆·雷姆莱恩提供）

发动机缸体。当美国军队将 4 个 M2HB 式机枪一起配装到 M16 半履带车上时，M2HB 式机枪释放出的能量是最可怕的，它们能对飞机或地面位置予以毁灭性的打击。

M2HB 式机枪也有其局限性，例如太过沉重，而且拆除它的支架非常费力。然而，它功能强大、射程远、火力持续，也正是由于这些因素，时至今日，M2HB 式机枪仍是许多军队中的单兵标准装备。

下图：美国海军陆战队的士兵在冲绳海岸使用的是勃朗宁 M2HB 式机枪，他们身旁的弹药箱里装的是 0.50 英寸口径的子弹。（美国海军陆战队文物室藏品，图片由汤姆·雷姆莱恩提供）

059 航空母舰

从战舰上起飞的试验始于 1910 年 11 月 14 日，当时，美国航空先驱尤金·伊利（Eugene Ely）在一个安装在美国海军"伯明翰号"轻型巡洋舰上的简易飞行甲板上进行起降。第一次世界大战期间，皇家海军在数艘战舰上安装了类似的飞行甲板，但在大多数情况下它们只适于发射水上飞机，飞机返航时先降落在水上，再用绞车拉回。第一艘真正意义上的航空母舰是 1918 年完工的"百眼巨人号"。它可载机 20 架，安装有一个全通飞行甲板，供飞机飞降。1920 年，"老鹰号"航母完工，它同样安装了飞行甲板，但上层结构向一侧偏移，为未来航空母舰的设计树立了榜样。

尽管有 1922 年"华盛顿海军协定"的约束，在两次世界大战的间隙，英国、美国和日本依然非常急切地发展航母。1930 年代末期，协定到期之后，上述三国开始研制更加强大的航母编队。当然，航母革命的效用如何，还要靠战争来检验。

远程战争

1941 年 12 月 7 日，日本帝国海军（IJN）航空母舰偷袭了驻扎在夏威夷珍珠港的美国太平洋舰队，击沉、击伤 19 艘美国战舰。这次袭击是海军航空兵力的惊人较量，并验证了反舰炸弹的威力，而这种炸弹正是美国

上图：航母教学手册上描绘的基本飞行动作。（图片由安格斯·康斯坦惠赐）

上图：航空母舰在美国的国防政策当中依然扮演着关键角色。照片中是"乔治·华盛顿号"航母 2010 年在韩国海域展示实力时的情景。（图片由盖蒂图片社提供）

将领比利·米歇尔（Billy Mitchell）于 1920 年代率先展示过的。从此，航空母舰成为海上最重要的武器。

航空母舰有很多独特的性能：首先也是最重要的是远程攻击能力，从航母起飞的战机可以对数百英里范围内的目标实施打击。另外一些性能也逐渐浮现出来，包括远程侦察，反潜护航，对两栖登陆进行有准备的攻击，以及支持海军战舰水上作战。为了满足这些需求，出现了三种型号的航空母舰：护航航空母舰、轻型舰队航母和大型舰队航母，它们所载飞机的数量越来越多。英国偏爱小型重装甲航母，美国和日本更偏爱轻型航母，以最大限度提高飞机的容量（实战经验表明，对航母的保护在战争后期得到了改进）。美国最大的航空母舰可载 100 多架飞机，这大大增加了航空母舰的攻击潜力。

优势和弱点

在战斗中，航空母舰被证明既强大又脆弱。例如，1939—1942 年间，英国先后失去

上图：英国"百眼巨人号"航空母舰停机场内的飓风式战斗机。为了节省空间，战机的机翼会被折叠起来。（图片由安格斯·康斯坦惠赐）

第二次世界大战（1939—1945） 213

美国"企业号"航空母舰

1936年完工的约克城级"企业号"航空母舰是太平洋战争中最大的航空母舰之一。它的满载排水量为25500短吨（合23133吨），总长824英尺9英寸（合251.38米），时速32.5节（合60.2千米/时）。90多架舰载机使它成为海洋上最强大的航空母舰之一。"企业号"参与了第二次世界大战中几场最大的海战，包括中途岛海战（1942年6月4—7日）、东所罗门海战（1942年8月24—25日）、菲律宾海战（1944年6月19—20日）和莱特湾海战（1944年10月23—26日）。

了"勇敢号""光荣号""皇家方舟号""鹰号""信使号"航空母舰。美国在一年内失去了4艘航空母舰。仅在1942年6月间中途岛海战的一场战斗中，日本的"赤城号""加贺号""飞龙号""苍龙号"4艘航空母舰就遭到灾难性的破坏。

第二次世界大战期间，航母的最大损失来自舰载战机。特别是在太平洋，海军水面战成了敌对双方航空母舰之间猫捉老鼠的游戏。日本远程航母的优势使日军可以在更远的距离攻击美国航母，而美国则有更好的"沃特海盗号"战斗机、训练有素的飞行员、雷达矢量战斗机响应和雷达控制的高射炮。在大西洋海域，由于空中威胁较少，航空母舰成为盟军越洋舰队至关重要的空中护卫力量，曾在途中击沉和击伤数十艘U型潜艇。

自第二次世界大战以来，航空母舰一直保持着海上霸主的地位，美国的核动力航空母舰，如"尼米兹号"和"罗纳德·里根号"航母，能够乘载5000多人和90架现代喷气飞机。它们已经成为国家武力投射的最大系统，尽管历史和科技的演进经常推翻这种状况。

下图：美国"独立号"航空母舰，摄于1943年7月。（图片由美国海军历史中心提供）

060 88毫米高射炮

为了满足军队在1920年代末对75毫米高射炮的需求,克虏伯公司的一队德国人前往其瑞典的子公司,与博福斯公司的工程师们一起合力设计这种武器。到1930年代初期,设计的着力点转移到了88毫米大口径炮弹。

主要型号

他们设计出的第一款高射炮是F18式防空火炮,1933年投入使用。该款高射炮外形可观,它被高高地架设在底部的十字形支架上,炮管很长,性能非常好,其初速能达到2690英尺/秒(820米/秒),对地最大射程达32482英尺(9900米),在防空作战中它的一个带有定时引信的炮弹能装约1.92磅(0.87千克)烈性炸药。这些炮弹可以按照每分钟15转数的速度发射出去。

在西班牙内战中,该款武器的性能得到了检测。实战表明,它是一款实用的反坦克武器,可以在负3度到正85度的范围发射炮弹。随后,战前型号如36型88毫米高射炮(Flak 36)和37型88毫米高射炮(Flak 37)的基本性能仍保持不变,但18型88毫米高射炮(Flak 18)的十字形支架、改变炮管方向的方法和火控系统都得到了改进。

坦克杀手

1939年,德国仅生产了189架88毫米高射炮,但从随后几年的生产数字来看,这种武器被迅速地普及开来,生产数量攀升至1941年的1998架和1944年的6482架。起初,88毫米高射炮主要用于防空,但在1941—1942年的利比亚战役中,当它轻易地击毁了盟军的大部分坦克时,即开始

下图:1942年10月23日,在阿拉曼战场,一架88毫米火炮被一辆英国坦克拖着前进。(图片由AKG图片社提供)

英国皇家坦克军团的詹姆斯·弗雷泽（James Fraser）中士回忆自己在北非战场冒着德军反坦克炮前进时的情景：

那个地方名叫骑士桥哨所，我们在那里遭到重型火力的攻击。坦克上的履带被打飞了。指挥官命令我们从坦克中跳出去。出了坦克之后，我们躲到坦克底下。通常人们不会这样做，因为坦克本身就是主要的攻击对象。但我们别无选择。敌人用的是机枪和重型炮弹，我们只能躲在坦克底下。

然而，坦克下方发生了巨大的爆炸，把坦克掀翻在地。有人也许会说，发生这种情况的几率几乎是千分之一。我晕了过去，醒来时发现附近的3名战友都牺牲了。幸存的只有我和另外一个小伙子。当我们试图从坦克附近离开时，遭到敌人机枪的扫射，我的腿被打中了。后来，我被自己这边的一辆坦克救起，回到营地，我被送到一辆先进的战地救护车上接受治疗。①

① 弗雷泽，《帝国战争博物馆之声》(*IWM Sound*)，第10259期。

作为反坦克武器使用。凭借高初速和装配的反坦克弹，88毫米高射炮可以在1095码（合1000千米）的射程内穿透厚约4.3英寸（合110毫米）的物体，对地最大射程可达16202码（合14815米）。

88毫米高射炮兼具可用性与灵活性，这使其名声大噪。在与盟军装甲部队的对抗中，88毫米高射炮的战斗力惊人，造成了英国、美国和苏联数以千计的装甲车辆人员的损失。对盟军飞行员，尤其是那些被卷入美英对德战略轰炸中的飞行员而言，88毫米高射炮一旦在目标领域爆炸就会浓

下图：1941年春天的非洲战场，一架安装在SdKfz7型炮车上的Flak88型高射炮。（德国联邦档案馆藏品，编号Bild 1011-783-0109-19，照片由多尔纳拍摄）

> **Flak18 式高射炮——性能参数**
>
> 炮弹口径：88 毫米
>
> 炮管长度：194.09 英寸（合 4930 毫米）
>
> 火炮重量：10992 磅（合 4985 千克）
>
> 后膛机制：半自动滑块
>
> 炮管膛线：32 槽
>
> 射界：720 度
>
> 射角：负 3 度至正 85 度
>
> 初速：2690 英尺／秒（合 820 米／秒）
>
> 最大对空射程：32482 英尺（合 9900 米）
>
> 最大对地射程：16202 码（合 14815 米）

上图：1942 年 5 月一组炮手在西部沙漠操作 88 毫米口径火炮。炮口已经降下，炮手们正在装载炮弹。（帝国战争博物馆藏品）

下图：一架 88 毫米高射炮调转炮口，对准它以前的主人，图片摄于 1944 年 12 月。（帝国战争博物馆藏品，编号 B13292）

烟四起。

不过，我们也不能过高夸大 88 毫米高射炮的性能。就很多方面的性能而言，88 毫米高射炮并不比英国 3.7 英寸的 MK 3 型高射炮或美国 90 毫米 M1 型高射炮更好。此外，若未进行伪装或正确定位，其高支架很容易被发现并遭摧毁。但在战争期间，88 毫米高射炮为其他高射炮的研制奠定了基础，其中包括 Flak 41 高射炮和 Pak 43 反坦克炮。事实上，对于那些位于 88 毫米高射炮目标方位的物体而言，那种体验是可怕的，其杀伤力往往极大。

061
M1 式伽兰德步枪

虽然美国的 M1 式伽兰德步枪算不上世界上第一款半自动步枪，例如，在 20 世纪初期，一位名字恰好叫做索伦·邦（Soren Bang）的丹麦枪械设计师研制了一款前膛装弹式制动步枪，但这款步枪从未达到标准化，也没有进行批量生产。相比之下，法国 1917/1918 式 8 毫米口径气动步枪则生产了一小批，并被法国陆军采用。1920 年代，捷克和苏联也曾研制出几款改进型的半自动步枪。然而，美国 M1 式伽兰德步枪却是第一款作为整支军队的标准武器而被发放的半自动枪械，这使得它在历史上占据了独一的地位。

新视角

M1 式伽兰德步枪的设计者是约翰·伽兰德（John Garand）。早在 1920 年，他就开始探索半自动设计。他的机遇到来得非常偶然。1920 年代，美国军械局开始进行试验，以便找到一个能够替代当时陆军所使用的 1903 式斯普林菲尔德栓动步枪的新型枪械。在斯普林菲尔德兵工厂工作期间，伽兰德研制了一款以自己的名字命名的步枪，并接受了一系列测试。当时还有一款 0.276 英寸口径的佩德森半自动步枪，一直到 1930 年代初，它也是接受测试的先驱者之一，后来由于各种技术和政治原因，它逐渐败给了伽兰德的步枪。1936 年，美国陆军正式采用了伽

右图：1942 年，在格劳塞斯特海角，一名美国海军陆战队士兵正在用 M1 步枪向树林里的日本枪手射击。这款 0.30—06 英寸口径步枪的火力足以穿透浓密的丛林。（美国海军陆战队文物室藏品，图片由汤姆·雷姆莱恩提供）

上图：一名美国海军陆战队士兵和他十分信赖的 M1 式伽兰德步枪。（美国海军陆战队文物室藏品，图片由汤姆·雷姆莱恩提供）

兰德研制的 0.30—06 英寸口径的步枪，并将其命名为美国 M1 式步枪。

M1 式伽兰德步枪取代了斯普林菲尔德栓动步枪，在很多方面都进行了较大的改善。它采用导气式工作原理，将活塞杆拉到最后，推动 8 发子弹通过打开的后膛进入接收器上的内部弹匣。活塞杆回到前方，步枪就准备就绪了。每次扣动扳机射出一发子弹，当最后一发子弹被发射出去时，弹夹也被退弹器自动弹出弹仓。伽兰德步枪非常强大、可靠，在栓动步枪发射 2 发子弹的时间内，M1 式伽兰德步枪能够发射出 8 发子弹。

实战应用

到 1941 年，美国陆军大都重新配备了伽兰德步枪。美国参战后，M1 式伽兰德步枪的性能即在最极端的地形中得到了检验：热带太平洋地区的潮湿和闷热；意大利的雨水和泥淖；北欧冬天的天寒地冻。伽兰德步枪在所有这些环境中都经受住了考验。

事实上，在火力方面，伽兰德步枪让美国步兵的火力优势远超敌军。在美军一个典型的 12 人编队中，最多有 11 人会配备 M1 式伽兰德步枪（每人可装备一杆勃朗宁自动步枪或 M1919A1 式伽兰德步枪）。理论上，

M1 式伽兰德步枪——性能参数

子弹口径：0.30—06
射击原理：气动，半自动
供弹方式：8 发内置弹匣
枪身长度：43.4 英寸（合 1103 毫米）
枪管长度：24 英寸（合 610 毫米），4 槽膛线
空枪重量：9.5 磅（合 4.37 千克）
枪口初速：2800 英尺/秒（合 853 米/秒）

上图：狙击手所用的 M1 式伽兰德步枪配备了 M84 瞄准器和 M2 消焰器。（图片由盖蒂图片社提供）

使用装备的 M1 式伽兰德步枪，每人每分钟可以发射 30 发子弹，11 人合计每分钟发射 330 发子弹。如果他们配备的是栓动式步枪的话，每分钟发射的子弹可能不足 150 发。在战斗中，这种火力优势多次凸显出来，致使敌军和盟军士兵经常对美国步兵手中的 M1 式伽兰德步枪垂涎三尺。

下图：一名新兵正在手持 M1 式伽兰德步枪接受训练。（图片由汤姆·雷姆莱恩提供）

M1 式伽兰德步枪也存在一些问题。一旦装有 8 发子弹的弹夹压入弹仓，直到子弹用尽之后它才能再次被装满子弹，而弹夹被弹出时会发出"砰"的一声，这意味着在告知敌军他们对手的枪是空的。伽兰德步枪非常重，而顶部供弹方式也意味着它不能配备狙击镜。但相较于其长处，这些缺点是微不足道的。世界上所有的国家都意识到了这种步枪的优点，第二次世界大战以后，各国都放弃了栓动步枪而改用半自动设计。

062 喷火战斗机

超级马林喷火战斗机的威名无疑得益于它的独特外形。它的设计者是米歇尔（R. J. Mitchell）。细长的机身，狭长的机头，椭圆形的大机翼，说明它的制空能力超强，事实上也确实如此。不过，良好的飞行能力还得配备足够的火力，才能在战争期间使英国空军与德国、意大利和日本的空军相抗衡。

米歇尔的创意

喷火战斗机的原型是米歇尔超级马林 S6B 水上飞机，后者曾获 1931 年度施耐德奖杯。1934 年，英国空军部公布了新型战斗机的技术参数，米歇尔继而改装了水上飞机以满足其规格。他为超级马林 S6B 型水上飞机配备了崭新的劳斯莱斯梅林 II 式引擎和 8 挺 0.303 口径机枪。该飞机于 1936 年 3 月 5 日完成首次试飞，收效良好。不幸的是，米歇尔于次年去世。但喷火战斗机的历史仍在延续，并于 1938 年开始进入英国皇家空军服役。

一年之后，英德开战，喷火战斗机从此开始了它的旅程，并最终成为一个航空传奇。在早期的战争中，尤其是在 1940 年的不列颠之战中，喷火战斗机创造了很多神话。例如，与流行的看法相反，英国空军的主要战绩其实来自数量更多、速度较慢、不太灵活的"飓风"战斗机。（战争初期，英国空军共有 27 个"飓风"战斗机编队和 19 个喷火战斗机编队。）"飓风"战斗机拥有更加稳固的火力发射平台。不过，喷火战斗机则是能与德国 Bf109E 型战斗机相媲美的作战飞机。

下图：1940 年 7 月 24 日，第 60 飞行中队的喷火战斗机在以"V"型编队飞行。（帝国战争博物馆藏品，编号 CH740）

梅塞施密特战斗机的最高时速可能稍快一些，尤其是在高海拔地区，爬升率更高一些，但在实际作战条件下，喷火战斗机的转弯率更高、转弯半径更小。这种机动性优势意味着喷火战斗机能够给德国空军编队造成严重损失。如果没有喷火战斗机的话，不列颠之战的结果将会十分不同。

当然，德国也改良了它的战斗机——包括 Bf109F 型战斗机和福克-伍尔夫 Fw190 型战斗机，当它们第一次出现时性能即超过了喷火战斗机。因此，战争期间，喷火战斗机也在不断进行改进。武器配置发生了变化，许多喷火战斗机的配备由 4 挺 0.303 口径机枪改为两个 20 毫米加农炮，MK VC 型战斗轰炸机可以配置 500 磅（合 227 千克）的炸弹。发动机频频升级（格里芬发动机最终取代了梅林发动机），加之其机身和机翼剖面的微小调整，使其高度和速度都得以改

下图：1939 年战争爆发不久前第 19 中队的三架喷火战斗机。（帝国战争博物馆藏品，编号 CH 20）

我从未有过如此惬意的飞行体验。
——乔治·安文，第 19 飞行中队

上图：第234飞行中队的王牌飞行员，奥地利人佩特森·休斯长官驾驶的喷火战斗机。据说，他曾驾驶这架飞机于1940年8月18日下午在莱特岛上空击落两架Bf109E型战斗机。（吉姆·劳里埃绘画作品，图片版权归鱼鹰出版社所有）

超级马林马克IA式喷火战斗机

发动机：1030匹马力梅林III型发动机
机身长度：36英尺10英寸（合11.2米）
翼展长度：29英尺11英寸（合9.11米）
机身高度：12英尺8英寸（合3.8米）
翼展面积：242平方英尺（合22.4平方米）
机身净重：4517磅（合2048千克）
最大起飞重量：5844磅（合2650千克）
15000英尺高度最大航速：
　　　　346英里/时（合556千米/时）
最大航程：415英里（合667千米）
爬升速率：7.42秒之内爬升至20000英尺
　　　　（合6096米）
最高飞行高度：30500英尺（合9296米）
机载武器装备：8挺0.303英寸口径机枪

超级马林马克VB式喷火战斗机

发动机：1440匹马力劳斯莱斯－梅林
　　　　45/46/50型12冲程发动机
机身长度：29英尺11英寸
　　　　（合9.11米）
机身高度：11英尺5英寸（合3.48米）
翼展长度：36英尺10英寸
　　　　（合11.23米）
机身净重：5100磅（合2313千克）
最大起飞重量：6785磅（合3078千克）
最大航速：374英里/时
　　　　（合602千米/时）
最高飞行高度：37000英尺（合11280米）
机载武器装备：2门20毫米口径火炮，
　　　　4挺0.303英寸口径机枪

上图：在弗尔米尔的英国皇家空军基地，一名军械修护员正在为一架喷火战斗机重新装弹。这种飞机的椭圆形机翼十分醒目。这是一种理想的形状，可以最低限度地减少阻力，从而有更多的力量携带枪炮和起落架。（帝国战争博物馆藏品，编号 CH1458）

Bf109 战斗机比喷火战斗机飞得更快，但喷火战斗机转弯半径更小，在不列颠之战期间，这个优点挽救了许多英国皇家空军飞行员的生命。空军中士乔治·安文（George Unwin）后来回忆了自己在 1940 年夏天空战当中与梅塞施密特战斗机斗智斗勇的情景，认为喷火战斗机的转弯优势极为关键。

……我看到远处有一些高射炮弹，于是飞了过去，我的高度大约在 25000 英尺，在飞行途中突然发现大批德国轰炸机正在飞来。这种景象十分诱人，我看着这些飞机，琢磨着是否有人打算对它们发起攻击。它们看上去有上百架，我忘了它们其实可能还有护航飞机……我真蠢，可我再次好运降头！不管三七二十一，我来了个急转弯，飞到德军机群当中，开始对其中几架飞机开火。它们就在我眼前飞过，有两架还真被我击落了……这就是我的看家本领，由于梅塞施密特战斗机转弯性能不如喷火战斗机，只要我不停地转弯，就能摆脱它们。[1]

---

[1] 安文，《帝国战争博物馆之声》，第 11544 期。

进。例如，战争后期推出的 MK XVIII 型侦察战斗机，最高时速可达 442 英里/时（合 711 千米/时），比原来的 MK I 型的最高时速提高了 50 英里/时（合 80 千米/时）。英国皇家空军也有了自己的国产飞机，即著名的"海火"舰载战斗机。

战争期间一共生产了 20351 架喷火战斗机。它们曾经横穿各个战区，许多国家的飞行员都曾驾驶过它，包括捷克、波兰、澳大利亚、南非、印度和新西兰等国。它的驾驶员中还涌现了一批王牌飞行员。例如，著名的第 74 飞行中队飞行员阿道夫·"水手"·马兰（Adolph "Sailor" Malan）驾驶喷火战斗机的最终战绩是单独击落敌机 27 架，与人合作击落敌机 7 架，还令 3 架敌机下落不明，另有 3 架疑似被击落，还有 16 架被击伤。有 1000 多架喷火战斗机被提供给苏联，相较于本国产的战斗机，很多红军空军飞行员更偏爱喷火战斗机。

喷火战斗机的卓越设计，意味着在第二次世界大战结束后的至少 10 年间，它仍继续在世界各地服役。在朝鲜战争、1948 年的阿以冲突、1947 年的印巴冲突当中，都有它的身影。如今，只有少数喷火战斗机仍在飞行。但即使在超精密的战斗机时代，喷火战斗机也表现得十分出众、优雅而强大。

063
VII 型 U 型潜艇

英国首相温斯顿·丘吉尔（Winston Churchill）说，第二次世界大战期间盟军所面临的威胁中，他最担心的是大西洋的 U 型潜艇。这种担忧合情合理，因为在战争期间，U 型潜艇击沉的盟军船只总计达 1450 万长吨（合 14.7 万吨）。这场恐怖战争的罪魁祸首就是 VII 型潜艇。

舰艇猎手

VII 型潜艇并非德国最好的 U 型潜艇，但仍不失为一群高效的舰艇猎手——它们共有 709 艘。单就这一点来看，英美在 1939—1945 年间制造的所有类型的潜艇总计才 370 艘。（德国制造了 1141 艘。）

VII 型 U 型潜艇于 1936 年开始服役。VII 型最初的型号是 VIIA 型，其下潜深度达 656 英尺（合 200 米），水面航程 4300 海里（合 7964 千米）/12 节（合 22 千米/时），水下航程 90 海里（合 167 千米）/4 节（合 7.4 千米/时）。VIIA 型潜艇只生产了 10 艘，因为设计人员迅速做了改进。VIIB 型潜艇的航程大幅扩大至 6500 海里（合 12038 千米），

配置的 21 英寸鱼雷的数量也从 11 个提高到 14 个。不过，VIIs 型系列潜艇中生产数量最多的 VIIC 型潜艇，在 1940—1945 年间共生产了 568 艘。

右图：VII 型潜艇上所有的空间都被利用了起来。如图所示，一名船员正在夹紧鱼雷，另一名船员则斜倚在他的床铺上。（戈斯波特皇家海军潜艇博物馆藏品）

猎手和猎物

1940年法国败亡于德国时，VIIC型潜艇真正迎来了属于自己的时代。当时，法国沿海基地在帝国海军控制下，潜艇可下潜到大西洋，采用"狼群"战术"围捕"盟军舰队，这项任务持续了数星期。VIIC型系列潜艇从众多改进中获益，而VIIC/41型潜艇的子型潜艇则将其下潜深度又增加了164英尺（50米），以帮助其逃避更高效的盟军深水炸弹，其下潜时间可达30秒。

右图：保持警戒。担任警戒者要在各种气候条件下坚持观测4个小时。在应用高效雷达系统之前，这是唯一可以观测敌舰的办法。（戈斯波特皇家海军潜艇博物馆藏品）

下图：一艘VII型潜艇正在公海上全速前进。（图片由戈登·威廉姆森惠赐）

上图：VII型潜艇的前甲板上安装了88毫米口径火炮。（图片由戈登·威廉姆森惠赐）

VII型潜艇以巨大的杀伤力著称。以U-96型潜艇为例，它在1940年9月至1945年2月服役期间共巡逻11次，击沉27艘盟军主要战舰，另外还毁坏了5艘战舰。然而，战争期间随着盟军反潜技术和战术的提高，大多数U型潜艇船员的命运都是葬身水下。到战争结束时，近80%可操作的U型潜艇被击沉，U型潜艇船员的死亡比例远高于在其他部门服役的德军的死亡率。此外，为了扭转局面，其他更复杂的U型潜艇也被生产出来，但至1943年底，争夺大西洋的战争已经结束。

下图：凭借盟军日益先进的反潜艇战术，VII型潜艇遇到了劲敌。图中是"科恩号"驱逐舰的船员庆祝自己又成功"猎杀"了一艘潜艇。这是一次意义重大的航程，旗帜上的骷髅符号表明，在海上也能实施外科手术式的打击。（帝国战争博物馆藏品，编号A28198）

VIIC 型潜艇——性能参数

潜艇长度：202 英尺（合 61.7 米）
横梁宽度：20.3 英尺（合 6.2 米）
吃水深度：15.7 英尺（合 4.8 米）
排水量：690 公吨（合 761 吨）
水上时速：17 节（合 31.4 千米）
水下时速：7.6 节（合 14.07 千米）
最大航程：6500 海里（合 12038 千米）
乘员数量：44
武器装备：14 发鱼雷，2 架 2 厘米口径双管高射炮，1 架 2 厘米口径四管高射炮

右图：德国海军的征兵海报。潜艇现役人员当时被视为海军中的精英。（图片由戈登·威廉姆森惠赐）

击沉"巴勒姆号"

1941 年 11 月 25 日，VIIC 系列中 U-331 型潜艇用鱼雷击沉了英国的"巴勒姆号"战列舰。其中一名船员海因里希·施密特（Heinrich Schmidt）回忆了当时的场景：

我们的指挥官在潜望镜中看到了英国舰队……指挥官命令所有的四个发射管做好准备，一切准备就绪，在距离英国舰队 500—700 米时，四颗鱼雷一齐射向"巴勒姆号"。第三颗鱼雷"鳗鱼"（我们正是这么称呼我们的鱼雷的）侵入"巴勒姆号"的弹药室，致使其在几分钟内沉没。这是一场悲剧。后来我们听说船上有 846 人遇难。"巴勒姆号"被击中后，"勇士号"战舰冲上前来，准备猛烈撞击我们，但就在那一刻，"巴勒姆号"爆炸了，"勇士号"战舰只好转身离开。[1]

[1] 摘自鲍勃·卡拉瑟斯（Bob Carruthers）：《魔鬼奴仆》（Servants of Evil），伦敦：安德雷·多伊奇出版社，2001 年。

064 B-17 轰炸机

在对德国进行战略轰炸期间,波音 B-17 轰炸机代表了美军的一种战术,即以重型轰炸机(起初没有安排战机护航)实施日间攻击,以别于英国皇家空军的夜间袭击。尽管关于这种战术是否明智仍存有争议,但这款飞机本身则成了在空中粉碎纳粹德国的主导力量。

日间雷达

在整个 1930 年代,所有大国都对轰炸机抱有绝对的信心,都认为后者具有大规模杀伤力,能够打赢战争。在美国,这种信心被一群美国陆军航空兵战术学校的军官所宣扬。结果,1934 年,美国陆军航空部队发出了制造多引擎远程轰炸机的设计招标。波音公司以惊人的速度,在短短一年内研发出了波音 299 型轰炸机,这是一种载弹量达 4800 磅(合 2200 千克)的四引擎低单翼轰炸机。1935 年 7 月 28 日,它完成了处女航。相传当地一家报社记者见证了这一飞行过程后,将它的外观形容成"空中堡垒"。这个绰号一直延续至今。此后,该轰炸机被官方正式命名为 B-17 型轰炸机。起初,美国对 B-17 型轰炸机下的生产订单非常少,但随着 1939 年欧洲战争的升级,生产订单逐渐增多。

最初生产的主要是 B-17E 型轰炸机。该机于 1941 年 9 月开始服役,相较于它的前辈,它的性能能得到了很大改进——双炮尾炮塔;电动的腹侧和背侧炮塔;为了提高高空轰炸的准确度而安装的巨大的垂尾。防御武器的配备不断完善,直至最丰富强大的机型 B-17G(总共生产了 8680 架),它配有 13 挺 0.5 英寸口径的勃朗宁机枪。"空中堡垒"的称号可谓名副其实。

下图:一架"空中堡垒"轰炸机在夕阳下的侧影。(图片由美国国会图书馆提供)

硬仗

总体而言,到战争结束时总共生产了近 18000 架 B-17 型系列轰炸机。它们曾在欧洲和太平洋两个战区服役,在 1942 年和 1945 年对抗德国的战略轰炸中所扮演的角色让人记忆犹新。美国的高空白天轰炸政策不足以对抗德意志帝国的重型防空武器,包括雷达矢量战斗机和综合防控系统。美国也为此付出了惨重代价。例如在 1943 年那次对施韦因富特和雷根斯堡发动的袭击中,美国的轰炸机编队遭遇到高性能的德国战斗机群,后者的数量远超前者。在 8 月 17 日的

上图:一架 B-17 轰炸机上的机组人员聚在一起,在日出之前查看简报,准备在第二次世界大战的最后几个月里对德国发起新一轮轰炸。(图片由美国国会图书馆提供)

攻击中,60 架 B-17 轰炸机被击落。在 10 月 14 日再次攻击施韦因富特时,77 架 B-17 轰炸机被 291 架德国战机击落,另有 121 架轰炸机需要大修。在这几次行动之后,美国暂时推迟了对德国的攻击。

虽然高空日间轰炸政策在整个战争中损

下图:战前的 1938 年 2 月,B-17S 型轰炸机在纽约上空飞行。(图片由罗伯特·福赛思惠赐)

右图和下图：1944 年英国伯里圣埃德蒙空军基地第 94 战斗群的 B-17G42-39775"弗雷尼斯"轰炸机。机身涂的是美国空军标准的灰褐色橄榄绿。1944 年 1 月，空军中尉威廉·希利（William Cely）驾驶这架飞机与德国空军战斗机交战，机身严重受损。整修过后，这架飞机继续服役了几个月，最终于 1944 年 11 月退役。（吉姆·劳里埃绘画作品，图片版权归鱼鹰出版社所有）

德国人的攻击

阿道夫·伽兰德（Adolf Galland）是德国战斗机飞行员中的王牌，也是一名军官，曾在第二次世界大战期间尝试过各种空军战术。他在其所著的《第一次和最后一次》（1955）中描述了自己攻击一架掉队的 B-17 轰炸机时的经历：

我距离他的机尾只有几百码，B-17 轰炸机一面开火，一面死命地躲避。此时，我的眼里只有这架拼命抵抗的美式轰炸机。当我用机载火炮开火时，敌机碎片四溅，发动机冒出浓烟，被迫丢弃全部机载炸弹。机翼上的一个油箱已经起火，机上人员准备跳伞逃生。无线电中传来特劳特罗夫特的叫声："注意，阿道夫！野马战斗机！我快把它打下来了！机枪卡住了！"

此时，随着四架"野马"战斗机的一轮爆炸声，我的头脑清醒了过来。我无疑击中了 B-17 轰炸机，它完蛋了。我还活着。我就这样飞走了。

失惨重，但 1943—1944 年生产的远程护航战斗机（参见本书第 248—251 页介绍的"野马"战斗机）的加入，弥补了 B-17 轰炸机的不足。与此同时，英国皇家空军轰炸机夜间轰炸的损失也是急剧上升，但不可否认，B-17 系列轰炸机和英国皇家空军的兰开斯特轰炸机给德国的工业予以了重创，B-17 型轰炸机的重型防御火力也赢得了向其攻击的战斗机飞行员的尊重。典型的 B-17G 轰炸机编队的 21 架飞机"战斗箱"共装备了

波音 B-17 型轰炸机——性能参数

乘员：10

发动机：4 台 1200 匹马力（合 895 千瓦）莱特旋风 R-1820-97 径向活塞式发动机

长度：79 英尺 9 英寸（合 22.78 米）

高度：19 英尺 1 英寸（合 5.82 米）

翼展：103 英尺 9 英寸（合 31.62 米）

最大航速：287 英里/时（合 462 千米/时）

最大飞行高度：35600 英尺（合 10850 米）

最大航程：2000 英里（合 3220 千米），载弹量 6000 磅（合 2772 千克）

武器装备：双炮机鼻、机尾、机腹、机背配有 13 挺 0.5 英寸口径勃朗宁机枪，沿机身配置单机枪；最大载弹量 17600 磅（合 7983 千克），实际载弹量通常是这个数字的一半

上图：一名轰炸机飞行员在格鲁吉亚本宁堡军事基地训练时的照片。美国 B-17 轰炸机的操作人员负责从高空对全欧洲范围内的目标实施日间精确打击。为此，他们使用了 1932 年最新研制出来的诺顿轰炸机瞄准器。其实，在实战中完成精确打击几乎是不可能的。（图片由美国国会图书馆提供）

273 挺机枪，它们每分钟可以发射超过 15 万发子弹。（这些枪弹的总重量比一家福克-沃尔夫 Fw190 战斗机还要重。）事实上，在高海拔和极端寒冷的冗长飞行任务中，由于引擎故障而丢失的 B-17 轰炸机的数量，比在战争中被敌机摧毁的还要多。

B-17 的出现具有历史性意义，这不仅是因其在对轴心国的轰炸中所起到的关键作用，还因其代表着一个空中轰炸时代的终结。第二次世界大战以后，在喷气式飞机和导弹的时代，数百架飞机在白天进行大规模袭击的情形是不可想象的。

065 T-34 坦克

1941年6月22日，在德国发动的"巴巴罗萨"行动中，轴心国集团的四百多万军队和60万车辆跨越了苏联边界。就在这一天，德国部队在白俄罗斯遇到一辆新型苏式坦克，后者的速度、装甲厚度和火炮威力令他们大吃一惊。这就是T-34坦克，到第二次世界大战结束之前，这种坦克一共生产了8万多辆，使其成为历史上最流行，也是最有影响的坦克。

苏式坦克

1930年代后期，苏联开始研制T-34坦克。苏联陆军一直在寻找BT-7快速坦克的改进方法，BT-7快速坦克的悬挂装置使它速度较高，但它的装甲薄弱，枪械装备不足。通过循序渐进地改进设计，T-34坦克被研制出来，它保留了BT-7的悬挂装置，但几乎彻底改变了BT-7坦克在其他方面的设计。

第一款投入生产的是T-34/76A型坦克，它具有许多独特之处。它的悬挂装置及很宽的履带降低了对地面的压力，这也使其可在深泥地或雪地里行进。它的装甲厚度很厚，装甲倾角很大；斜面装甲既增加了装甲深度，也使射击偏转的幅度更大。它使用12缸34升V-2型（V-2-34 V12）柴油发动机，这种发动机能够在任何温度

左图：制作中的T-34坦克。苏联坦克在实战中通常不如最优秀的德国坦克，但它们的总体性能和数量优势使其最终占了上风。制造一辆T-34坦克需要花费3000工时，制造一辆"黑豹"坦克则需5500工时。（博文顿坦克博物馆藏品）

上图：1943 年生产的 T-34/76 式苏联坦克模型。（吉姆·劳里埃绘画作品，图片版权归鱼鹰出版社所有）

和条件下运行，航程较大，而且在被敌军炮弹击中后的着火风险也比较低。它的最高时速为 34 英里/时（55 千米/时），比潘泽 III 型或 IV 型坦克的最高时速要高 6 英里/时（合 10 千米/时）。相比之前所有的坦克，该坦克配备了在战斗中能够摧毁任何坦克的高速 76 毫米长炮。

下图：一辆坦克的操作人员正在清理大炮的炮管，为下一次战斗做准备。1943 年间，红军损失了 14000 辆 T-34/76 式坦克。只有 25%—30% 的坦克乘员能在被击毁的坦克中幸存下来。然而，尽管损失惨重，红军仍能组织起大规模的坦克部队，确保它们蓄势待发。（博文顿坦克博物馆藏品）

上图：一辆 T–34/76 坦克在东线前进。（图片由莫斯科中央武装部队博物馆惠赐）

T–34 坦克之战

约翰·胡伯尔（Johann Huber）曾是德国潘泽 IV 型坦克的炮手，他在其自费出版的书 [其英译版书名《普鲁士战争》(2010)] 中回忆了自己 1944 年在东普鲁士作战的经历：

我们从拥挤不堪的洛尔巴恩脱身之后，没有再接着前进。突然，大约在下午 3:00 的时候，所有的马达都熄了火，周围一片寂静，我们接着听见左前方大约十点钟方向有人在开火。所有人都立即把目光投向那里，继而看到黑烟正在升起：左侧发现了 T–34 坦克！由于我们从昨晚就在洛克一带防守，所以俄国人至少前进了 60 千米……我立即估算了一下 T–34 坦克所在的森林边缘与我们之间的距离。它至少有 1400 米，因此没必要开火。在这个范围内，我们根本无法伤到 T–34 坦克的装甲。我们的火炮只有距这种坦克不足 800 米时才能奏效。T–34 坦克不断开火，在距洛尔巴恩 1200 米的地方有一片黑云，它一定击中了什么东西，有车辆在燃烧。此时，我们左侧的曳光弹开始发射。中了！T–34 坦克立刻开始起火。它是单独来的，附近没有别的坦克。

赢得战争

T-34坦克的出现震惊了整个德国。首先，它完胜德军的潘泽坦克，T-34坦克的装甲使其能够抵抗德军军火库中的大多数反坦克炮。一旦进入冬季，战场环境变得更加恶劣时，T-34坦克在松软土壤上的表现就更加卓越。

尽管有这些优势，但由于战术不当和机械保养不佳，在战争早期，大量T-34坦克被废弃。此外，德军的装甲和反坦克武器的质量和配置均有改善，这意味着数以千计的T-34坦克最终会被摧毁。然而，T-34坦克易于批量生产，所以，尽管大量T-34坦克被德军摧毁，但苏军却能随之生产出更多的T-34坦克。T-34坦克的设计也并非停滞不前。经过无数演变，包括T-34/85坦克，该坦克已配备了能击穿包括"黑豹"（Panther）坦克和虎式（Tiger）坦克在内的新一代德国坦克的85毫米坦克炮。仅1944年，苏军就生产了11000辆T-34坦克。

任何单一的武器都不可能战无不败，但T-34却是苏联军队的最爱。例如，在1943年7月和8月的库尔斯克会战中，苏军用5000多辆坦克对抗德军的近3000辆坦克。苏联在这次大战中的胜利足以挫败德军剩余武装再次在东线发起进攻的企图。T-34坦克的质量也意味着许多T-34坦克在进入冷战时代后继续服役，重炮、装甲和悬挂装置的设计继续影响着现今的军车设计师们。

下图：一辆决定胜局的坦克。这幅宣传照片反映的是T-34坦克部队解放乌克兰村庄时的情景。
（图片由莫斯科中央武装部队博物馆惠赐）

066 虎式 I 号坦克

在一本介绍史上最伟大的武器的书中,对德国虎式 I 号 VI 型坦克装甲战车的评价是有所保留的。若使用得当,它可能是最强大的装甲车辆,能够摧毁所面对的任何装甲对手,并且面对几乎所有的炮弹和子弹都坚不可摧。然而,其机械故障及其巨大的重量也令士兵们不堪重负。

王者风范

战前,当德军最高统帅部考虑制造一种更重型的、功能更强大、能够替代 III 号和 IV 号装甲战车时,虎式坦克的设计就已经开始了。克虏伯、保时捷和亨舍尔三人开始了长时间的设计,后者的设计最终通过,成为虎式 VI 号 Ausf E 型坦克装甲战车的原型,并于 1942 年 8 月投入生产。

虎式坦克是战场上很简单却最强大的坦克。它重达 61 短吨(合 55 吨),宽达 12 英尺 3 英寸(合 3.73 米)。它的装甲深度最大可达 4.33 英寸(合 110 毫米),但船体四四方方的配置降低了其效能。虎式坦克装备了 88 毫米高射炮,这种炮弹是公认的坦克杀手。

然而,一些问题从未被完全解决。坦克的庞大规模降低了其速度——公路最高时速为 24 英里/时(合 38 千米/时)——很少有桥梁能支撑其重量。虎式坦克在公路上行驶或越野时需要更换履带,这对后援部队来

右图:一组操作人员正在为虎式 I 号坦克加油。请注意坦克后面的人正在利用机会为坦克补充弹药。(德国联邦档案馆藏品,编号 Bild 146-1978-107-06)

讲是一项耗时的工作，在作战时更换履带也是危险的。其机械性能也并没有经过彻底测试，因为希特勒渴望虎式坦克能尽快上阵，因此它们被推上了1942年盛夏的东线战场，此后则在北非、意大利和北欧服役。

期待落空

虎式坦克在战斗中的表现所传递出的信息相当混杂。当一切运行良好时，虎式坦克是可怕的战斗野兽，机枪的高精准度和强大火力能攻击同其数量不成比例的盟军坦克。在1944年诺曼底战役之后的一次遭遇战中，一辆虎式坦克在被打败之前，击毁了25辆盟军坦克，阻挡了整路军队的前进步伐。当

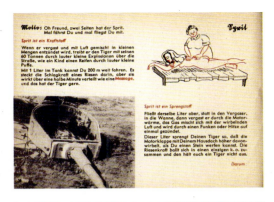

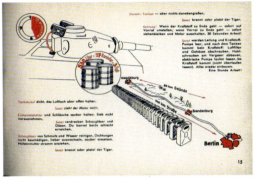

上图：这些图片选自所谓的《虎式坦克教程》，是为全体虎式坦克操作人员编写的基本地面操作规程。与其他德语说明书的枯燥乏味不同，这部教程使用了笑话和卡通画。

右图：虎式坦克的指挥官在炮塔上视野更加开阔，照片摄于1943年3月。（德国联邦档案馆藏品，编号 Bild 183-J05741，照片由恩斯特·施瓦恩拍摄）

第二次世界大战（1939—1945） 239

上图：1944年德国工厂内的工人正在为1号虎式坦克最后安装炮塔。
（德国军事档案馆藏品，编号 Bild 1011-635-3965-05，照片由赫本斯特莱特拍摄）

上图：1943年东线库尔斯克战场上的一辆虎式坦克。（德国军事档案馆藏品，编号 Bild 101III-Groenert-019-23A，照片由格鲁内拍摄）

德国制造出配备了更加强大的88毫米火炮和更厚的倾斜装甲的虎式II号坦克之后，盟军所面临的形势就更加严峻了。

但最终，虎式坦克的战斗力低于预期。它们在战场上并不灵活，当跨越松软地面和追踪更多的机动编队时，它们的能力也是有限的。坦克的重量导致发动机、制动器和传动装置高度绷紧，致使坦克经常出现故障。在东线，冬天的泥雪会塞满重叠的车轮，一夜之间就会冻结，导致车辆在早上无法移动。虎式坦克油耗惊人——阿登战役期间，德军的燃料物资开始枯竭，许多坦克由于缺乏燃料而成为一堆废铁。

虎式坦克的油耗量比之前预想的都要大更多。尽管如此，在开阔地带的战斗中，大多数盟军坦克在遭遇虎式坦克时都会处于非常不利的地位。

虎式 I 号 VI 型坦克——性能参数

乘员：5

发动机：迈巴赫 HL230P45V-12 型水冷式汽油发动机，转速 3000 转/分，可提供 700 匹马力（合 522 千瓦）

装甲厚度：1.02—4.33 英寸（合 26—110 毫米）

长度：27 英尺（合 8.25 米）

宽度：12 英尺 6 英寸（合 3.73 米）

高度：9 英尺 4 英寸（合 2.85 米）

重量：61 短吨（合 55 吨）

公路时速：24 英里（合 33 千米）/时

越野时速：12 英里（合 20 千米）/时

最大行程：62 英里（合 100 千米）

越障高度：2 英尺 7 英寸（合 0.8 米）

越壕宽度：5 英尺 11 英寸（合 1.8 米）

爬坡梯度：35 度

涉水深度：4 英尺（合 1.2 米）

武器装备：1 门 88 毫米口径 KwKL/56 式火炮，2 架 7.92 毫米口径 MG34 式机枪（一架同轴机枪，一架车体机枪）

067
M1"巴祖卡"火箭筒

美国早在第一次世界大战期间就已开始研制无反冲力的武器。最早的例子是罗伯特·戈达德（Robert Goddard）博士于1918年11月研制的一架无反冲力的火箭发射器，戈达德还将它展示给了美国陆军。然而，几天之后就停战了，这给他的事业帮了倒忙，人们兴趣大减，这个研究项目逐渐停了下来。但在1941年，形势出现了戏剧性的逆转。除了反坦克大炮，美国陆军并没有专门对抗德国或日本装甲的步兵武器。空心装药破甲弹是一种能够对抗坦克的武器，这种破甲弹的弹头能使爆炸产生的能量集中于一个中心点。但它还需要一个传递装置。

简单设计

M1火箭筒是莱斯利·斯金纳（Leslie Skinner）上校和戴维·厄尔（David Uhl）中尉心血的结晶，他们受托设计一种用来击败坦克的手持武器。1942年5月该设计首次亮相，通过测试，"M1式2.36英寸口径反坦克火箭筒"开始进入军队服役。通用电气公司被委托制造5000个M1式火箭筒，令人难以置信的是，他们在不到30天的时间内就完工了。

M1式"巴祖卡"火箭筒基本上是一个肩扛式发射器，用于发射M6式聚能火箭，这种火箭弹头的破甲深度可达4.5英寸（合114毫米），最大射程达400码（合366米）。早期存在于炮弹和发射器方面的问题在后期的改进型——发射M6A1式火箭的M1A1式火箭筒中得到了解决，这种火箭筒从1942年底开始生产。

左图：如图所示，"巴祖卡"火箭筒的大小易于便携操作。（图片由美国陆军通信兵提供）

上图:"巴祖卡"火箭筒的迷人之处在于它非常简便易用,并非只有专业人员才能操作,相反,单个巡逻的步兵也可以训练使用"巴祖卡"火箭筒。(图片由美国军方提供)

坦克杀手

"巴祖卡"火箭筒不断改进,主要问题是火箭弹会粘在炮管上并有自炸危险,在极热或极冷的条件下容易出现故障。然而,设计人员不断改进生产出各种型号的"巴祖卡"火箭筒,如M9型和M9A1型火箭筒,这些火箭筒成为美国陆军高效耐用的武器。其弹头尽管根本不是最重型坦克装甲的对手,但却仍能摧毁轻型装甲车辆,如M9火箭筒可以击穿5英寸(合126毫米)厚的装甲,并在攻击敌人的碉堡、掩体或其他位置时发挥作用。此后,"巴祖卡"火箭筒配备了白磷弹

右图:在这幅摆拍的照片中,一名火箭筒射手在展示自己如何狙击德式"黑豹"坦克。其实,火箭筒射手不可能瞄准"黑豹"坦克正前方的厚装甲,而更有可能会去寻找坦克的薄弱环节。(图片由美国军方提供)

"铁拳"反坦克榴弹发射器

"铁拳"反坦克榴弹发射器是1943年10月之后德国大规模生产的一种无后坐力反坦克武器。简单来说,"铁拳"是一根尾部装有喉管型喷嘴(这种装置可以缓冲火箭爆炸引起的后坐力)的钢管,前端可以填装带有尾翼的球状火箭弹。发射炮弹时,它的推力来自发射筒内的火药,而非来自火箭弹,故其射程有限。就60式"铁拳"来说,其孔径瞄准具依次为30米、60米和80米。

和燃烧弹,增强了人员和武器的杀伤力。

恰当地使用"巴祖卡"火箭筒需要勇气和智慧。它们在发射时会产生后喷高压火药燃气。为了确保击中目标,一名士兵经常要挨得很近,这就需要勇气和沉稳。然而,在第二次世界大战后期,无后坐力反坦克炮对装甲而言是一个真正的危险。德国人研制出精良的火箭发射器,如88毫米口径的"坦克杀手"(这种火箭发射器类似于"巴祖卡"火箭筒,其研制开始于美国租借的坦克在东线被俘获之后)和"铁拳"反坦克榴弹发射器。"巴祖卡"火箭筒战后在韩国服役,直到后来的越战爆发时,3.5英寸的M20式超级"巴祖卡"仍在服役。这种简易的设计被证明经久耐用。

下图:"巴祖卡"的德国版本——"铁拳"反坦克火箭筒,火箭筒上的红色字样为"危险!火焰喷射!"(图片由美国军方提供)

068
MP40 冲锋枪

在第二次世界大战期间生产的各类冲锋枪中，MP40 算不上最好，在某些方面甚至更差。然而，这种评价有失公允。因为 MP40 冲锋枪这种近战武器，成功地满足了战时大规模生产的需要，这是所有交战国都求之不得的事情。

火力升级

西班牙内战中的教训使德国意识到对一种新型冲锋枪的需要，以增加其步兵军队的火力。螺栓行动步枪是一种射程远、射击精度高、适用于重度消耗战的机枪，但对近距离突击作战来说，冲锋枪才是理想的选择。根据设计，厄尔玛兵工厂在海因里希·沃尔默（Heinrich Vollmer）设计的基础上研制出了全新的施迈瑟 38 型冲锋枪，即 MP38。

MP38 冲锋枪不同于任何其他的冲锋枪。最引人注目的是，MP38 冲锋枪是全金属构造，钢制折叠式枪托仅包含两个支撑臂和一个肩板。这是一种简单的 9 毫米口径后坐力枪械，自动发射速度仅为 500 转/分，弹匣为单柱，容量仅为 32 发。它非常智能，采用自由机枪式工作原理，机枪后座带动击针运动，如金属条和钩桶下方，使枪可以通过装甲车端口，而不用担心损害枪管本身。

MP38 冲锋枪于 1939 年进入德军服役，一个 10 人的步兵队中至少有一人配备 MP38 冲锋枪，从而显著增强了班组作战的威力。

上图：1941 年 8 月，东线的德国士兵正在搜索躲在卡诺杰村庄里的盟军部队。（图片由托普图片社提供）

上图：如图所示，美国陆军的 MP40 式冲锋枪类似于 M3 式"注油枪"。（美国国家档案馆藏品，图片由汤姆·雷姆莱恩提供）

（从 1943 年末以来，班的建制缩小到 9 人，但其中 2 人仍然配备了冲锋枪。）这种冲锋枪表现上佳，但它的弹仓造价高昂而且生产速度慢，为了满足战时的成本和分配条件，MP38 必须进一步改进。

廉价武器

经过不断改进，两年后，MP40 冲锋枪就被研制出来并投入作战。MP40 与 MP38 大同小异，但根据分包商的不同条件，生产时采用了更经济的生产工艺和材料。其结果是冲锋枪数量激增，战争期间共生产出一百多万挺 MP40 冲锋枪。除了步兵队长和排长，伞兵和装甲兵同样欣赏 MP40 冲锋枪的可用

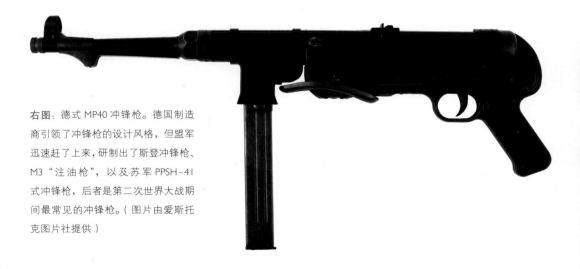

右图：德式 MP40 冲锋枪。德国制造商引领了冲锋枪的设计风格，但盟军迅速赶了上来，研制出了斯登冲锋枪、M3"注油枪"，以及苏军 PPSH-41 式冲锋枪，后者是第二次世界大战期间最常见的冲锋枪。（图片由爱斯托克图片社提供）

上图：一名党卫队士兵手持一挺 MP40 冲锋枪站在配备 Kar98k 步枪的队友旁边。在第二次世界大战的最后两年里，每 9 名德军当中就有 2 名配备了冲锋枪。（德国联邦档案馆藏品，编号 Bild 183-97906，照片由史莱姆拍摄）

性和火力，其射速弥补了它在超过 100 码（合 91 米）射程时射击的误差。

MP40 冲锋枪是近距离火力与战时大规模生产的完美结合，这是所有参战国都试图实现的终极目标。以英国为例，1941—1945 年间，英国一共生产了 400 万挺斯登冲锋枪。这种冲锋枪的结构异常简单，这就意味着数以百万计的盟军士兵手上都有了额外的火力。同样，美国生产了 70 万挺以冲压废料和冲压件为制作材料的 M3 式 "注油枪"。他们制作以上这些简易的冲锋枪，目的只是为了在战斗中能够致敌军士兵于死地。

PPSH-41 式冲锋枪

战争期间苏联最经典的冲锋枪是 PPSH-41 式冲锋枪。这款由格奥尔基·斯帕金（Georgi Shpagin）设计的冲锋枪是集可靠性、简易性与强火力于一身的杰作。它的射速达 900 转/分，使用 35 轮弹匣或 71 发弹鼓发射 7.62 毫米口径的枪弹，这使其成为一种毁灭性的近距离杀伤武器，而且，在野外条件下它极易保养和携带。即使在最糟糕的环境中，它也很少发生故障。到 1945 年，总共生产了 500 万挺 PPSH-41S 式冲锋枪，这使得每个红军步兵编队得以配备 3—4 挺 PPSH-41 式冲锋枪，整个军队直至营级也都配备了这种冲锋枪。

069 P-51"野马"战斗机

北美P-51"野马"战斗机的故事说明,发动机的改进如何能使一架普通飞机变成一架卓越的战斗机。它在第二次世界大战后期担任远程护卫者的经历,也改变了对德国实施战略轰炸的性质。

发动机革命

1940年4月,英国请求美国制造商为陷入困境的英国皇家空军制造P-40战斗机。然而,北美公司制造出了一种全新的战斗机,绰号"野马"。由于采用了先进的层流翼型设计,这种战斗机的最高速度达382英里/时(合615千米/时),加之它强大的航程和良好的可操作性,"野马"战斗机让英国一见倾心,共配备了620架"野马"MK IA型战斗机和"野马"MK II型战斗机。美国参战后,在1942年配备了310架P-51A型"野马"战斗机,此后数量也越来越多。

P-51式战斗机采用艾里逊发动机,这是其最薄弱的一点。安装在"野马"战斗机上的艾里逊发动机最好的版本是V-1710-81型,这种发动机型马力达1200马力(合895千瓦),使得战斗机的最高时速达390英里/时(合627千米/时)。这种性能十分优良,但只适用于在4572米以下的低空范围内使用。因此,"野马"战斗机是一种很好的低空战斗机和地面攻击机,但不适合高空护

左图:美国空军第4战斗机大队队长唐·金泰尔(Don Gentile)正在注视他的地勤组长约翰·费拉尔(John Ferrar),后者在帮他更新驾驶这架绰号"香格里拉"的P-51B型战斗机的战绩。金泰尔自称曾于1942年8月至1944年4月间击落21架敌机。(图片由美国空军提供)

上图:"野马"战斗机在重回前线之前许多部件都经过彻底整修。(图片由戴维·梅厄惠赐)

航的角色,而高空性能良好的战斗机对1942年以后的盟军战略轰炸来说至关重要。

1942年10月,英国首先提出解决方案,随后被美国采纳,决定将"野马"战斗机的引擎换为劳斯莱斯梅林发动机。结果,"野马"战斗机的性能有了很大提高。其最大平飞速度立刻提高到441英里/时(合710千米/时),高空性能也得到提高,后来的P-51H型"野马"战斗机可以487英里/时(合784千米/时)的速度在25000英尺(合7620米)的高空飞行。此时,"野马"战斗机即将显示出其真正的潜力。

上图:1944年7月11日,"野马"战斗机从一次轰炸机护航任务中返回。(图片由史蒂夫·戈特斯惠赐)

上图：第352战斗机大队1944年后期整齐停放的"野马"战斗机。（图片由比尔·艾斯比惠赐）

战斗机的战术

1943—1944年间，德国空军改变了战斗机的战术，以应对日益增多的美国护航飞机。过去的战斗机通常是对目标进行高速俯冲，同时猛烈开火，在敌机尚未还击之前就已逃离。由于德国战斗机的必要载弹量有所增加（许多战斗机上的20毫米口径火炮换成了30厘米口径火炮），从而降低了战机的性能。为了摧毁敌方轰炸机，单座战斗机必须对火力进行升级，因为双引擎Me110式战机的武器装备已经无法胜任新的作战环境。后来，一些战斗机编队采用了"密集突击"战术。先由配备火炮的福克-伍尔夫Fw190式战斗机以密集编队的形式攻击敌军轰炸机，同时安排若干架重量较轻的Bf109G式战斗机进行护航。这种战术偶尔也会取得相当可观的战果，但随着盟军战机数量占到绝对优势，即便再聪明的战术也无济于事。

下图：自1944年春天起，"野马"战斗机安装了K-14枪炮瞄准器。这种瞄准器没有采用人们预期的十字瞄准线，而是在屏幕中央设置了一个黄灯，周围有6个钻石形状的亮点。这是一种回转式瞄准器，飞行员可以根据敌机的机翼进行预设。飞行员会收到操作手册，上面介绍了瞄准器的使用方法和设定目标的位置。

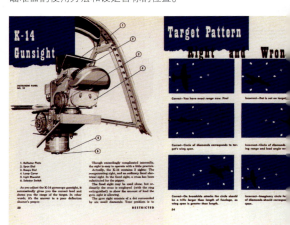

上图和右图：1944 年，第 357 战斗机大队第 362 战斗机中队的李奥纳多·"吉特"·卡森（Leonard "Kit" Carson）上校驾驶的一架 P-51K-5 "野马" 44-11622 战斗机。卡森是他所属飞行大队的王牌飞行员，确定拥有 18.5 次击落敌机的纪录。（吉姆·劳里埃绘画作品，图片版权归鱼鹰出版社所有）

远程战斗机

驾驶 P-51 型 "野马" 战斗机是每位战斗机飞行员的梦想。它可以转弯，俯冲，速度可与最好的德国战斗机相媲美，机翼上配备的 6 挺 0.5 英寸口径的机枪可以粉碎其视线内的任何物体。在 P-51D 型 "野马" 战斗机（区别于之前配备的 4 挺机枪，该型号的 "野马" 战斗机首次配备了 6 挺机枪）中使用了气泡式座舱罩，从而扩大了飞行员的视野，配备的翼下炸弹和火箭弹也使该战斗机对敌军地面部队和空军基地造成很大威胁。

最初，"野马" 战斗机的续航力不足以支撑其护送轰炸机一直到柏林，再从英格兰南部返回出发地的这段距离。从 1943 年年底开始，随着 75 加仑可抛式副油箱的采用，问题逐步解决，使得 P-51D 型 "野马" 战斗机的航程达到 2092 千米。至此，德国的战斗机不仅无法再给轰炸机护航，还得对抗美国的 "野马" 战斗机。

P-51 型 "野马" 战斗机是一种真正的主力战斗机，美国起初还在犹豫要不要采用，但最终则生产了 15586 架该战斗机。"野马" 战斗机改变了德国上空的武力平衡。

070
MG42 机枪

在《凡尔赛和约》禁止德国生产的众多产品当中，有一种是连续自动开火的武器。德国人把生产机枪的工厂设在瑞士靠近德国边界的地方，从而轻松地突破了这条限制。德国人先是生产出7.92毫米口径的索伦森30型机枪（由德国莱茵金属与博尔西克公司控制下的瑞士索伦森公司生产），继而在1932年大量生产MG15机枪。MG15主要是一种航空机枪，但却在许多方面进行了升级，比如它的75发马鞍形弹鼓、长圆筒形的设计、旋转螺栓反冲操作系统和快速更换枪管设施。

批量生产的机枪

MG15型机枪催生了伟大的MG34型机枪，该机枪在MG15型机枪的基础上有很多改进，其中最显著的是它既可以用弹链直接供应250发子弹，也可以用75弹鼓供弹。它的射速高达900转/分，是一种真正的"通用机枪"。就本质而言，MG34型机枪根据其安装和瞄准架设的不同，可以承担不同的角色。当被架设在三脚架上并配备长程照门时，它可以作为能够提供持续火力的重型机枪使用或作为防空武器使用。当被架设在两脚架上时，MG34型机枪可以作为轻型突击机枪使用（MG34采用风冷式系统，重量轻，可由一人携带），提供密集进攻或防守火力支援。

左图：德国士兵正在为MG34机枪装弹，这款机枪是世界上第一款真正意义上的"通用机枪"。照片大约拍摄于1939年。（图片由史蒂芬·布尔惠赐）

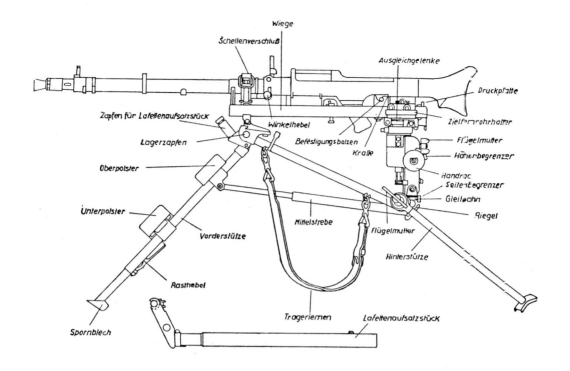

整个战争过程中，MG34 型机枪一直在德国前线服役。它的问题主要是：造价昂贵，生产速度慢。德国所需要的是一种能够提供同等火力但造价低廉能够进行大规模生产的武器。

上图：如图所示，MG34 机枪可以通过三脚架来固定。MG34 机枪是 MG42 机枪的直接先驱。（选自韦伯 1938 年出版的《步兵教程》，图片由史蒂芬·布尔惠赐）

下图：德国 MG42 机枪，第二次世界大战末期曾被德国陆军广泛使用。（图片由 AKG 图片社提供）

体验 MG42 式机枪

奥尔巴尼公爵团第五步兵团英国陆军上尉军官阿拉斯泰尔·博思威克（Alastair Borthwick）回忆起他面对 MG42 型机枪的那一刻。英国士兵经常以"斯潘道"为名称呼 MG42 式机枪。

关于斯潘道，有些事情极具个人色彩。它不是瞄准一块地域；它会瞄准你，而且它的射速惊人。它射击时的声音富有报复性。每次开始射击前都会发出一种古怪的类似打嗝似的声音，所以射出第一发子弹的声音很明显，随后的射击所发出的声音则类似撕裂麻布的声音。它们发出的这种声音在任何战场上听来都是最独特的……①

① 阿拉斯泰尔·博思威克著：《军营：从阿拉曼到易北河战场的英国步兵团体行动，1942—1945》，伦敦：巴顿·维克斯出版社，2001 年。

下图：1945 年年初，两名德国士兵正在阿登地区使用 MG42 式机枪。（图片由阿尔斯坦·比尔德拍摄，AKG 图片社提供）

破坏性影响

MG42 型机枪正是德国所需要的那种机枪。由毛瑟兵工厂生产的 MG42 型机枪造价低廉，采用更简单的压制－冲压－焊接制造工艺，独特的滚柱撑开式闭锁系统使其开火速度非常猛烈，达到 1200 转/分。此外，在实际作战中，它比 MG34 型机枪更可靠，可以完全胜任德军的战术需要。士兵可以在几秒钟内更换枪管。

对那些面对 MG42 型机枪的士兵来说，这是一种可怕的武器。机枪射击发出的撕裂声为它赢得了"希特勒的电锯"这样的绰号，单挺 MG42 型机枪就能阻击整个连队。为了对付这种机枪，盟军的进攻不得不依靠迫击炮或火炮支援，或在德军更换枪管的瞬间进行攻击。对德国运营商来说，MG42 型机枪的最大问题在于控制它奇高的弹药消耗。机枪手不得不控制射击单个敌军所使用的子弹数量，但就是一两秒钟射出的子弹数量亦足以将人撕裂开。

整个战争期间，大量的 MG42 型机枪被生产出来，造成欧洲前线数以千计的死伤。由于 MG42 型机枪超绝的品质，1950 年代，原型 MG42 式机枪改用北约 7.62 毫米枪弹，并作为德国联邦国防军的标准机枪被投入生产，MG42 式机枪的衍生型机枪至今仍在军队服役。

071 Me262 战斗机

Me262 型喷气式战斗机是一种划时代的战机。它虽然早在 1938 年就开始研发，但仅研制出有效喷气发动机就用了超过四年的时间。它采用的是容克 109-004A-0 型涡轮喷气引擎，于 1942 年 7 月 18 日完成首飞。由于希特勒对该项目的私人干涉（他想把 Me262 主要设计成一种轰炸机），外加德国战时工业的无数竞争需求，这款飞机迟至 1944 年才投入生产并作为战斗机服役。随着盟军飞机几乎每天都对德国城市进行轰炸，德国人希望借助这款革命性的战斗机来扭转自己在空战中的颓势。

极速杀手

Me262 型战斗机在当时是一款令人耳目一新的飞机。它的机身非常光滑，两侧机翼下方都安装了发动机。它的性能特点远远超出了当时盟军的任何一种战斗机型。它的最高时速可达 541 英里/时（合 870 千米/时），可以在 7 分钟内爬升到 30000 英尺（合 9144 米）的高空。它的机鼻上集中装备了 4 门 MK108 30 毫米加农炮，随后的衍生机型还装备了 24 个 R4M 高速空对空火箭，直接射向敌人的轰炸机编队。希特勒想要把 Me262 型战斗机改成轰炸机，所以，Me262A-2a 型"海燕"战斗机可以装备 1100 磅（合 500 千克）的炸弹。这种战机的主要缺陷是它的续航时间仅有一个小时，低空作战能力比较弱。而且飞机容易熄火，故障率较高。

左图：1944 年拍摄的 Me262 战机照片，飞机头部的火炮发射孔清晰可见。（图片由 AKG 图片社提供）

上图：1945年4月17日，快速突进的美国军队发现了一架状况良好的Me262战机，机上竟然还有大量子弹。（图片由盖蒂图片社提供）

喷气战术

1944年中期，Me262型战机才出现在战斗中。当它的数量开始增加时（这种机型总共生产了1430架），盟军飞行部队开始警觉起来。执行拦截任务时，Me262型战机飞行员的主要策略是从6000英尺（合1828米）的高空快速俯冲到敌军轰炸机编队的上方，带着加农炮的强大火力，以超出枪手或护航战斗机可以驾驭的速度突破敌军的飞机。事实上，这样的战略部署使Me262型战机的速度太快，以至于飞行员没有时间瞄准目标，所以德军对这种战术进行了修改，使Me262型战机俯冲穿过敌军的轰炸机，然后调节油门减缓速度，爬升到锁定目标之下，在约650码（合594米）的范围内开始对敌军进行毁灭性的攻击。

这样的战略部署使得Me262S型战机成为盟军的威胁。1945年3月18日的一次战斗中，仅一架Me262型战机就击落了12架美军轰炸机和一架战斗机。随之出现了Me262型战机的王牌飞行员，如霍普特曼·沙尔（Hauptmann Schall）就曾击落17架战机，其中包括10架美国P-51型战斗机。

在高速战斗中，盟军的战斗机飞行员几乎对Me262型战机无能为力。但当它返回基地或降落在地上时，情况就大不一样了，盟军的地面攻击能摧毁数十架Me262型战机。在低空作战时，Me262型战机同其他任何飞机一样，也容易遭到重型防空炮火的袭击。与德国所有其他战斗机一样，Me262型战机出现得太晚了，远远达不到扭转战局的需求。然而，它却显示了战斗机发展的真正方向。

第二次世界大战（1939—1945） 257

击落 Me262 战机

虽然盟军战斗机的性能不如 Me262 战机，有些飞行员依然能在空战中奋力将其击落。苏联王牌飞行员伊凡·阔日杜布（Ivan Kozhedub）就是其中之一。下面这段文字是他对 1945 年 2 月在奥德上空击落一架 Me262 战机经历的描述：

我立即加速，把战斗机的油门开到最大，径直扑向敌机。我从它的后方追了过去，很快就距离喷气机不足 500 米。我的战机在操作性、灵活性和速度方面都很优秀，这就使我能够追上猎物。

但这是怎么了？有曳光弹飞向敌机，显然我的僚机驾驶员按捺不住开火了！我暗自咒骂蒂塔伦科，因为我敢肯定，我的计划被他破坏了。然而，他发射的曳光弹无意中却帮了我，因为德国飞行员开始向左转弯，正好转到我这边来。我们之间的距离急速缩小，我和敌机几乎要贴上了。我抑制不住内心的激动，马上开火，那架梅塞施密特 262 战机应声爆炸，变成碎片坠向大地。①

---

① 摘自托尼·霍姆斯（Tony Holmes）：《王牌战机——空战传奇》，牛津：鱼鹰出版社，2004 年。

下图：为了防止盟军轰炸机的破坏，Me262 型战机经常被隐藏在地下，比如图林根州山区的地下工厂。（德国军事博物馆藏品，编号 Bild 141-2738）

072 V 型弹道导弹

第二次世界大战期间，当希特勒成为众矢之的时，他开始日益关注报复性武器技术的进展，企图为德国赢得战略和战术上的优势。此类武器可分为若干种，其中最著名也是最有影响的要数 V-1 飞弹和 V-2 弹道导弹。

报复性武器

复仇者 1 型火箭（V-1）最先出现于 1943 年，并迅速投入生产。从本质上讲，V-1 型火箭是一种顶部安装脉冲式喷气发动机的无人驾驶飞行器，机鼻上配有大型导弹弹头。它的航程仅有 130 英里（210 千米），投弹方式为斜坡发射或通过改良的轰炸机投掷。导弹在向目标方向发射出去之后，由导引陀螺仪"引导"其射向目标。当到达目标时，里程表会推进炸弹向前俯冲到落点。

从 1944 年 6 月 13 日一直到战争结束，一万多枚 V-1 系列飞弹袭击英格兰，只有 3531 枚飞弹击中了要害，其余的飞弹或者遭遇机械故障或者被英国的战机或防空武力击落。V-1 型火箭共导致 6184 人丧生，近 1.8 万人受伤。尽管这一战果与德军的战略轰炸相比显得微乎其微，但因其造价相对低廉，而且已经击落了相当数量的英国战斗机，V-1 型火箭也不失为一种有效的作战武器。

弹道导弹

V-2 弹道导弹完全不同于 V-1。它全长约 45 英尺 9 英寸（合 14.04 米），弹道很长，最大速度可达 3600 英里/时（合 5790 千米/时），最大飞行高度甚至捱近太空的边缘。可负载 2150 磅（合 975 千克）弹头，最大射程接近 200 英里（320 千米）。

V-2 弹道导弹值得大书特书。V-2 弹

上图：V-2 系列导弹通常都是在隧道中制造而成，以防被盟军发现。图中是米特尔沃克隧道中正在制造的 V-2 导弹。（图片由美国国家档案馆提供）

上图：一枚蓄势待发的V-2导弹。（图片由美国国家档案馆提供）

下图：1944年6月19日，在首批飞往伦敦的V-1飞弹中，有一枚对肯特镇造成了严重破坏。（图片由镜像图片社提供）

道导弹的超音速使其防不胜防。它以乙醇和液态氧作为燃料，火箭点火仅需一分多钟，陀螺仪和加速度计导引其发射方向。在预先设定的高度，发动机会切出，V-2受惯性推动继续射向目标。

德国于1944年5月开始生产V-2弹道导弹，并于1944年9月8日首次出征，袭击了英国。自此以后，3000多架V-2S弹道导弹射向英国和其他西欧国家，特别是安特卫普（比利时省份），致使2754名伦敦人丧生，6523人受伤。不过，多达10%的V-2弹道导弹都出现了机械故障。

然而，V-2弹道导弹的生产时间和成本远远超出了战时德国所能负担的限度，而且统观全局，这种大额投资并未带来显著的战略红利。不过，V型弹道导弹向世界揭示了远程导弹在未来战争中的使用潜力。战后，

上图：1944年"闪电战"行动中，一枚V-1飞弹正在飞往伦敦。（美国国家档案馆）

参与V型弹道导弹项目研发的127名德国工程师前往美国，在那里，他们帮助美国人研制了PGM-11"红石"核武弹道导弹，它由V-2弹道导弹发展而来，并于1958年开始服役。苏联同样获得了V型弹道导弹的研发工程师和V-2弹道导弹的原型机，并直接在V-2弹道导弹的基础上研制出两种弹道导弹。V-1弹道导弹同样预示了战后的导弹技术，为地对地战略巡航导弹提供了一个概念性的开端。V型弹道导弹没有影响世界战争的结局，但却塑造了冷战的本质。

卫兵教堂事件

1944年6月18日星期日，一大群平民和士兵，聚在伦敦白金汉宫附近惠灵顿兵房旁边的卫兵教堂进行晨祷。上午11:20，在没有任何警示的情况下，一枚V1飞弹击中教堂，转眼变成一大堆瓦砾。应急救援队火速赶往现场，开始从废墟中抢救受伤人员。这一救援行动持续了48小时才告完成。最终的伤亡名单是：121人死亡，141人重伤。一系列类似事件的发生，促使英国政府决心研制新式武器，应对V型导弹的威胁。

> 它是一种外形像雪茄、尾部冒火、噪声骇人的东西。
> ——约翰·布雷希尔（John Brasier），V-1型导弹攻击过程的目击者

第二次世界大战（1939—1945）

上图：美国空军第九飞行大队在法国北部发现了一枚只有轻微损伤的V–I导弹。（图片由军事历史研究所提供）

FI-103A-1 V-1 型飞弹——性能参数

长度：25英尺4英寸（合7.73米）

翼展：17英尺6英寸（合5.33米）

弹头：1870磅（合850千克）
阿马图高爆炸药

最大巡航速度：4500英尺高度415英里/时
（合1375米高度767千米/时）

最大航程：125—130英里
（合200—210千米）

V-2 型导弹——性能参数

长度：45.9英尺（合14米）

弹头：弹头重2150磅（合975千克），内有1609磅（合730千克）40/60阿马图高爆炸药

最大巡航速度：4500英尺高度415英里/时
（合1375米高度767千米/时）

最大航程：125—130英里
（合200—210千米）

073
原子弹

早在 20 世纪初，理论界就已开始探索从原子中释放能量的可能性。然而，尽管在这一理论方面欧洲处于领先地位，但是掌握这种理论并将其转化成武器的过程，却是由美国来完成。原子弹问世之后，世界历史的政治和战略格局就再也不可同日而语了。

曼哈顿计划

研制原子弹的竞赛发轫于 1939 年。同年 8 月，世界上最伟大的物理学家爱因斯坦警告美国总统富兰克林·罗斯福（Franklin Roosevelt），德国正在积极研发原子武器。第一个研制原子武器成功的国家将会成为世界的主导力量。这一由科学家利奥·西拉德（Leo Szilard）、尤金·维格纳（Eugene Wigner）[和爱德华·泰勒（Edward Teller）] 带给爱因斯坦的消息，刺激美国政府开始采取行动。

1942 年，美国启动了"曼哈顿工程师计划"。这是历史上规模最大、造价最高昂的工业项目，其唯一目的就是研制出世界上第一个原子武器。在军事工程师莱斯利·格罗夫斯（Leslie Groves）上校无情而强效的控制下，该项目汇聚了来自英美两国最伟大的科学家。他们面临的挑战不仅包括研制核弹，还包括研发如何产生足够的钼和钚，以达到爆炸必要的"临界质量"。

同战后的许多核武器相比，第一颗原子弹是核裂变装置，利用铀-235 和钚-239 的重原子核的裂变链式反应原理。原子裂变释放中子，这些中子则会轰击其他铀核，导致

右图：在美国俄亥俄州代顿市莱特·佩特森空军基地的美国空军博物馆中展出的"小男孩"复制品。"小男孩"是一种枪式结构的核裂变武器，通过爆炸将一块核装药射向另一块核装药，两块核装药的骤然结合就会引发大规模核裂变和爆炸。（图片由阿拉米图片社提供）

第二次世界大战（1939—1945） 263

上图：B-29"艾诺拉·盖伊号"轰炸机的空中和地面人员，他们投掷了世界上第一颗原子弹。（美国国家航空航天博物馆藏品，照片由乔治·E.斯坦利拍摄，由史密森图片社提供）

一系列铀核持续裂变，并释放出大量核能。1945年7月16日，在新墨西哥州的沙漠上，当一个钚装置被22000短吨（合22千吨当量）的TNT烈性炸药所产生的力量引爆时，曼哈顿工程项目达到了极盛期。

投掷原子弹

1945年8月6日，B-29"艾诺拉·盖伊号"轰炸机在日本广岛上空约1900英尺（合580米）的高空投下第一颗铀原子弹"小男孩"，由此拉开了核战争的序幕。原子弹爆炸引发的热线远远高于普通太阳照射的热量，释放的能量约等于13万吨烈性炸药，致使7万人当场死亡，4.7万英里（合12平方千米）土地被毁。随后几个月中，数以万计的人死于烧伤和辐射中毒。三天后，美国向长崎投掷了钚原子弹"胖子"。对美国而言，轰炸达到了预期效果，迫使日本无条件投降。

战后国际政治的主导力量是原子弹和核武器，核武器是利用原子核聚变而不是核裂变释放能量；核聚变释放的能量以百万吨计，而非以万吨计。军事指挥官们对原子武器的应用争论不休，特别是随着越来越多的国家——苏联于1949年，英国于1952年，法国于1960年，中国于1964年和印度于1974年——引爆其第一颗原子弹试验设备，并逐步开始研制核武器。核武器的研制最初出于战略和战术需要考虑，并有意将其应用于反舰和反潜战斗，一些早期指挥员认为那不过是常规军火武器的衍生。美国差点儿在1950—1953年的朝鲜战争中再次使用原子弹，但此后核武器成了冷战对峙的重要因素，任何一方都有能将整块大陆变为废墟的核武器库。在人道力量的帮助下，苏联和西方从未进行此类战争，但恐怖分子诱发核冲突的威胁依然存在。

上图：1945年8月9日长崎原子弹爆炸后升起的烟柱。这种蘑菇云在空中高达11英里（合18千米）。（图片由美国国会图书馆提供）

下图：被"胖子"原子弹击中之后两个月，长崎仍是一片废墟。（图片由阿拉米图片社提供）

上图：长崎和广岛为后来的核试验开启了大门，图为1946年7月比基尼环礁的核试验场景。（图片由美国国会图书馆提供）

上图：1945年8月6日，"艾诺拉·盖伊号"轰炸机的飞行员保罗·蒂贝茨（Paul Tibbets）上校起飞前向摄影师挥手致意。（图片由阿拉米图片社提供）

原子弹的威力

下面这段文字选自美国政府于1946年7月1日发布的《战略轰炸评估》报告，描述了广岛原子弹爆炸造成的影响：

亲历原子弹爆炸的人描述的都是同一景象。炸弹爆炸时发出了蓝白相间的巨大亮光，就像一盏巨大的闪光灯。亮光持续了一小段时间，散发出耀眼的光芒和巨大的热量。随之而来的是巨大的冲击波，还有隆隆的爆炸声。据在爆炸中心附近幸存下来的人回忆称，这种声音并不明显，但15英里外的人却听得十分清楚。巨大的雪白色烟柱迅速冲向云霄，地上的景象先是被一片浅蓝色的烟雾遮蔽，继而被一层紫色和棕色相间的烟尘笼罩……

亮光持续了不到一秒钟时间，但却足以对一英里之内暴露在光照下的人的皮肤造成三级烧伤。人们的衣服被引燃，但很快被扑灭，电线杆被碳化，茅屋开始起火。外表呈黑色或其他深颜色的易燃物吸收了热量，立即被碳化，或冒出火焰。外表呈白色或其他浅颜色的物体则折射掉了相当多的辐射，所以没有被烧毁。在一英里内，日式屋顶上覆盖的又黑又重的瓦片被烧出了气泡。华盛顿的国家标准局对这种瓦片的样本进行了检验，发现只有在温度超过1800度的情况下，才会使瓦片的表面出现这种效果。几乎在一英里内，暴露在强光下的花岗石材料出现了裂隙和斑痕。在地面的零点位置（即爆炸正中心的下方），遇难者的尸体高度碳化，身份已无法识别。

现代战争

（1945年至今）

MODERN WARFARE 1945–PRESENT

074
AK47 步枪

AK47 步枪是人类历史上影响最大的武器。它的流传最广,自 1947 年第一支 AK47 步枪问世以来,世界各地销售或发行的各类 AK 步枪已超过 8000 万支。

上图:AK47 步枪操作简便,连孩子都能使用。照片中的亚齐男孩正手持 AK47 步枪在印度尼西亚亚齐省比地亚区的丛林中接受军训。当年为苏联红军设计的武器,如今已成为第三世界国家政府军和反政府武装争相使用的武器。(图片选自法新社,由盖蒂图片社提供)

突击步枪

1940 年代初期,德国枪械设计师研制出一种火力威猛的新型步兵武器:"突击步枪"。截至此时,标准化的步兵武器基本上有两种类型。一种是步枪,它可以发射大口径子弹,射程通常超过 1000 码(合 914 米),但后坐力太强,不适合用作手持型自动武器。相比之下,冲锋枪可以通过发射手枪子弹实现可控的全自动射击,只是射程稍短,通常不足 100 码(合 91 米)。德国的一项实战条件研究表明,作战范围很少超过几百码,一旦超过这个距离,士兵就很难看清目标,更不用说击中它了。

正因如此,德国人研制出了一种新型"中级"子弹:7.92×33 毫米"短"子弹,从而能使冲锋枪在实用射程内发挥出步枪的效果,并将后坐力控制在全自动步枪可以承受的范围内。为了使用这种子弹,曾经生产出几种武器，其中包括著名的 MP44 突击步枪，该枪在设计方面已经比较接近于米哈伊尔·卡拉什尼科夫的枪型。

经典之作

关于发明 AK47 的故事一直都集中在米哈伊尔·卡拉什尼科夫（Mikhail Kalashnikov）这个人物身上。据说，米哈伊尔在 1941 年 10 月的布良斯克战斗中受伤，在康复过程中，这位苏联红军中士在口径为 7.62×39 毫米的苏联 M1943 步枪的基础上

> **AK47——性能参数**
>
> 口径：7.62×39 毫米
> 自动原理：导气式
> 弹匣容量：30 发
> 循环射速：600 转/分
> 全枪长：34.25 英寸（870 毫米）
> 枪管长度：16.37 英寸（416 毫米）
> 空枪重：8.59 磅（3.90 千克）
> 枪口初速：2300 英尺/秒（700 米/秒）

进行了一种全新步枪的概念设计。1948 年 1 月，这款名为 AK47 的步枪，在步枪设计比赛中胜出，成为苏联红军新的标准步兵枪。

下图：在这幅疑似摆拍的照片中，北越军队正在进攻一处南越军事据点。整个越战期间，AK 步枪都是北越军队的主要武器。（图片由汤姆·雷姆莱恩提供）

现代战争（1945 年至今） 269

上图：7.62毫米AKM突击步枪的剖面图，可以清楚地看到装有30发子弹的弹匣，以及枪栓和撞针。AKM步枪是AK47步枪的简化轻型版本，研制于1950年代初期。（艾伦·吉利兰绘画作品，图片版权归鱼鹰出版社所有）

然而，最近诸如齐弗斯（C. J. Chivers）等史学家的研究却认为，AK47的发明是苏联整个国家集体努力的结果。但无论其源头究竟如何，AK47的重大意义都是毋庸置疑的。

下图：AK47步枪衍生出了许多变种，而且至今仍在世界各地使用。图中这款AK型步枪安装了一个榴弹发射器，可用于扫荡伊拉克战场的室内目标。照片中的俘虏其实是客串的群众演员。（图片由汤姆·雷姆莱恩提供）

实际上，AK47是一款采用气动式、旋转吊环螺栓原理的基本武器。从30发弧形弹匣射出的子弹全自动射速是600转/分。AK47的一个复杂点在于它的镀铬枪管，这使其更加耐用。1959年投入生产的改进型号AKM简化了制造流程，其枪口是斜切式枪口，瞄准范围较短，约为274码（合250米）。这些数据并没有可以给人留下特别印象之处。

AK系列步枪不仅性能出色，而且可靠

超级可靠

艾伦·詹姆士（Alan James）这位1970年代末1980年代初就职于罗得西亚非洲步枪队的年轻军官曾回忆起如下事件，足以证明AK系列的可靠性：

他们（津巴布韦非洲人民联盟的叛乱分子）从赞比亚穿越赞比西河。他们使用充气船过河，我们在他们到达河岸时与他们交火。他们中很多人带着行李和其他东西跳入河中，多数人还不会游泳……交火结束后，掉入河里的东西当然就看不见也找不回了。六个月后，我们又回到那段河边——记得当时是旱季——然后我们发现了露出地面的一支AK47的枪托……我们把枪拔出来，发现弹匣还在，它还能自动点火。我们把弹匣取出，但我们没法把后膛清理干净（把机匣向后拉以清空膛内的子弹）。于是我们试着踢它……踢了几次，但它太过结实。所以我们把弹匣放回去，扣动扳机，它居然射出了30发子弹。

性非常优良。与其他突击步枪不同，即使在被灰尘、雪、水及各种碎屑污染的情况下，AK系列步枪仍可使用。该步枪很容易拆卸和维护，就算是超出了实际射程，仍有很强的杀伤力。简而言之，AK系列是值得信赖的步枪。

AK系列的优点意味着其生产和销售数量比过去其他任何一种武器都要多。仅就官方使用来说，有超过60个国家采用了这款武器；与此同时，非法销售则使其成为世界上恐怖主义和叛乱分子使用最多的武器。由AK系列衍生出大量衍生型号和复制品，包括中国56式步枪及5.45×39毫米口径的AK74。仅仅使用AK系列就可以完成一场战争和暴乱，上百万的战后死亡都是由AK系列枪造成的。卡拉什尼科夫绝对解决了苏联红军的需求。不幸的是，正因如此，他也造就了当今世界最大的安全问题之一。

下图：1969年初，巴勒斯坦人民解放阵线的一名成员在重装卡拉什尼科夫突击步枪。（图片摘自《瞭望》杂志，由美国国会图书馆提供）

075 UZI 冲锋枪

UZI 在兵器历史上占据着一个标志性地位。1940 年代末 1950 年代初，以色列陆军中尉尤塞尔·盖尔（Uziel Gal）设计了这款冲锋枪。当时，1948 年独立战争刚刚结束，以色列军队急于获得一款标准冲锋枪，不想再依赖战时过剩的各种库存杂牌武器。

包络式枪机

在四处寻找灵感时，盖尔被一款早期的捷克斯洛伐克冲锋枪 CZ23（及其衍生型号）所吸引。CZ23 有两个独特的创新之处。首先，枪头的伸缩螺栓是管状的，能在射击准备时包裹住枪管后端。这种设计能够减少枪的整体尺寸，同时确保枪管足够长以提供优良的弹道性能。第二个特性就是：枪的弹匣直接安在空心握把的槽缝里，从而再次减小枪的尺寸并能平衡枪的中心。

盖尔在一款枪栓回弹式冲锋枪，也就是 UZI 冲锋枪上，对这两点进行了改进。由于这款冲锋枪的外形就是一个简单的金属冲压件，从而使得枪支的制造更廉价、更省时，这对工业基础处于发展阶段的国家来说是非常理想的。盖尔在枪上设计了凹处，以阻挡砂砾、灰尘和碎片影响其内部工作。这些特征为中东战争创造了极为可靠的武器（尽管同其他武器一样，这款枪也会被过度污染堵塞）。该枪有木托和折叠托两种型号，枪托折叠起来，枪身长度只有 18.5 英寸（合 470 毫米），使其更易于隐蔽和携带。

左图：1973 年的"赎罪日战争"前不久，以色列国防军总参谋长柴姆·巴列夫（Chaim Bar-Lev）正在视察配备了 UZI 冲锋枪的以色列坦克部队。（图片由以色列国防部档案馆提供）

上图：在1967年6月5日的耶路撒冷旧城之战中，以色列第55空降兵大队的一名士兵正在用UZI冲锋枪向敌人还击。（图片由以色列政府新闻办公室惠赐）

手持火力

下图：枪托折叠起来后的UZI冲锋枪。（图片由爱斯托克图片社提供）

实际上，确立UZI地位的是它的火力。借助600转/分的循环射速，这支枪可以在数秒内射空弹匣内的25或32发9毫米鲁格弹，使其能够实现致命的近身射击（它也可以半自动射击）。然而，它的手枪式握把处的平衡能够实现完美的火力控制。

左图：以色列国防军的士兵正在靠近埃及边界的耐格夫沙漠进行军事演习，时间约在1997年。（选自西格玛新闻图片库，照片由安托万·吉约里拍摄，由科比斯图片社提供）

UZI 冲锋枪——性能参数

口径：9×19 毫米鲁格弹

自动原理：枪栓回弹

弹匣容量：25 或 32 发可拆卸弹匣

循环射速：600 转/分

长度（枪托折叠）：18.5 英寸（合 470 毫米）

长度（枪托展开）：25.6 英寸（合 650 毫米）

枪管长度：10.23 英寸（合 260 毫米），4 条膛线

空枪重：8.15 磅（合 3.7 千克）

枪口初速：1312 英尺/秒（合 400 米/秒）

绝对令人信服的 UZI 已经成为战后史阶段生产最多的冲锋枪。设计于 1948 年的 UZI 自 1951 年开始引入以色列军队，在 1956 年的第二次中东战争中经历了首次实战考验。此后它被用于以色列所有大的战争中，证明它可以极好地用于清理密闭的敌方阵地，1967 年"六日战争"中对戈兰高地的占领就是一个很好的例证。由于便于在装甲车中存放，它也受到装甲步兵的青睐。

大量的其他军队也使用该枪，而且 UZI 也广泛销售至国际警察和安全部队，从美国特工处到特警队，再到斯里兰卡特种部队，无不选择该枪。"迷你型"和"微型"的衍生版本使枪身尺寸更小，发射速度更快。例如，微型 UZI 冲锋枪折叠起枪托后枪身长度只有 9.84 英寸（合 250 毫米），但却能在一分钟内发射 1250 发子弹。无论其衍生型号是什么，UZI 都囊括了一款成功的冲锋枪所应具备的所有特质：火力、可靠性，以及易操作性。

076 B-52 "空中堡垒"轰炸机

今天,B-52"空中堡垒"轰炸机似乎已是另一个时代的传奇。从许多方面来看,情况确实如此。作为美国武库当中服役时间最长的飞机,虽然如今许多冲突的性质与过去已有很大不同,但是B-52轰炸机却仍能从中证明自己的价值。

战略轰炸机

早在原子时代的初期,波音B-52空中堡垒作为美国战略空军司令部(SAC)的远程轰炸机就已问世。作为B-36轰炸机的替代品,它的设计初衷是执行跨洲际任务飞往苏联核心地区,从而在那里的主要城市和军事设施区域部署原子武器。

1952年4月15日原型机的第一次飞行即令观看者大开眼界。这是一款巨型飞行器,高14.7米,长48米,由8台普拉特·惠特尼涡轮喷气发动机驱动。原初生产版本的航程超过8000英里(12875米),从而使美国空军实力达到了史上最强。

1954年B-52开始服务于美国空军。可以预测,鉴于其服务时间,其问世以来出现了一系列衍生型号与升级,其他系统也有所改进。以B-52G为例,其内部燃料增加了,水平尾翼缩短了,另外还进行了其他改进,用以发射2枚北美GAM-77(AGM-28)"大猎犬"对峙导弹、AG-69A短程攻击导弹(SRAMS),或(从1976年开始)AGM-86空中发射巡航导弹(ALCM)。

下图:一架B-52轰炸机起飞时在身后留下了浓密的烟柱。这架编号B-52G-95-BW(58-0159)的飞机是从沙特阿拉伯的吉达起飞,前去执行"沙漠风暴行动"的轰炸任务。(图片由约恩·雷克韦赐)

上图：一架 B-52 轰炸机在常规训练期间飞越太平洋。（图片由美国空军提供）

类似其前一代轰炸机，B-52 尾部装有 4 挺 0.5 英寸机关枪，但现在这些机关枪都由驻守在主乘员机舱的机枪手远程操控。最后一个型号是 B-52H，它用一架 20 毫米火炮取代了 4 挺尾部机关枪。

常规打击

1960 年代随着越南冲突的不断升级，使得 B-52 成为一种传统轰炸机而不是核轰

左图：这是越战期间最有名的照片之一，一架 B-52 轰炸机正在投放一组重达 500 磅（合 227 千克）的 MK82 炸弹。在退役之前，这架编号 B-52D-60-BO55-0100 的轰炸机单在越战期间的战斗飞行时间就令人震惊地多达 5000 小时。（图片由罗伯特·F. 道尔惠赐）

右页图：在 20 世纪，极少有其他武器能像 B-52 轰炸机这样用途广泛。这款轰炸机自 1954 年服役以来，一直表现活跃。五十多年后，它仍被派往伊拉克和阿富汗执行投弹任务。（图片由约恩·雷克惠赐）

B-52 轰炸机的威力

B-52 轰炸机的地毯式轰炸几乎可以摧毁一英里长、半英里宽的范围内的任何目标。下面这段文字是一名参加过 1990—1991 年海湾战争的士兵，塞姆·里斯金德（Sam Ryskind）对近距离观察 B-52 轰炸行动的回忆：

我坐在掩体里的时候，轰炸行动正在 8—12 英里（合 12—19 千米）之外进行。这些飞机从天上飞过，一架接着一架。从我所在的位置并不能看到炸弹的落点，但我能感到远处传来的"嘣，嘣，嘣嘣，嘣"的震动。这次轰炸过去一两天之后——轰炸仍在继续——我开始想："如果我在这里都能感到震动，在轰炸地点又会有何感觉呢？"我能感到大地深处的爆炸，隆隆的爆炸声就像低频震动，使所有东西都跟着发颤。（声音）不是来自空中，而是来自整块大地。很难想象遭到轰炸的人能经受得住它。

炸机。特别是 1965 年"大肚"项目的改装，使得 B-52D 具备了极令人震撼的地毯式轰炸能力。改装后的 B-52D 能够携带 108 枚 500 磅级（227 千克）的炸弹，当然其他衍生型号也可以进行重型炸弹袭击。B-52 曾用于对北越、柬埔寨和老挝的战争，并造成巨大破坏。特别值得一提的是 1972 年的"后卫"行动，单在"后卫 II"行动（1972 年 12

上图：由于曾在美国空军测试中心以白色机身出现，这架飞机得到了"雪鸟"的绰号。它继而参加了"沙漠风暴行动"。这幅照片拍摄的是它完成带弹飞行训练后即将着陆时的景象。美国空军飞行员要在 B-52 轰炸机上继续受训若干年，这款飞机目前的退役计划是在 2040 年。(图片由约恩·雷克惠赐)

月 18—29 日) 中，美国向河内和海防的投弹量便达到 20000 短吨 (18143 吨)。

在越战中，B-52 证明了地毯式轰炸在精准武器与导弹时代和所谓的"有限"冲突中仍占有一席之地。它们的功效一直持续下来。1990—1991 年的海湾战争中，B-52G 总共执行了 1624 次飞行任务 (从沙特阿拉伯、西班牙和英国起飞)，向伊拉克部队阵地和工业目标投放了 25700 短吨 (23315 吨) 的常规炸弹。自从 2001 年来，B-52 曾在阿富汗和伊拉克进行过远程袭击。

地毯式轰炸策略比较简单 (尽管 B-52 也用于投放精密制导武器)，但是 B-52 对人员、物资和士气的巨大破坏效果确保了现在仍有数百架 B-52 轰炸机在役。实际上，尽管美国空军正在研发下一代轰炸机，B-52H 的退役时间暂定为 2040 年，但 B-52 具体还将服役多长时间仍是未知数，不过，超过半个世纪的服役时间以及未来几十年的继续使用，足以确保其在航空史上占有重要地位。

077
"鹦鹉螺号"核动力潜艇

第二次世界大战末期,柴油发动机是潜艇无法摆脱的缺陷之一。柴油发动机工作需要氧气,因此潜艇下潜后需要依靠存储在电池中的电能提供1—2小时的动力。从战术上讲,这就意味着一艘潜艇多数时间需要在水面工作,但是这样会使潜艇容易遭受空中袭击。而且一旦下潜,潜艇指挥官就需要维持潜艇低速前行以免过快地消耗电池电量,因此设计人员致力于开发出一种速度更快的战舰。

核能解决方案

第二次世界大战最后两年,纳粹德国海军解决了这个问题,他们在部分U型潜水艇上加了一根通气管,这样就能在潜艇位于潜望深度时为发动机提供氧气。战后,美国人采取了更大胆的方法。成立于1946年的美国原子能委员会和西屋电气公司开始在潜艇中使用核推进系统。西屋公司制造了增压水冷S2W反应堆,并在潜艇中使用。

世界上第一艘核动力潜水艇"鹦鹉螺号"核动力潜艇(SSN-571)于1954年1月21日下水,它所代表的潜艇战的巨大变革不容小觑。核动力装置的运行不需要氧气,同时,浓缩铀能够维持以年计数而不是几小时的时间长度所需的动力。再加上船上的空气净化和饮用水生产设备,核动力意味着潜艇能够永远潜在水下,并可保持高速前行。

从一开始,"鹦鹉螺号"核动力潜艇就展现了这种能力上的变革。1955年,在它的首

下图:"鹦鹉螺号"核动力潜艇在北冰洋冰面下横渡太平洋到达大西洋后返航。它是第一艘成功完成这种航程的潜艇,从此之后,无数潜艇都重复了它的经历。(图片由美国海军提供)

上图：在干船坞接受大修的"鹦鹉螺号"核潜艇。（图片由美国海军提供）

下图：一枚 UUM-44 萨布洛克导弹由水下潜艇发射升空。1965—1989 年间，美国所有的核动力潜艇都配备了这种带有核弹头的远程反潜艇导弹，使美国有能力针对敌国潜艇发动关键性首轮打击和反击。（图片由美国海军提供）

击沉"贝尔格莱诺号"

1982 年 4 月 30 日，"征服者号"核动力攻击型潜艇正在为前去从阿根廷手中夺回福克兰群岛的英国海军执行防御性巡逻任务。它侦察到阿根廷海军的超级巡洋舰"贝尔格莱诺将军号"位于英国设置的环绕岛屿的禁区之外。不论其位置如何，这艘巡洋舰注定会对英国舰艇构成威胁。"征服者号"潜艇的指挥官克里斯·莱福德-布朗（Chris Wreford-Brown）于是下令发起攻击。5 月 2 日，这艘潜艇向"贝尔格莱诺号"发射了三枚常规鱼雷，两枚击中船身中部，一枚击中船底靠近船尾的位置。第二枚鱼雷造成的损失最大，估计在爆炸中炸死了 275 名船员。"贝尔格莱诺号"开始沉没，鱼雷爆炸后 20 分钟，船长下达了弃船命令。船上共有 323 人丧生。这是到那时为止，核动力潜艇以鱼雷击沉另一艘舰艇的唯一案例。

次航行中，"鹦鹉螺号"在水下航行了近 90 个小时，航行里程接近 1400 英里（合 2253 千米）。1958 年 7—8 月，它在极地冰面下绕着整个北极航行了一周，里程达到 1830 英里（合 2945 千米）。"鹦鹉螺号"一直服役至 1980 年，其总航行里程达到了 50 万英里。

下图：美国"鹦鹉螺号"核潜艇（编号 SSN-571）。（托尼·布莱恩绘画作品，图片版权归鱼鹰出版社所有）

上图：在水面航行的一艘快速攻击型核动力潜艇。快速攻击型潜艇用于侦察和勘测，主要是在冷战期间对苏联海军的突然行动进行监测。（图片由美国海军提供）

战略效果

"鹦鹉螺号"的出现促使其他国家也开始建造自己的核潜艇，包括苏联、法国、英国、中国及印度。1950 年代末，美国军舰"乔治·华盛顿号"作为首艘装载弹道导弹的潜艇下水，每艘潜艇可以携带 16 颗北极星导弹，航行 1200 英里（合 1931 千米）。苏联在 1960 年代达到了这种能力，从那时开始，潜艇的战略范围有了很大提升。装备有三叉戟导弹的美国"拉法特号"潜艇和英国"决心号"潜艇可以击中 7500 英里（合 12070 千米）内的目标。相较之下，像美国"洛杉矶号"快速袭击潜艇则可部署"战斧"巡航导弹、"鱼叉"反舰导弹和主动自导鱼雷。

核潜艇改变了世界各国实力的平衡。最新的潜艇下潜时间可以长达六个月，隐形巡航地球，瞬间就可发动核袭击或强大的传统袭击。潜行在深水下使得它们可以让除了最先进的侦探技术之外的所有技术都鞭长莫及。至于这类潜艇是否能使世界变得更加安全，我们拭目以待。

078
UH-1 休伊直升机

螺旋翼直到 20 世纪初才蹒跚起步,到第二次世界大战末期,军用直升机的数量仍很有限。随着直升机的出现,只有固定机翼飞机作战的时代走向终结。直升机的引人注目之处在于其巨大的潜在战略优势,尤其是在步兵突击、伤员撤离、货物升降或船载部署等方面。诸如沃特-西科斯基飞机公司的 R-4、R5、R-6、S-55 和 S-56 型直升机,皮亚斯基公司的 H-21 直升机,HUP 公司的"猎犬"直升机,希勒公司的 H-23 直升机,以及贝尔 47 型直升机,全都采用了活塞式发动机,使美国首次具有了制造螺旋翼飞机的能力。然而,真正开启作战直升机时代的是贝尔 UH-1 直升机的出现。

左图:美国海军在越战中广泛使用了休伊直升机。如图所示,他们尤其善于使用休伊直升机将特别部队送入敌方控制的区域内部。(图片由美国海军提供)

"休伊"诞生

贝尔 UH-1 源于美国军方关于研发一款新型涡轮动力医疗直升机的招标合同。涡轮发动机的动力远远地超过了活塞发动机,重量也比后者轻。第一架样机 204/XH-40 于 1956 年 10 月 22 日进行了首飞,其动力装置是 700 马力(合 522 千瓦)的莱康明 T53-L-1 涡轮轴发动机,通过两转子叶片进行爬升。这架直升机令美国军方印象深刻，另外一架接受评审的飞机（YH-40）及预生产型号也得到了很高评价。第一份订单是预定183架贝尔HU-1A，在信函中使用了"休伊"这个绰号，这个名字一直到UH-1A 1962年退役后还在沿用。

UH-1后续经历了漫长而复杂的演变史，为美国陆军、海军和海军陆战队生产了各种UH型号的直升机，还有几十种出口型号。主要的发展之一就是以205为原型的UH-1D，这是一个延长后的型号，发动机动力更强，后来演变成了UH-1H。无论是哪种变种，所有的用户都被其宽敞的客舱、稳固的可靠性、良好的飞行性能、127英里/时（合204千米/时）的飞行速度及出色的运载能力所征服。越战中，UH飞行机成为开创性的攻击直升机。

上图：1962年的试验表明，与地面三通工具相比，直升机的战场机动性是一大飞跃，能使人员和机器以前所未有的速度进行调动。（图片由TRH图片社提供）

下图：1967年，美国步兵从休伊直升机跳到越南战场。（图片由科比斯图片社提供）

上图：越战是一场真正的直升机之战。UH-1型直升机使美国的战术发生了革命，可使炮火迅速到位，并迅速输送步兵部队。图中的休伊直升机来自美军第1骑兵师（空中机动部队），他们在1966年2月"鹰爪"行动期间向邦申附近的一座小村庄输送部队。（图片由美国海军陆战队提供）

贝尔UH-1H直升机——性能参数

类型：通用／攻击直升机

长度（旋翼收藏后）：57英尺9.5英寸（合17.61米）

高度：14英尺6英寸（合4.42米）

主旋翼直径：48英尺（合14.63米）

净重：5210磅（合2362千克）

最大起飞重量：9500磅（合4309千克）

发动机：1×莱康明T53-L-13涡轴式发动机，1×1400轴马力（合1044千瓦）

最高时速：127英里／时（合204千米／时）

航程：318英里（合512千米）

武器装备：种类很多，基本配置是2挺7.62毫米机关枪

武器装备

美军在越战期间开始使用UH-1直升机。战争一开始，美军部队就开始使用各种武器对直升机进行现场装配，如在机门安装勃朗宁重机枪、M60机关枪，或是一对2.75英寸非制导火箭弹。这些武器对于将敌军压制在"热点"着陆区，或者在伤员撤退时进

行防守极为有用。通过装配直升机，美军实际上创造了世界上第一批武装直升机。

然而，只是简单地将武器放在直升机上可能会降低直升机的性能。有鉴于此，贝尔公司在1965年推出了UH-1C，这是一款专门的武装直升机变种，飞机具有与武器相配的动力和系统。当时，贝尔也即将推出AH-1休伊眼镜蛇武装直升机，但在整个越战中UH-1继续被用作攻击和武装直升机。装配在UH-1上的武器包括M75 40毫米自动枪榴弹发射器、TOW反坦克导弹及GEM134六管7.62毫米迷你炮机枪。

UH-1在越战中付出了很大的代价——战争或事故中损失的UH-1达到2591架。但是它们也使美军实现了真正的空中机动，军队能够轻松部署和撤退。从而不用再越野或乘坐车辆跋涉危险而漫长的路程到达作战区。从越战开始，UH-1开始在世界各地服役，被60多支同样认可其质量的空军使用。

上图：休伊直升机最初设计的功能是用于医疗护送，在越战中休伊直升机挽救了几千人的生命。图中一架美军UH-ID型直升机正在护送湄公河三角洲地区作战的装甲部队伤员撤离。（图片由美国陆军提供）

079 "红旗二号"导弹

在第二次世界大战期间,高射炮击中了数千架飞机,然而战争结束之后,各国军队仍在寻求更精准地击落敌方飞机——尤其是新一代战斗机——的方法。因此,在20世纪五六十年代,第一代地空导弹应运而生。

导弹防御体系

苏联在研制地空导弹系统方面是最积极的,他们急于保护自己免于可能出现的美军装有原子弹头的空袭。随后,他们研制出一系列地空导弹型号,覆盖各种高度和射程,包括低空SA-3"果阿"导弹及诸如SA-4"加涅夫"导弹之类的远程移动系统。

S-75"德维纳"是这一系列中的中高空地空导弹,北约为其命名的"红旗二号"这一名字更为人熟知。它是1958年推出的,后在1960—1980年代成为苏联空中防卫的核心。通过定期改造,后来仍有少数这一型号的导弹在俄罗斯联邦和其他几个国家使用。

SA-2是一种大型导弹,高35英寸5英尺(合10.8米),因此在越战中美国飞行员给它取了个绰号:"会飞的电线杆"。在两级火箭发动机的驱动下,其射程为31英里(合50千米),飞行高度达到92000英尺(合28040米)。战斗部为429磅(合195千克)的高爆弹头,依据导火线的类型,可以进行

左图:SA-2导弹(即苏联所称的S-75导弹)投入生产后不久,苏联就不断对其进行升级。图中这枚17D型导弹就是它的升级版之一,增加了射程和发射高度,但该项目最终被放弃了。(图片由史蒂夫·扎洛加惠赐)

上图：所谓的"红萨姆"导弹虽然主要由于在越战中使用而得名，但它也可用作舰载导弹。苏联海军就曾在1959—1962年为"捷尔任斯基号"巡洋舰配备了一款 SA–2 导弹。（图片由史蒂夫·扎洛加惠赐）

接触、接近或遥控引爆。弹头爆炸后可以在典型的 71 码（合 65 米）杀伤半径内损毁一架飞机。它也具有核弹头能力。导弹采用无线电指挥的方式，通过导弹指令雷达（与预警系统共同作用）发出的信号指挥导弹射击目标。

实战表现

苏联 SA-2 使用六组电池，速度达 3 马赫，使其成为空中防御的一个严肃命题。1960 年，美国首次接触 SA-2 并为之震惊。

SA-2 导弹及其发射系统——性能参数

发射系统数据：

系统名称：SA-75M"德维娜"
美国／北约名称：SA-2b"盖德莱"1 型
火控雷达：RSNA-75M（扇歌 B 型）
系统效果：（理论上）三枚导弹齐射的话，命中率为 80%

导弹数据：

长度：35.1 英寸（合 10.762 米）
最大速度：3 马赫
重量：5040 磅（合 2287 千克）
弹头：420 磅（合 190 千克）高爆炸药
最大有效射程：18 英里（合 29 千米）
最大飞行高度：16.7 英里（合 27 千米）

上图：一枚 SA-2 导弹正在被一辆 PR-11 型军用装甲运输车送往新的地点。（图片由史蒂夫·扎洛加惠赐）

同年 5 月 1 日，一架美 U-2 高空侦察机在苏联斯维尔德洛夫斯克附近被击落。美国在北越的空战中遭受了苏联 SA-2 的巨大挑战。得益于苏联的供给，越南才得以建立起世界上最复杂的空中防御系统。美国飞行员在袭击北越时遇到了 SA-2 的强烈攻击。如果美国飞行员能够及早发现 SA-2，他们就很容易躲避导弹的袭击，诸如"野鼬鼠号"F-4G 的防空飞机可用 SA-2 的"扇歌"制导雷达发射实现对地空导弹装备的精准袭击。因此，尽管在战争中发射了几千枚 SA-2，直接击

下图：SA-2 导弹曾大量出口到北越，并在中东地区广泛传播。这是 1980 年代部署在埃及沙漠中的"红地空导弹"，上方的沙袋可以掩护导弹免遭以色列空袭。（图片由美国国防部提供）

落的美军飞机却只有150架。但因SA-2对中高空飞机有很大威胁，使得美国飞机只能在低空飞行；而低空飞行又导致它们很容易遭受传统防空武器的猛烈袭击。

中东几次战争中也使用了SA-2，据估计，自从投入使用以来，大概发射了13000枚SA-2导弹。在某方面来说，它们代表了空中防御的世界趋势的变化，电子战争同战术飞行技能同样重要。

上图："红旗二号"导弹发射时的情景。（图片由史蒂夫·扎洛加惠赐）

美国早期地空导弹

美国在1950、1960年代也采用了一系列地空导弹系统。其中之首就是1954年推出的奈克·阿贾克斯导弹。该导弹通过计算机和雷达进行控制，射程达到30英里（合48千米），速度2.3马赫。阿贾克斯导弹可以拦截70000英尺（合21336米）高度的飞机，然而1950年代末开始服役的奈克·海尔格里斯导弹的高度和射程超出前者两倍，还可以携带核弹头（SA-2同样可以携带核弹头）。美国其他早期地空导弹包括：RIM-8飞弹，RIM-2飞弹，供海军使用的RIM-24飞弹，以及MIM-23鹰式导弹。MIM-23鹰式导弹是一种半主动雷达制导导弹，它一直是美国陆军和海军陆战队地空导弹防御的中流砥柱，直到1990年代被MIM-104爱国者飞弹和FIM-92针刺导弹所取代。美国部队从未发射过鹰式导弹，但诸如以色列和伊朗这样的海外买家则曾在中东冲突中使用过。

上图：SA-2最后一款重要变型先锋5Ya23导弹。（图片由史蒂夫·扎洛加惠赐）

现代战争（1945年至今） 289

080

AIM-9 "响尾蛇"导弹

尽管第二次世界大战后苏联在导弹技术的许多方面迅速取得领先地位,但在空对空制导导弹方面却是一个例外。1953年,美国海军武器中心的工程师研制出一种新型空对空导弹的样机。3年后,这台样机投入量产并被取名AIM-9B"响尾蛇"导弹,成为美国海军和空军的一款标准化空对空导弹。如今,这款导弹已经问世60多年,各类"响尾蛇"导弹仍是防空武器的首选,并在数百场战斗中证明了自己的价值。

热追踪导弹

"响尾蛇"导弹是一款热追踪导弹,通过追踪飞机发动机尾气发射的红外进行作战。这是一款短程武器,AIM-9B的射程只有1.2英里(合2千米),这一距离虽然与远程炮火差距不是特别大,但是这一距离随后一直在增加。例如,现代AIM-9X型号能对6英里(合10千米)远的目标进行射击。

在"响尾蛇"导弹漫长的服役期里,射程仅仅是其不断优化的特征之一。最初,飞机必须位于目标后方,这样导弹才能锁定飞机的热信号。1976年推出的AIM-9L使用了一种升级的红外线制导系统,该系统即使在射向目标飞机侧面或正面时也能锁定目标。该导弹上还装有一根激光引信,高爆/分裂弹头能在靠近敌机时自动爆炸。

不断的升级改造确保了AIM-9能够适应现代战争的需要。现代的AIM-9X型号具有如下特征:具有区分诱饵耀斑和飞机尾

左图:F-4幻影战斗机机翼下方携带的AIM-9J导弹近景。AIM-9J导弹研制于1968—1970年间,1972年开始取代AIM-9E导弹。这款导弹在越战期间作用有限,只击落过3架米格飞机。

气的能力，优化的低信号目标（如直升飞机）侦察能力，以及与头盔式控制系统进行高级对接（飞行员只要看到目标就能实现目标锁定）。

在战争中升级

"响尾蛇"导弹的生产数量至今已超过20万枚，其系统已经在至少50个国家出售或进行特许生产。若AIM-9没有经历战争的考验，它也不会长期以来一直这么受欢迎。然而，它在越战早期的表现可谓差强人意：空对空导弹技术不成熟，再加上当时某些电子设备状态不佳，导致AIM-9的命中率只有16%左右。

1970年代末1980年代初，AIM-9技术的精炼及战术的进步使得其杀伤率有了极大提升。1982年马岛战争中，英国皇家海军"海鹞"作战机在使用AIM-9L袭击阿根廷飞机时，命中率达到了80%，以色列空军

下图："沙漠风暴行动"中一架携带"麻雀"导弹和"响尾蛇"导弹的F-15战斗机。（图片由美国空军提供）

上图：在一次北约例行演习中，工作人员正在为一架F-15C鹰式战斗机安装AIM-9型导弹。（图片由美国空军提供）

AIM-9L——性能参数

长度：9英尺5英寸（合2.89米）
直径：5英寸（合127毫米）
翼展：2英尺1英寸（合0.61米）
发射重量：191.4磅（合87千克）
弹头：20.9磅（合9.5千克）高爆/分裂
导火线：活性激光
制导系统：红外
推进：固体推进剂
射程：5英里（合8千米）

在黎巴嫩射击战中袭击叙利亚飞机时也达到了类似水平。1991年海湾战争中，"响尾蛇"导弹击落了11架伊拉克飞机。

毫无疑问，"响尾蛇"导弹是1945年以来影响最大的空对空导弹。对它的升级改造，使得任何飞机在空中面对这一创造性武器时都岌岌可危。

081
F-4幻影战斗机

麦克唐纳公司的F-4幻影战斗机身上环绕着许多耀眼的光环。它曾为美国空军服役近40年,比许多飞机的服役期限都长。此间,它打破了许多飞行纪录,并在实战当中,尤其是20世纪六七十年代的越战期间,屡屡得胜。

全天候飞机

幻影战斗机是麦克唐纳公司(后于1967年与道格拉斯飞机公司合并为麦克唐纳-道格拉斯公司)为满足美国海军的需求而进行的一次成功尝试。当时,美国海军需要一款创新型飞机——多功能全天候作战轰炸机,既能建立防空优势,又可作为快速拦截机使用,同时还能实施各种地面攻击任务。F-4幻影战斗机就是源自这种苛刻的要求。YF4H-1样机于1958年5月27日进行首飞。

F-4是一种双座拦截机。飞机外表坚硬,机翼尖端部分弯曲12°,水平尾翼下反角为23°,这种构型使飞机有良好的机动性和稳定性。机头安装AN/APQ50型雷达,从而获得全天候截击能力,飞机动力装置是2台J79-GE-2和2A发动机,使用后燃机时单台推力为1610磅力(合71千牛)。完全不同于传统飞机,早期的F-4飞机没有内置机炮装备,飞机的空对空火力纯粹来自4枚"麻雀"空对空导弹。

在当时,这是一款令人震惊的飞机,并且很快就打破了飞行纪录。例如,1961年,一架F-4战斗机飞出了1606.342英里/时(合2585.086千米/时)的速度,刷新了世界纪录。1962年,它又创造出多项爬升纪录,例如在114.548秒的时间爬升到49000

右图:美国海军一架带有"米格杀手"符号的F-4J战斗机。1972—1973年越战期间,美国海军幻影战斗机飞行员曾在第一阶段和第二阶段的"后卫行动"中成功击落17架米格飞机。(图片由布拉德·艾尔瓦德惠赐)

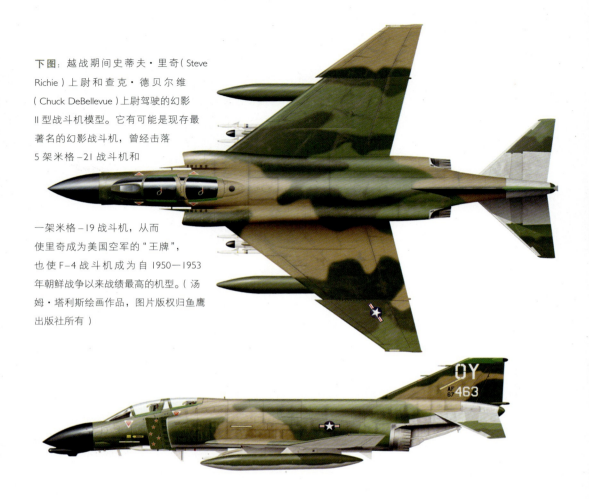

下图：越战期间史蒂夫·里奇（Steve Richie）上尉和查克·德贝尔维（Chuck DeBellevue）上尉驾驶的幻影Ⅱ型战斗机模型。它有可能是现存最著名的幻影战斗机，曾经击落5架米格-21战斗机和一架米格-19战斗机，从而使里奇成为美国空军的"王牌"，也使F-4战斗机成为自1950—1953年朝鲜战争以来战绩最高的机型。（汤姆·塔利斯绘画作品，图片版权归鱼鹰出版社所有）

英尺（合15000米）。其性能特征极具诱惑力，美国空军从1963年采用F-4C，开始使用F-4系列飞机。

战争主力

幻影战斗机很快就成为美国海军、海军陆战队和空军的主力战斗机。20世纪六七十年代，澳大利亚、埃及、德国、希腊、伊朗、以色列、日本、韩国、西班牙、土耳其及英国都成为幻影飞机的用户。无论是在美国还是海外，飞机都产生了大量的衍生型号。其中就包括用于压制地方空中防御的演变型号F-4E及诸如"野鼬鼠号"的F-4G。

由于F-4有较长的服役时间和广泛的销售范围，它经历了多次战争。越战就是它的检验场。在越战中，它展现出强大的地面攻击能力：F-4E能够携带12980磅（5888千

上图：越战期间一架涂有美国空军专用迷彩的F-4J幻影Ⅱ型战斗机。
（马克·波斯特尔斯威特绘画作品，图片版权归鱼鹰出版社所有）

上图：美国海军一架幻影战斗机正在发射 AIM-7"麻雀"空对空导弹。

左图：一架以 AIM-4D"猎鹰"为辅助武器的 F-4D 幻影战斗机。越战期间，许多美军飞行员抱怨早期 F-4 战机缺乏火炮武器，这种情况在 1970 年代得到了改善。

幻影 F-4E 战斗机——性能参数

乘员：2 人

长度：63 英尺（合 19.2 米）

高度：16 英尺 6 英寸（合 5.06 米）

翼展：38 英尺 5 英寸（合 11.7 米）

净重：29535 磅（合 13397 千克）

最大起飞重量：61651 磅（合 27964 千克）

发动机：2×17900 磅（合 8119 千克）推力后燃 J79-GE-17 涡轮喷气发动机

最高时速：1485 英里/时（合 2390 千米/时）

实用升限：62250 英尺（合 18975 米）

航程：1750 英里（合 2817 千米）

武器装备：1×20 毫米 M61A1 旋转机关炮；4 枚 AIM-7"麻雀"导弹或身下携带 3020 磅（合 1369 千克）武器，后翼塔架上可携带高达 12980 磅（合 5888 千克）的军火。

克）的武器，而且能够锁定北越米格战斗机。仅美国空军就击落了 100 多架米格飞机，在空对空战斗中，美国海军击落了 40 架越南飞机，而己方损失只有 7 架幻影飞机。在战争中，美军损失了近 700 架幻影飞机，能对幻影飞机造成致命打击的就是防空武器和地对空导弹。许多飞行员在战斗中都感到因为没有机炮而错失了很多杀敌机会，因而后来美军决定重新装配机炮。

同在越南一样，F-4 飞机也在其他战争中发挥了作用，如 1973 年的"赎罪日战争"、两伊战争（1980—1988），以及在 1991 年的"沙漠风暴行动"中协助联合军队作战。此时美军大部分幻影飞机都已被 F-14 雄猫或 F-15 鹰式战斗机等新一代战斗机所取代。但在很长的一个历史阶段内，幻影飞机都是空中最强大的战斗机。

082 M16 步枪

M16 步枪和 AK47 步枪一样,通过弹壳方面的激进变革,继而改变了小型步兵武器的性质。1950 年代中期,尤金·斯通纳(Eugene Stoner)研制出了 M16 步枪,该枪是武器现代化过程中的关键一步,它在 1960 年代中期开始取代北约的 7.62×51 毫米 M14 步枪在美军中服役。这次换枪引发了一场一直持续至今的两种枪型孰优孰劣的争议。

高速射击武器

M16 步枪是一款典型的携带步枪。该枪制造中的一个重要特点就是对塑料的运用,再加上紧凑的尺寸,使得空枪重量降至 6.3 磅(合 2.86 千克);与其相比,M14 的空枪重量是 8.55 磅(合 3.88 千克)。此外,该枪属于气动制导的滚轮式枪支,而且安置于携带式把手的前置照门及觇孔式照门,使其相较于之前的机枪更能体现未来趋势。

该枪真正的改革体现在弹药筒上,其内部装的是 5.56×45 毫米口径子弹,口径与 0.22 气步枪的子弹一般小,但其弹塞会将子弹以超高转速推出,速度可以达到 3280 英尺/秒(1000 米/秒)。实验显示,这种高射速会造成致命的冲击波,因而子弹穿过组织能够造成巨大的损伤。在越战中最先使用

上图:美军士兵手持 M16 步枪在越南某地过河。M16 步枪的使命是帮助美国赢得冷战。它是举世公认的最佳突击步枪之一,也是 20 世纪美国最具影响力的武器之一。(图片由美国陆军提供)

现代战争(1945 年至今) 297

上图：一名美国士兵正在用 M16 步枪瞄准。这款步枪能够精确命中 650 码（合 600 米）之内的目标，但对距离更远的目标，它的表现急剧下降。（图片由美国陆军提供）

下图：M16 步枪最初于 1962 年被美国特种部队和空降兵部队采用，随后被在越南作战的美国陆军和海军陆战队采用。接下来几十年间，它的流传更加广泛，如今至少生产了 1000 万支 M16 步枪。（图片由美国陆军提供）

M16 的士兵给出的报告指出，M16 的子弹能将敌军士兵身体穿洞甚至能够造成肢体截断。随着时间推移，这种高射速、小口径的子弹原理得以破解。M16 子弹的杀伤效果确实要归功于子弹以高转速打穿人体时会破裂从而造成伤害。

实用武器

除了弹道优势，M16 为士兵们带来了实实在在的好处。M16 子弹使反冲更易控制，从而实现了全自动射击。更轻的反冲同样意味着精准射击的训练会更加容易。子弹体积越小，可携带的数量就越多，从而可以增强士兵的火力。由于这一原因，5.56毫米口径子弹成为北约国家及许多其他国家的标准，并曾用于英国SA80A2步枪和以色列加利尔步枪等各种武器。

M16的战场首秀并不被人看好。不恰当的推进剂及糟糕的维修建议等问题导致枪管在战争中易被堵塞，致使其声名狼藉。不过这些问题逐渐得到了克服，M16也在1967年成为美国陆军的标准步枪。1983年升级版M16A2被研制出来，该枪枪管更重，并改进了照门系统，消焰器与枪口制退器合二为一，采用的是3发点射模式而不是M16

上图：列兵莱昂·卡菲（Leon Caffie）正在展示手中的M16步枪，战士们称其为"黑步枪"。卡菲曾在美国陆军服役40年，最后以美国陆军预备役部队高级士官长身份于2010年退役。他参加过伊拉克和阿富汗战争，军人生涯几乎同M16步枪一样长。（图片由美国陆军提供）

上图：2005年最后一天，在弗吉尼亚州李堡的陆军非战斗人员与战斗人员之间的新年比武大赛上，卡伦·安东尼恩（Karen Antonyan）中士正在表演用M16A2步枪进行夜间射击。（图片由美国陆军提供）

上图：一名手持 M16 步枪的美国士兵正在越南战场搜索一处地堡。（图片由美国海军陆战队提供）

的全自动模式。柯尔特 M4 卡宾枪是其精简模式，目前已在美国军队得到广泛使用。截至目前，已有 40 多个国家使用或者采纳了 M16 型武器。

与此同时，关于子弹的争议仍在继续。在本书写作期间，有些人主张换回更重一些的子弹，例如 6.8×43 毫米规格的子弹。这些争议虽然在一般人看来无足轻重，但对军队中使用这些枪械的人来说，却是直接关系到战斗的胜负。

M16 步枪——性能参数

口径：5.56×45 毫米

自动原理：气动，滚转式

弹匣：30 发可拆卸弹匣

循环射速：800 转／分

长度：39 英寸（合 990 毫米）

枪管长度：20 英寸（合 508 毫米）

膛线：6 细槽

空枪重：6.3 磅（合 2.86 千克）

枪口初速：3280 英寸／秒（合 1000 米／秒）

083 飞毛腿导弹

SS-1飞毛腿导弹的事例很好地说明，一种武器在某次战争或战役中的表现好坏，能够吸引或逃离公众的注意力。1950年代末，SS-1战术弹道导弹进入苏联军火库，这种导弹的苏联名字是R-11。

战术武器

飞毛腿导弹的第一个重要变种是SS-1b，射程只有80英里（合130千米），但是后续的型号都有了极大提升。1965年开始服役的SS-1d射程能够达到373英里（合600千米），缺点是精确度不高，其圆概率误差为2952英寸（合900米），但这相较于SS-1b来说已是一个很大的改进，据西方统计，后者的圆概率误差为2.5英里（合4千米）。（作为一种弹道导弹，这种导弹只在最初80秒的升空阶段有动力，制导信息主要由陀螺仪提供。）尽管在实战中使用的往往是2205磅（合1000千克）的高爆弹头，但是飞毛腿导弹能够通过投放核弹头来弥补精确度的不足。

SS-1的关键优点之一就是它能完全依靠一台移动的运输－起竖－发射三用车（TEL）进行作战。所以飞毛腿导弹的操作人员可以避开敌军飞机和地面武装的视线，从隐蔽位置开火，然后转移到别的地方。飞毛

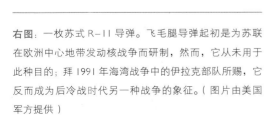

右图：一枚苏式R-11导弹。飞毛腿导弹起初是为苏联在欧洲中心地带发动核战争而研制，然而，它从未用于此种目的；拜1991年海湾战争中的伊拉克部队所赐，它反而成为后冷战时代另一种战争的象征。（图片由美国军方提供）

上图：海湾战争中遭到飞毛腿导弹袭击后的以色列首都特拉维夫。萨达姆·侯赛因（Saddam Hussein）的伊拉克部队在对阵多国部队时几乎束手无策，伊拉克武库当中唯一可用的远程武器就是飞毛腿系列导弹。（选自《时代》与《生活》杂志图库，图片由盖蒂图片社提供）

腿导弹最初被部署在改造过的 JS–III 重型坦克底盘上，后又转至 MAZ–543（8×8）重型卡车上，从而获得了更好的跨国移动能力。

远程打击

由于飞毛腿导弹具备战后苏联的许多武器系统，因而销售范围广泛，不仅出售至华沙国家，也出口到一些中东国家。第一次

上图：作为对 1991 年遭受飞毛腿导弹打击的回应，以色列研制了"天箭"反弹道导弹系统，图中是其在 2003 年试射时的场景。（图片由盖蒂图片社提供）

使用飞毛腿的战争是1973年的"赎罪日战争"。当时，埃及向以色列的很多城市发射了FROG-7和SS-1c导弹，尽管具体数目不详，但却没有取得什么成效。1980年代两伊战争期间，在所谓的"城市战"中，双方互相发射了近700枚飞毛腿导弹，也均缴获了该导弹。（伊拉克的飞毛腿系列包括侯赛因导弹，这是飞毛腿系列中一种重要的改进型号，通过缩小弹头、增加空中燃料而使射程增加）。苏联部队在阿富汗战争中也发射了近2000枚飞毛腿，以此对圣战组织的阵地进行远程袭击。

然而，令飞毛腿导弹家喻户晓的还是

上图：美国爱国者导弹飞向夜空，三枚拦截伊拉克射向特拉维夫的飞毛腿导弹。（图片由盖蒂图片社提供）

1991年的海湾战争。为了扩大战争，萨达姆·侯赛因要求使用飞毛腿导弹袭击以色列和沙特阿拉伯。伊拉克总共发射了近90枚导弹，使联合军队吃尽苦头，最终后者通过飞机和特种部队下大力气反对飞毛腿的袭击。尽管有很多飞毛腿被损毁，但是TEL的移动性、伊拉克的夜间发射战术，以及诱饵车辆，使得对方很难发现、追踪、损毁飞毛腿导弹。一个值得注意的统计数据表明，有42枚飞毛腿导弹在发射时曾被联合军队的空军看到，但在由TEL发射的飞毛腿导弹中则只有8枚在爆炸时才被看到。

1980年代，苏联生产出飞毛腿的改进型号SS-1e。通过使用主动雷达终端导航，其圆概率误差缩小到164英尺（合50米），此外，它还可以携带燃料空气炸药、杀伤性小炸弹、跑道打击炸药及高爆和核弹头。苏联的技术被其他许多国家所复制，这就意味着该导弹将会出现在未来的战争中。

爱国者导弹

在海湾战争中，美国部署MIM-104爱国者防空导弹系统以保卫以色列和沙特阿拉伯免遭飞毛腿导弹攻击。1980年代后期的系统升级，使他们能够拦截和击毁来袭的弹道导弹。爱国者导弹不久就袭击了诸如特拉维夫和利雅得的上空，结果非常显著——美军声称在沙特阿拉伯和以色列对导弹的截留率分别高达80%和50%，后来分别修正为70%和40%。然而，战后分析显示，实际命中率低于10%。数据存在差异的原因之一是，为了达到更高的速度，伊拉克使用的飞毛腿导弹经过了改进，但结果是，它们经常在返回时解体。这将造成爱国者导弹的损失，而飞毛腿弹头部分则会坠落在地。

现代战争（1945年至今） 303

084 米格-21战斗机

1946年4月24日,一架以I-300型飞机为原型,由两台BMW003涡轮发动机驱动的飞机样机进行首飞,从而真正开启了苏联的喷气机时代。这架飞机后来演变为米格-9喷气战斗机,一共生产了500架。然而,真正为苏联空防力量带来变革的却是米高扬(Artem Mikoyan)和格列维奇(Mikhail Gurevich)设计的米格-15战斗机。

高超的敌手

1947年12月米格-15进行首飞,并于翌年开始装备苏联空军。当时,这属于一款卓越的战斗机,在朝鲜战争(1950—1953)期间与美国F-86"军刀"喷气战斗机不相上下。米格战斗机的机动性很差,最高速度仅有684英里/时(合1100千米/时),机头装有三台机炮。

在苏联建造及在其他共产主义国家特许生产的米格-15总共约有18000架。之后还生产了米格-17"壁画"战斗机和米格-19"农夫"战斗机,后者成为苏联首架能在高水平战斗中突破声障的标准喷气飞机。1959年,一款新型米格战斗机开始服役,它改变了世界防空力量角逐的格局。

米格-21"鱼窝"战斗机是一款真正的超音速战斗截击机。米格-21为三角机翼,机身修长,配备有强大的R11后燃涡轮喷气发动机,从而使得飞机平飞速度能够达到并维持在2马赫。在最初的构型中,

上图:一位苏联空军飞行员正在检查一架米格-21战斗机机翼装载的空对空导弹。

上图：一架带有以色列空军标志的米格-21战斗机飞过中东上空。1966年，由于一位叙利亚飞行员飞行失误，以色列缴获了一架阿拉伯米格-21战斗机。

飞机只装配了2台30毫米机炮，但后来的米格-21F"鱼窝"-C战斗机能够携带2枚K-13环礁红外制导空对空导弹。

仅苏联或独联体国家的米格飞机变种就超过十几种，另外还有在中国、印度、捷克斯洛伐克的特许生产型号。随着时间推移，米格飞机不断得到改进，使得该飞机由二代战斗机进入三代战斗机的行列。米格-21-97和米格-21-2000等型号具备如下特征：超视距导弹拦截能力，集成头盔显示器，复杂的电子航空管理，电子对抗套件，以及其他能与西方喷气飞机相抗衡的能力。

上图：一架停在跑道上的米格-21飞机，它那高度平衡的三角机翼保证了它的速度和灵活性。

上图：埃及的米格-21战斗机在以色列幻影（尤其是驾驶老手）面前不堪一击。这些来自瞄准照相机所拍摄的照片，展示了MIG-21战斗机在1966年的突袭中被击毁的瞬间。最后一张照片中的附属机架显示的可能是弹射座椅。

米格-21F-13——性能参数

翼展：23英尺5.5英寸（合7.1米）
净重：10979磅（合4980千克）
装备后重量：19014磅（合8624千克）
最高时速：42650英尺处1350英里/时（合13000米处2172千米/时）
航程：808英里（合1300千米）
爬升率：23622英尺（合7200米）/分
武器装备：1×NR-30机炮，1×R-3S导弹

"六日战争"中的空战

1967年"六日战争"开始阶段以色列与埃及、叙利亚和约旦等阿拉伯国家进行的战争，展示了现代空军惊人的杀伤力。以色列空军的首选是让那些敌对国家的空军保持中立，从而允许以色列地面部队在空军的掩护下采取行动。以色列空军的主要敌人是埃及空军，后者拥有450架战机，其中350架是米格飞机。以色列空军拥有350架飞机（其中250架是战斗机）。6月5日上午8：45，以色列喷气机开始轰炸埃及空军基地，它们飞得很低，以躲避雷达监测和SA-2地对空导弹。以色列飞机以机载火炮和炸弹摧毁了数十架停在地面上的飞机。在空战中，以色列的达索幻影III型飞机也证明比阿拉伯国家的许多喷气机更优越。第一天即将结束时，埃及损失了300架飞机。约旦和叙利亚的小股空军同样遭受重创。以色列方面只损失了19架飞机，就令阿拉伯国家元气大伤。

上图：米格-21F-13型战斗机模型。在1967年的"六日战争"爆发之前，这是最后交付给埃及飞机之一。这架飞机在1967年6月5日的空战中幸存了下来。这款米格-21型飞机的每侧机翼下方都装有一个□升容量的副油箱和R-3S型导弹。（吉姆·劳里埃绘画作品，图片版权归鱼鹰出版社所有）

高产战斗机

米格-21飞机的生产数量超过了11000架，装备了30多个国家的军队。该飞机在战场上得到了充分的检验。在越战中，它是对美国最具威胁性的空中对抗武器：通过地面导航，快速飞行的米格飞机可以组队拦截美国的地空地面攻击任务。实际上，正是由于在对抗米格飞机时遭受巨大损失，美国海军和空军才发展了新的战斗机系列来教授高级空战技巧。尽□由于糟糕的训练水平和不明智的战术策□，造成了米格飞机在1967年"六日战争"及1973年"赎罪日战争"中损失惨重，但□该飞机在中东冲突中仍然得到了广泛使用（阿拉伯国家是一个重要的飞机出口市场）。

不过，对熟练飞行员□说，米格-21仍是一种性能强大的战斗□。鉴于巨大的生产数量和后续改进机型□持续应用，米格飞机直到20世纪后期仍□战争前线被广泛使用。

085
RPG-7 火箭筒

RPG-7 火箭发射筒的重要性不亚于 AK47 步枪。这两种武器都流传极广，与 AK47 步枪一样，RPG-7 火箭筒也对世界安全构成了严重威胁。

破坏力量

整个第二次世界大战期间，苏联红军由于缺少可以跟美式"巴祖卡"火箭筒和德国"铁拳"火箭筒相抗衡的肩射反坦克武器而损失惨重，因此，战后苏联希望能够弥补这一缺陷。RPG 火箭筒恰好填补了这一空缺，并于 1961 年开始在苏联和华约服役。

RPG-7 的设计包含无后坐力发射管、手枪式握把触发器，以及一个后稳定握把。RPG-7 不仅安装了金属瞄准具，还安装了 PGO-7 光学瞄准装置。在装配该火箭筒时，将高爆反坦克导弹装入前段发射筒中，环形弹头处于筒身之外。射手将火箭筒放在肩上，解除保险，瞄准目标，然后扣下扳机。

一旦发射，导弹通过传爆装药由筒管飞出，然后位于 12 码（11 米）处稳定管的

左图：RPG-7 型火箭筒虽然经常与反政府武装联系在一起，但却在 1973 年的"赎罪日战争"中发挥了重要作用。配备了 RPG-7 型火箭筒的叙利亚部队突破了以色列设在戈兰高地的防线，继而对以色列装甲部队进行了出其不意的近距离打击。图中配备了 RPG-7 型火箭筒的叙利亚部队正在一处山坡面对以色列目标。（图片由戈登·罗特曼惠赐）

右页图：阿富汗国民军的一名士兵手持一架 RPG-7 型火箭筒，以及两枚备用火箭弹。（照片选自《科幻小说》，由艾德·德莱克拍摄，由科比斯图片社提供）

火箭发动机点燃，以965英尺/秒（合294米/秒）的速度将火箭推出。同时，尾翼从火箭后方展开，使其获得飞行中的旋转稳定角度。其射程取决于使用什么样的推进器，最大射程约为164码（合150米）。PG-7M热核弹头（当今使用最普遍的弹头）对装甲的穿透厚度可达11.8英寸（合300毫米）。

致命武器

今天有超过50个国家在使用RPG-7及其众多的变种和复制品，全世界的叛乱分子也大规模订购RPG-7。不难理解其为何大受欢迎：不仅因为其在世界各地都可以买得到，使用也极为简便，而且它打击碉堡、建筑及其他静态目标的功效也不亚于对装甲车辆的打击效果。对弹头设计的改进与装甲性能的提升保持了同步。设计用于袭击爆炸反应装甲（ERA）的PG-7R弹头对装甲的穿透厚度可达23.6英寸（合600毫米）。

1967年阿以战争中，埃及军队首次在战场上使用RPG-7对抗以色列军队。此后，RPG-7又陆续毁灭了上千辆装甲车，杀死了数万人，甚至射落了直升机（同一情形出现在1993年摩加迪沙臭名昭著的"黑鹰坠落"事件中）。叛乱分子使用PRG-7致使

下图：阿富汗国民军一名士兵正在用RPG-7型火箭筒发射火箭弹。这款火箭筒深受许多阿富汗人喜爱，继而成为新成立的国民军的一款标准武器。（照片由史派克·丹尼尔·洛夫拍摄，由美国陆军提供）

上图：一架装有夜视图像增强器的 RPG-7 型火箭筒，可使发射者看清大约 1300 英尺（合 400 米）外的目标。图片下方是一枚 PG-7 型高爆反坦克穿甲弹。（图片由贝莱尔·巴内特提供）

传统军队损失惨重。在越战中，共产党军队在埋伏战中使用各种 RPG 火箭筒袭击美方火力基地和坦克。1979—1989 年，苏联军队在阿富汗发现被自己发明的 PRG-7 所袭击，掌握熟练技巧的阿富汗圣战组织使用 RPG-7 对苏联装甲车发动近距离攻击。再往后，部署在伊拉克和阿富汗的美、英及联合军队不断遭受近距离 RPG 伏击的折磨。在伊拉克，RPG 是仅次于简易爆炸装置的对美军造成最大伤亡的武器。

穿甲效果

一位参加过越战的美国老兵在戈登·罗特曼（Gordon Rottman）编著的《火箭弹》（*The Rocket Propelled Grenade*）中介绍了 RPG-7 型火箭弹对装甲车辆的杀伤力：

它的冲击效果令人难以置信，弹片的杀伤效果极大，根据冲击力的大小，会使受害者在几分钟乃至几秒钟内完全失神。高爆反坦克穿甲弹的火焰喷射极长。我曾躲在一辆 M113A1 攻击型装甲车的左后方发射它，高度位于左侧车身的三分之二处……火焰烧穿了车的后门，仿佛是被火焰枪切割过一样。洞口长度超过了 18 英寸。如果你不幸坐在车内靠近火球穿过的地方，可以想见，那会是一种怎样凄惨的景象。

086 鹞式战斗机

1957年，英国霍克·西德利航空公司探索出一种新的飞机设计理念：通过发动机推力矢量的控制（旋转发动机排气喷口能使飞行员实现90°角垂直飞行）来实现飞机的垂直/短距起降。根据这一理念研制出了一款起降能力堪比直升机的飞机，但该飞机可以超音速飞行。

英国鹞式战斗机

这款 P.1127 最终形成了由英国飞马座101涡扇提供动力的鹞式 GR.MK I 战斗机。我们即将看到，英国鹞式飞机的研发史只讲述了故事的一半，实战证明它极为成功。1969年4月1日，GR.1 开始在英国皇家空军服役，它是一款单座直接空中支援的侦察战斗机，之后其性能、作战能力及电子技术均不断得到改进。

武器装备满负载后，鹞式战斗机就不能实现垂直起飞了（不过仍能垂直降落），但它仅需要一小段起飞跑道就可起飞，以实现战术的灵活性。鹞式战斗机可以装备各种武器，这就使其成为真正的多功能战斗机。比如，GR.3 样机能够负载 5000 磅（2268 千克）的武器，包括非制导或精准制导炸弹、2 英寸火箭夹舱、集束炸弹分配器及"响尾蛇"导弹。

基于对其能力的信任，皇家海军还在1970年代末装备了 BAe 海鹞战斗机，并将其部署在无敌级航母上。海鹞型号改进了其航空电子设备，装备了蓝狐记载拦截雷达，后续的升级使其具备了发射超过视距的 AIM-120 先进中程空对空导弹的能力。

作为超音速时代的一款亚音速飞机，鹞

左图：一架鹞式飞机即将降落在航母飞行甲板上，展示了其短距离垂直起落能力。（图片盖蒂图片社提供）

式飞机受到很多人的否定。但在1982年马岛战争中,28架海鹞飞机进行了1190次战斗飞行后仍能维持95%的战斗能力使得这些质疑全都销声匿迹。利用其令人震撼的机动性,海鹞飞机击落了20架比它们速度更快的阿根廷喷气飞机,同时在地面攻击中发挥了巨大作用。

上图:在2010年7月14日的演习中,联合部队的一架鹞式喷气战斗机准备在"皇家方舟号"航母甲板上降落。(图片由美国陆军提供)

下图:柯茨摩尔英国皇家空军基地的一架英国鹞式战斗机正在投掷一枚"宝石路"II型激光制导导弹。(图片由美国陆军提供)

美国鹞式飞机

自从1971年GR.1飞机改装成BAe AV-8A飞机进入美国海军陆战队服役以来,美国一直都是鹞式飞机的使用大户。鹞式飞机被部署在地面和航母上,最终升级为AV-8C,并装备了新的航空电子设备,同时还兼备另外一个鹞式变种型号——AV-8B鹞式II的某些特征。

这款飞机是麦克唐纳·道格拉斯/BAe

的结合体。AV-8B在1980年代早期开始服役,它在原有型号的基础上进行了充分的再设计,机翼性能提升,复合材料使得机身更轻,驾驶舱视野更好,发动机动力更充分,武器负载能力达到17000磅(合7711千克)。另外,AV-8B飞机还配备了先进的前视红外系统。这一型号的美/英鹞式飞机后来作为第

现代战争(1945年至今)　313

上图：第二代鹞式垂直起降喷气飞机：AV–8B 鹞式 II。这款飞机曾被美国海军部队大量使用。（图片由美国陆军提供）

下图：2003 年 4 月 5 日，在波斯湾，两架美国海军 AV–8B 鹞式喷气战斗机降落在"博诺姆·理查德号"航空母舰上。在整个"伊拉克自由行动"期间，鹞式战斗机都在执行轰炸任务，为开往巴格达的联合部队的地面部队提供近距离空中支援。（照片由贾斯汀·萨利文拍摄，由盖蒂图片社提供）

马岛上空的战斗

马岛战争期间，驾驶鹞式战斗机的迈克·布里塞特（Mike Blisset）少校曾在鹅原上空与阿根廷"天鹰"战机相遇，下文是他的回忆：

"天鹰"战机组成了长达一英里的梯形编队，我用"响尾蛇"导弹锁定了中间的一架，然后开火。我的第一感觉是这枚导弹要撞到地面，因为我的飞行高度只有 200 英尺。突然，它开始爬升，并射向目标。当另一枚"响尾蛇"导弹从我的左侧飞过时，我的注意力被分散了，那是尼尔（我的僚机驾驶员）在我身后发射的，当时令我极为不悦！……我向右后方扫了一眼，看到我的导弹击中了我锁定的那架"天鹰"战机。突然间，在我前方 800 码左右，飞机爆炸后在空中出现了一个巨大的火球，碎片飞得到处都是。①

---
① 诺曼·弗兰克斯（Norman Franks）：《飞机大战》（*Aircraft versus Aircraft*），伦敦：钱塞勒出版社，2001 年。

二代鹞式飞机在英国军队服役。与美国飞机不同，英国鹞式飞机的机鼻没有安装雷达，但最新款的 GR.9 和 GR.9A 则配备了先进的航空电子设备和武器系统。

同英国的鹞式飞机一样，美式鹞式飞机同样通过完美的近距离支持战争的能力证明了自身价值，这一点尤其体现在 1991 年海湾战争、伊拉克及阿富汗战争中。对国防的回顾一直都在质疑鹞式飞机的存在，但战后这段历史将会为其正名。

087 飞鱼反舰导弹

反舰导弹最早出现于第二次世界大战期间，德国人以亨舍尔 Hs293 型导弹和鲁尔钢铁/克雷默 X-1 型导弹独领风骚，后者更有名的称呼是"弗里茨-X"。Hs293 型导弹基本上就是一改安装了水平尾翼、短翼和火箭推进器的 SC500 型炸弹。当这款炸弹从飞机上投掷下来时，炸弹上的推进器就会以 559 英里（合 900 千米）的时速飞行，攻击目标时，它由一个无线电操作杆控制的瞄准器制导。（导弹尾部的火焰可使操作员肉眼追踪导弹。）"弗里茨 X"的工作原理与之相似，但与 Hs293 这种自由落体滑翔型导弹不同，它没有外部电源。

这两种武器在第二次世界大战期间使用数量有限。理想情况下，它们既精准，又威力巨大。它们曾在地中海击伤或击沉数十艘舰艇，其中包括意大利"罗马号"战舰和英国"厌战号"战舰。随着盟军空中实力的增强，意味着德国发射的导弹只能在战时发挥有限的作用。战争结束后，导弹迅速取代火炮和炸弹，成为舰艇最大的威胁。

超越视觉范围

苏联是空射和舰射反舰导弹的先锋。AS-1"狗窝"是苏联首枚由 5 涡轮发动机提供动力的巡航导弹，射程为 107 英里（172 千米），制导方式为自动驾驶仪、雷达波束及半主动导航雷达联合制导。紧随其后面世的是 SS-N-2 Styx，这款导弹使用无线电指令和主动终端雷达进行导航。1967 年，埃及使用这枚导弹击沉了以色列"埃拉特号"驱逐舰，从而使其成为战后用于战争的首枚地对空导弹。

此时，全世界都在追赶苏联的步伐。北

上图：2001 年，巴基斯坦海军在试射飞鱼导弹。（照片选自法新社，由盖蒂图片社提供）

约国家制造出了史上最复杂的地对空导弹,其中就有飞鱼反舰导弹。这是由法国生产的新型武器,1975年进入法国海军服役。它最大的优势就是多功能性,截至1979年,它可以进行舰射、潜射及空射(AM39型),射程为31英里(合50千米)。作为典型的现代地对空导弹,飞鱼导弹通过在海面高度飞行,降低了被敌方雷达发现的概率。导弹借助主动雷达搜寻装置的引导可以击中7.5—9.3英里(合12—15千米)的目标,在袭击过程中,它的飞行高度可以低至10英尺(合3米)。重363磅(合165千克)的高爆/杀伤弹头确保了其杀伤效果,延时作用引信能使炸弹在爆炸前穿透战舰。

马岛战争

1982年的马岛战争使飞鱼反舰导弹一战成名。当时,英国为了从阿根廷手中夺回马岛而部署了一支庞大的海军特遣部队。5月4日,一艘英国42型"谢菲尔德号"驱逐舰被从阿根廷制超级军旗式攻击机上发射的飞鱼反舰导弹击中。尽管弹头没有爆炸,但

下图:在1982年5月的马岛战争中,"谢菲尔德号"战舰被一枚飞鱼导弹重创。船上有20人丧生,后来这艘船在南太平洋沉没。(照片选自普尔图库,由马丁·克莱夫拍摄,由盖蒂图片社提供)

"斯塔克号"战舰

1987年5月17日下午晚些时候,一架伊拉克幻影F1战机以西拉诺IV型导弹锁定了波斯湾一处远程目标,它就是正在附近海域执行巡逻任务的美国"斯塔克号"导弹护卫舰。尽管这艘护卫舰的防御系统识别出了导弹威胁,但却并未立即采取行动。幻影飞机于是发射了两枚飞鱼导弹,第一枚导弹的发射点距离船体22英里(35千米)。两枚导弹都击中了"斯塔克号",穿透了右侧船舷。爆炸当即造成29名美国士兵丧生,后续又有8名丧命。幻影飞机发动攻击的原因至今仍不清楚,但却为美国海军处理危险海域的警情提供了许多教训。

上图:美国"斯塔克号"战舰遭到伊拉克战机发射的飞鱼导弹攻击后,船体开始倾斜。(图片由科比斯图片社提供)

左图:海湾战争中,美国"斯塔克号"战舰的船壳被飞鱼导弹击穿了一个大洞。伊拉克幻影战斗机发射的两枚导弹中,有一枚没有爆炸,否则后果会更加严重。(照片选自《时代》和《生活》杂志图库,由弗朗索瓦·洛尚拍摄,由盖蒂图片社提供)

还是有20人丧生,并造成船体着火,最终于5月10日沉没。两周后的5月25日,飞鱼导弹又击中了货船"大西洋运送者号",当时船上装载着重要直升机和陆地战装甲车,5天后轮船沉没。多亏有了限制飞鱼导弹出售至阿根廷的国际禁令,才阻止了这种致命系统在战争中继续打击英国船只。

1980年代约有1000多枚飞鱼导弹被用于战争中,其中多数都是在两伊战争中被伊拉克用来袭击伊朗的舰船和油轮。除此之外,飞鱼导弹已经成为战后使用最多的地对空导弹之一,它在战争的检验中证明了少量导弹是如何改变整个海军战队命运的。

088
"尼米兹号"航空母舰

今天,没有哪种武器能比美国海军的尼米兹级航母更能代表美国的实力。在前一部分中,我们已经了解到航母如何改变了20世纪海战的性质。尼米兹级航母就是这种变革的终极表现。

核动力航母

第二次世界大战后,美国海军航空意义非凡的一天是1960年9月24日,这天美国推出了"企业号"航空母舰,这是美国第一艘核动力航母,由8台西屋A2W加压水冷反应堆提供动力。核动力的引入对航母的重要性不亚于其对潜艇的重要意义。(参见本书279—281页关于"鹦鹉螺号"核潜艇的介绍。)核能不仅为"企业号"提供了几乎不受限的航程,还提供了传统动力坦克所不能比拟的巨大空间。有了核能,航母就不再需要燃油储罐、烟囱及通风管道,现在飞机、子弹及其他系统都可以使用核动力。

"企业号"为美国历史上最伟大的航母

右图:1990年代,美国"尼米兹号"航空母舰飞行甲板上的F/A-18C大黄蜂战斗机和F-14雄猫战斗机。(图片由美国海军提供)

上图：美国"企业号"航母是世界上第一艘核动力航母。这是它于2004年在大西洋上航行时的照片。（照片由罗布·加斯顿拍摄，由美国海军提供）

系列——尼米兹号级航空母舰奠定了基础。与它们被视为美国海军最具价值的地位相对应的是，几乎这个级别的所有航母都是以美国前总统的名字命名的。1968—2006年间，美国总共建造了10艘尼米兹号级航空母舰，分别是："尼米兹号""德怀特·艾森豪威尔号""卡尔·文森号""西奥多·罗斯福号""亚伯拉罕·林肯号""乔治·华盛顿号""约翰·斯坦尼斯号""哈里·杜鲁门号""罗纳德·里根号"及"乔治·布什号"。

海上霸主

若是浏览尼米兹级航空母舰的技术指标，其战斗实力会令人印象深刻。这些航母

下图：一名弹射装置操作人员正在引导一架F-14B型"雄猫"战斗机驶向"乔治·华盛顿号"航母甲板上四座蒸汽动力弹射器中的一座。（照片由米盖尔·D.布莱克威尔二世拍摄，由美国海军提供）

的满载最大排水量接近87997吨（97000短吨），总长度为1092英尺（332.85米），飞行甲板宽252英尺（76.8米），面积为4.5英亩（1.8公顷）。通过两个核反应堆驱动8台蒸汽轮机和四个轴，从而能够使这艘大型舰船的速度达到30+哩/时（55.5+千米/时）。每艘航母的可载人数达到3200人，相当于其制造公司的总人数，另外还可搭载空军2480人。

一艘尼米兹级航空母舰可以容纳82架飞机，通常包括12架F/A–18E/F超级大黄蜂、36架F/A–18大黄蜂、4架E–2C鹰眼预警机、4架EA–6B徘徊者式电子作战机、4架SH–60直升机，以及2架HH–60H海鹰直升机。总之，这支空军部队可以完成各种类型的空中任务，无论是截击战斗机还是反击潜艇。飞行甲板上装载的4台蒸汽动力船载机起飞弹射装置，使航母能够每20秒发射一架飞机。此外，这艘航母还装载了防御设备，包括"海麻雀"地对空导弹、"密集阵"20毫米六筒防空火炮及先进的电子对抗系统。

上图：尼米兹级航母是美国超级大国地位的终极象征。（图片由美国海军提供）

下图：两架F/A–18C大黄蜂战斗机在"西奥多·罗斯福号"航母上进行发射准备，飞机弹射器运作所产生的蒸汽清晰可见。作为美国海军最有价值的资产，几乎所有的尼米兹级航空母舰都以美国前总统的名字命名。（照片由哈维尔·卡佩拉拍摄，由美国海军提供）

上图：美国"西奥多·罗斯福号"航母正在测试"麻雀"RIM-7型舰载导弹。（照片由内森·芝尔德拍摄，由美国海军提供）

由于具有强大的战斗实力，毫无疑问，自1970年代以来尼米兹级航空母舰都出现在美国主要军事行动的最前沿。其主要作战区域是在中东，它在1991年的海湾战争中提供过军事支持，参与过"南方守望行动"（当时，"杜鲁门号"上的空军部队进行了869次空中作战），并在"伊拉克自由行动"中作战。其他部署还包括：前南斯拉夫战争中及其分裂后开展飞行巡逻，以及2005年卡特里娜飓风袭击新奥尔良后提供人道主义救援。某一地区航母群的出现会对该地区的政策产生深远影响。每艘尼米兹级航空母舰都有长达50年的设计寿命，它们对美国的战略利益至关重要。

航母战斗群

美国现代航母极少单独作战，通常都会组成一个以航母为中心的战斗群（原名"航母作战小组"）。一个航母战斗群包括若干艘舰艇，旨在为航母提供防御、增强实力、后勤补给，以及其他一些功能，如为两栖作战部队提供服务。航母战斗群并不是一种永久性建制，而是为了满足特殊需要而临时组建。一个典型的航母战斗群可能包括一艘航母，一支所属空军部队，两艘配备"战斧"导弹的巡洋舰，一艘（具备防空能力的）导弹驱逐舰，一艘普通驱逐舰和一艘配有反潜系统的护卫舰，两艘攻击型潜艇，以及一艘补给舰。

现代战争（1945年至今）

089
A-10 雷霆攻击机

对于少数听说或见过 A-10 型雷霆攻击机作战的人来说,那种经历一定终生难忘。这款飞机研制于 1960 年代末至 1970 年代初,目的是提供一种强大的空中火力。尽管从作战技术角度而言,它的身边有些飞机更加先进,更加灵活,但它依然证明了自己的价值。

生存能力

A-10 雷霆攻击机在 1972 年进行了首飞,因其造型笨拙也被亲切地称为"疣猪",1973 年被选中进行量产。吸取越战的教训后,美国空军提出要研制具有强大地面作战能力的新型飞机,但同时要求飞机具有较高的抵御敌方空中袭击的能力。

A-10 飞机满足了上述所有要求。作为具有较高机动性的亚音速飞机,A-10 飞机尾翼下方装有 2 台通用动力 TF34-GE-100 涡扇发动机,从而能够迅速地将引擎产生的废气通过机尾排出,以降低被敌军热跟踪导弹锁定的风险。驾驶员坐在可见度很高的驾驶舱下方的座椅上,驾驶舱由钛金属装甲保护,能够承受 57 毫米机炮的射击,机身大部分都能承受 23 毫米炮火的射击。该飞机采用自动封口燃油罐,外层由防火泡沫材料保护,采用可伸缩起落架,轮胎部分位于机身之内,增加了在齿轮上翻紧急降落时的成功概率。当液压动力失效时,飞行员可以实现手动控制。

左图:雷霆攻击机装备驾驶舱近景,该驾驶舱能够在执行地面攻击任务时为飞行员提供额外保护。(图片由美国空军提供)

飞行火炮

A-10 攻击机最大的优势就是其核心武器：30 毫米七筒旋转机关炮。炮火发射速率达到 4200 转/秒，炮弹在一秒内爆炸，其威力足以损毁任何一种平战坦克。除此之外，A-10 攻击机还能挂载 16000 磅（合 7258 千克）的其他武器，包括传统和制导炸弹、幼畜制导反坦克导弹、集束弹药及 2.75 英寸火箭舱。

A-10 首次出现在战场上是在 1991 年的海湾战争中，其性能令敌军如芒在背。A-10 损毁了伊拉克约 3000 辆装甲车，其中包括 900 辆坦克。仅在 1991 年 2 月 23 日这一天，两架 A-10 就击毁了 23 辆主战坦克。

通用电气 GAU-8/A 复仇者 30 毫米机载火炮

A-10 攻击机的机炮具有非同寻常的杀伤力。该机炮是七筒旋转机关炮，长 19 英尺 5.5 英寸（合 5.93 米），弹药满载时重 4029 磅（合 1828 千克），由一台大型电动机提供动力。最初，机炮有两和可选射击速率——2100 转/分或 4200 转/分，但现在其标准射速为 3900 转/分。飞机在 1300 码（合 1188 米）距离处开火，能够将 80% 的子弹排列成 40 英尺（合 12.2 米）的圆环。标准弹药型别为能够刺穿装甲的燃烧弹或高爆燃烧弹，二者比例通常为 4:1。废弃铀可用于反坦克子弹头，使得子弹具有较强的装甲穿透能力。

右图和下图：雷霆攻击机是极具震慑力的杀伤武器，它不仅装备了速率达 4200 转/分的机炮，还装载了制导炸弹。（图片由美国空军提供）

上图：2008 年，一架 A-10 攻击机在阿富汗上空投掷闪光弹。这款战机虽已服役四十余年，但仍不大可能在 2028 年之前退役，表明这款被称为"疣猪"的战机确实是美国空军的骨干。（图片由美国空军提供）

上图：一架正在等待加油的 A-10 型雷霆攻击机。（图片由美国空军提供）

上图：飞越阿富汗的两架 A-10 雷霆攻击机。它们为在该地区执行任务的国际安全援助部队提供了重要支持。（图片由美国空军提供）

A-10 还曾针对其他部队阵地和主要火力点进行了数百次袭击。这款飞机的卓越性能和高效杀伤力，使美国空军放弃了以升级版 F-16 战机取代它的念头。

通过计算机系统升级及各种升级改造，直至 21 世纪，A-10 攻击机仍在服役。在阿富汗和伊拉克的联合军队都倚赖 A-10 来对难以攻克或进入的叛乱分子阵地进行袭击。仅在"伊拉克自由行动"期间，A-10 就曾发射 311597 发 30 毫米炮弹。A-10 攻击机也会不定期地受到被更复杂飞机取代的威胁。但是耐力和火力的完美结合是其他任何飞机都不具备的，它在低强度战争中的实用性也得到了很好的证明和检验。

090 精确制导导弹

尽管第二次世界大战期间就在使用基本制导炸弹（参见本书第315—317页的"飞鱼反舰导弹"），但是现代精确制导炸弹的出现却是在越战中。1967年，美国开始使用喷气飞机投射 AGM-62 电视制导滑翔炸弹，一旦投放，炸弹会将目标的电视图像发送给飞行员，然后飞行员设定目标点。随后炸弹就会自动射向目标。

上图：2003年，美国海军"哈里·S.杜鲁门号"航空母舰在地中海执行任务时，飞行甲板上布满了准备转移的几排精确制导导弹。这幅照片拍摄完不久，这些导弹就在"伊拉克自由行动"中发挥了积极作用。（图片由盖蒂图片社提供）

激光制导

名为"白星眼"的精准制导炸弹取得了一定的成效，但是精确制导炸弹真正的突破出现在1972年。当时，美国空军、海军喷气战斗机针对北越马江上的清化大桥等目标进行的很多突击都没取得成效，投掷了数百枚普通炸弹，甚至还有 AGM-62 炸弹，都没能炸毁这座桥。但就在1972年10月6日，一个 F-4 幻影 II 喷气机战队发射了24枚"宝石路"激光导引炸弹，炸毁了桥的西半段，同时也损毁了一些有价值的高速路和穿越马江的铁道。激光导引炸弹使用导引头（炸弹头部的光学传感器）感知反射激光的方向和强度，而激光则是由飞机或地面激光指示装置发射到目标上的。随后，导引头会向炸弹的控制面板发射电子信号，控制面板遂引导炸弹射向目标。

新一代精确制导炸弹具备前所未有的精确度，可在几英尺内射中目标。到1975年，美国已在东南亚发射了超过28000枚的激光制导炸弹，其中的61%都击中了目标。在1991年的"沙漠风暴行动"中，这方面的技术已经进步到公众都可以在炸弹的飞行录像片段中看到：炸弹可以穿透特制门窗，或者是进入通风管道掩体。精确制导炸弹也具有穿透和损毁地下硬质掩体的能力，如钢筋混凝土或深埋地下的掩体。例如，GBU-82就能在爆炸前穿透100英尺（合30米）厚的地面或20英尺（合6米）厚的混凝土。

GPS制导

与其他所有人为设计的系统一样，精确制导炸弹也存在技术缺陷。比如，激光制导就很容易受到恶劣天气和浓烟的干扰。因而，从海湾战争开始，鉴于被焚毁的科威特油田的浓烟环境，美国海军、空军联合研发了一种新的系统，这种系统能够不受天气和烟雾的影响。利用这种系统美国研制出了联合直接攻击炸弹，这是一种普通炸弹，装有一种新的尾部，其内部配置了智能制导电子组件，以及一个GPS辅助制导装置。联合直接攻击炸弹的尾部设备可以用于多种级别通用炸弹，包括2000磅（合907千克）、1000

下图：飞行中的精确制导炸弹。（图片由美国空军提供）

上图：美国空军地勤人员正在准备安装精确制导炸弹。（图片由美国空军提供）

磅（合454千克）及500磅（合227千克）等不同重量级的炸弹。一旦炸弹计算机系统接收到目标的坐标，就会启用GPS网络将炸弹引向目标，精确度可以达到32英尺（合10米）。联合直接攻击炸弹曾被用于伊拉克和阿富汗战争中，在最近的任务中，炸弹上又额外装配了激光制导装置，从而能够击中移动目标。

相较于"笨弹"，精确制导炸弹造价昂贵。然而，降低附属损害和击中高价值目标等需求则主导着现代防空战。如果使用得当，精确制导炸弹是能够高效解决上述问题的。

精确制导导弹的误差

精确制导导弹在不出现技术故障的情况下可以准确地命中目标。然而，情报方面或执行系统方面的人为失误却会导致灾难性的后果。在"死亡链条"——搜索、定位、跟踪、瞄准、攻击、评估——当中，有很多种机会犯错。以定位为例，根据美国五角大楼官员的说法，确定目标的过程不仅要经过几个层级的防御部队，还要通过北约联合指挥部。2001年12月5日，一架B-52轰炸机发射的精确制导导弹造成3名美军士兵死亡，5名阿富汗士兵死亡，另有40人受伤。这次事故的原因被归结为行动期间为一台全球卫星定位系统更换电池。这些事故，以及其他许多事故表明，战争当中人的能力总是有限的。

091 F-15 鹰式战斗机

1991年，美国领导的多国部队发动了"沙漠风暴行动"，迫使萨达姆·侯赛因把伊拉克军队从科威特撤出。这次行动期间，出现了越战以来最大规模的空战，其后果之一是完全摧毁或压制了伊拉克空军。在美国空军打赢的37场空战中，有34场是由20世纪最优秀的全天候战斗机之一——F-15鹰式战斗机打赢的。

速度与灵活性

尽管F-15战斗机后来能够完成多种任务，但在1960年代末，它是作为空中优势战斗机来设计的。麦道公司的设计者们需要应对当时服役范围广泛的快速、灵敏的苏联战斗机的挑战。这些战斗机包括米格-23"鞭挞者"战斗机和卓越的米格-25"狐蝠"战斗机，后者最高飞行速度可达2115英里/时（合3400千米/时），在飞行表演当中，能在仅仅4分11秒的时间里爬升至114829英尺（合35000米）的高度。

麦道公司采用了一种截然不同的设计。米格-25飞机实质上是一款高空拦截机，但麦道公司设计的F-15战斗机则是一款终端近距离战斗机。通过低翼负荷（重量对翼面积之比值）和两台强有力的普惠涡扇发动机，F-15战斗机具备了其他飞机所无法比拟的速度组合和机动性。

上图：超过105∶0的射杀率，F-5鹰式战斗机从未在空中混战中落败，是有史以来最成功的战斗机之一。图中这架F-15A战斗机正在展示其惊人的垂直爬升技巧，这应该是拦截高速飞行的苏联飞机的最佳手段。（图片由美国空军提供）

上图：1980年代中期，作为欧洲北约武装力量的一部分，4架F-15Cs鹰式战斗机正在升空待命。（图片由美国空军提供）

下图：用于展览的F-15鹰式战斗机的半数载荷。这些导弹在射程方面互为补充："响尾蛇"导弹用于近距离战斗，"麻雀"导弹用于打击中距离目标。（图片由美国空军提供）

高科技战斗机

第一款服役的F-15战斗机是1970年代早期的F-15A（单座）和F-15B（双座）。单座机型主要是1979年开始生产的F-15C战斗机，同年生产的还有F-15D双座战斗机，后者主要用作教练机。然而在1989年，随着先进的F-15E鹰式战斗机的推出，其设计理念发生了很大变化，即在原有战斗机的基础上安装了电子和硬件设备，可以发射PGM型导弹、"笨弹"和分体式炸弹，从而增加了地面攻击能力。

无论是哪种模型，攻击鹰战斗机都是一种艺术级别的战斗机。飞行员坐在具有高可见性泡沫状座舱罩的下方，通过抬头显示屏直接接收关键战术、武器及飞行信息。手置节流阀与操纵杆能使飞行员通过飞行操纵杆实现最重要的作战功能。APG-63 X-波段再加上多普勒雷达能使F-15战斗机发现并使用AIM-7M"麻雀"空对空导弹和AIM-120先进中程空对空导弹摧毁超出视程的敌军飞机，但在近距离作战中则会使用AIM-9L/M"响尾蛇"导弹和20毫米M16A1旋转管机炮。攻击鹰战斗机还装配了战术电子战系统，能够堵塞敌军雷达系统的电子反制系统，以及诸如箔条-闪光弹发射器的触发系统。

F-15曾在以色列、沙特阿拉伯、日本及美国空军服役。事实上，F-15参与的第一次空对空战役是在1970年代末和1980年代初，当时，以色列使用F-15战斗机击落了大量叙利亚战斗机，其中包括米格-21及

上图：新一代F-15战斗机配备的改进型AIM-9_热制导导弹，外号"迈克"。（图片由美国空军提供）

下图：AIM-9L导弹特写。AIM-9_导弹是一种"全景取值"的空对空导弹，意味着它能从各个角度打击敌军飞机。它可以确保飞行员在用"麻雀"导弹锁定一架敌军飞机的情况下，再用肉眼瞄准另一个目标，然后使用AIM-9L导弹进行打击。（图片由美国空军提供

上图：一架 F-15C 战斗机正在测试绰号为"监狱"的 AIM-120 空对空中程导弹。（图片由美国空军提供）

米格-25 飞机，但是以方却没有任何损失。1991 年的海湾战争中，F-15 仅在 3 天内就帮助多国部队取得了绝对的空中优势。使用低空导航、用于夜间导航的红外瞄准器及用于夜间运维的瞄准吊舱系统，它们也摧毁了许多伊拉克装甲车辆、地堡和驻军阵地。

到 2008 年，F-15 战斗机已经毫无损失地击落了 104 架敌军飞机，从而证明了其应有的价值。鹰式战斗机当然会被取代，目前在美国的某些作战区域它已经为 F-22 猛禽战斗机所取代。但对其继任者而言，追赶其脚步确实很难。

米格杀手

罗利·德雷格（Rhory Draeger）上尉是美国空军 F-15C 战斗机的飞行员，他在下文中描述了自己在海湾战争期间使用 AIM-7 导弹击落两架米格-29 战斗机的经历：

由于天气原因，我能看到全部情况——虽然我们率先开火时并未用肉眼看到对方。开火后不久，我就逼近了它们。它们开始下降，降到了 13000 英尺。现在降到了 500 英尺……它们飞得很低，以大约一英里的距离编队飞行。我发现此时适于发射导弹。我呼叫道"两朵火花"，意思是准备发射两枚导弹，我们追踪的两架米格飞机就死定了。伊拉克人没有开火。我们的导弹击中了它们的头部，它们随即从空中落下。它们燃起的火球很小，因为机上没有多少汽油了。我敢保证，他们从未锁定过我们（即用导弹技术锁定 F-15 战斗机）。他们可能有过这种想法，但却无法从我们这里获取任何所需的信号。[1]

---

[1] 斯坦·莫尔斯（Stan Morse）编著：《海湾战争空战报告》（*Gulf Air War Debrief*），伦敦：宇航出版社，1991 年。

092 AH-64 阿帕奇武装直升机

1975年，在越战结束之际，大多数军事强国不是在制造就是在购买攻击型直升机，这种直升机专门用于发射重型火力，而非用于表演或攻击。其代表机型有美国的"休伊眼镜蛇"，苏联的米尔Mi-8"雌鹿"，法国的"小羚羊"系列武装直升机，英国威斯特兰公司的"山猫"直升机。1984年，美国陆军开始使用首架AH-64阿帕奇武装直升机，从而将旋翼战斗能力提升到一个新的水平。

新型杀手

阿帕奇直升机的首款产品AH-64A问世时，在国际军工业界引起了强烈反响，因其显示出了新型飞机的巨大潜力。AH-64具有掠夺性、类似昆虫的外表，其动力装置是2台通用动力T700-700涡轮轴发动机，该发动机能够将飞机的最大速度提升到192英里/时（300千米/时）。这架直升机同样安装了防红外锁定排气系统，以降低飞机被红外制导导弹发现的概率。机身外部装甲能够抵御23毫米机炮弹的袭击。另外，飞机可以实现全天候的飞行与作战。

然而，真正令人震撼的还是其巨大的杀伤力。其标准装备是一门30毫米链炮及4个外挂点，外挂点能够承载16枚"地狱火"制导反坦克导弹或2.74英寸口径的导弹发射器。这些武器与乘组人员的整合头盔和显示瞄准系统连接到一起，可以使驾驶员和副驾仅仅通过显示屏就能捕捉到目标。

在1991年的海湾战争中，AH-64A直升机展现出了令人震撼的能力。部署在战场上的227架飞机毁灭了500多辆伊拉克装甲车辆。仅一架阿帕奇单独作战就可以从后方滑翔而出，发现坦克、装甲运兵车或其他车辆并对其发动攻击，而这些仅需在几秒时

上图：一架阿帕奇直升机正在朝鲜边界进行实弹演习。（照片选自法新社，由郑研艺拍摄，由盖蒂图片社提供）

间内 5 英里（合 8 千米）的射程内完成。在 100 天的战争期间，AH-64 直升机充分证明了自身的价值。

AH-64D 长弓阿帕奇

1990 年代末，新型阿帕奇——AH-64D 长弓开始服役。很快它就凭借其巨型的、装载了 AN/APG-78 长弓毫米波火控雷达控制目标捕获系统的蘑菇状穹顶而超越了之前的所有型别。火控雷达使得阿帕奇本来就很强大的战斗力又更进一步。与新的长弓"发射后自寻导弹"一起，火控雷达可以自动侦察

上图：阿帕奇最初是设计用于反坦克的飞机，并在 1991 年的海湾战争期间卓越地展现了这种实力。它们也经常承担近距离支持友军装甲部队的任务，例如图中这几辆美军 M2 艾布拉姆斯坦克。（图片由美国国防部提供）

下图：阿帕奇飞机是设计用于在极低空飞行的飞机，它会利用地形和植被躲避敌方的侦察和雷达。（图片由美国国防部提供）

上图：一架阿帕奇直升机正在从运输机上卸载下来，准备参加阿拉斯加的地面演习活动。（图片由美国国防部提供）

和识别各种地面和空中目标并排定优先级，同时能够提升驾驶员的战场意识并与其他的AH-64D协同作战。阿帕奇直升机的武器系统此时也包含了诸如AIM-9"响尾蛇"导弹这样的空对空导弹。航空电子设备和电子对抗设备的巨大升级，同样进一步提升了这种直升机的机动性。

自2001年以来，AH-64D也曾在伊拉克和阿富汗战场接受检验。此外，阿帕奇还曾出口到英国、以色列、沙特阿拉伯等国家。以色列的AH-64直升机就曾在对黎巴嫩的哈马斯或真主党领导人物的打击中进行过精确打击。2001年5月，以色列利用AH-64直升机发射"地狱火"导弹击落了进入以色

上图：在"伊拉克自由行动"期间，伊拉克斯派克空军基地的一架AH-64阿帕奇武装直升机上，两名士兵在检查螺旋桨的平衡性。（图片由美国国防部提供）

上图：在参加"沙漠风暴行动"之前，一般认为 AH-64 阿帕奇直升机无法适应沙漠环境，虽然这款直升机曾在埃及接受过训练，并适应了那里的风沙天气。不过在后来的海湾战争和阿富汗战争期间，它被证明是一种极为高效的武器。（图片由美国国防部提供）

AH-64D 阿帕奇直升机——性能参数

乘员：2 人

长度：58 英尺 2 英寸（合 17.73 米）

高度：13 英尺 3 英寸（合 4.05 米）

风轮直径：17 英尺 2 英寸（合 5.23 米）

作战重量：15075 磅（合 6838 千克）

动力装置：2×T700-GE-701C 涡轮发动机

最大速度：171.5 英里/时
（合 276 千米/时）

最大悬停高度：15895 英尺（4845 米）

最大里程：1180 英里（合 1900 千米），带内部和外部燃料

装备：M230 33 毫米机枪；2.75 英寸"九头蛇"-70 折翼火箭；AGM-114"地狱火"反坦克导弹；AGM-122"佩剑"反雷达导弹；AIM-9"响尾蛇"空对空导弹

列防空领域的黎巴嫩塞斯纳飞机。AH-64 直升机也并非无懈可击，其最大危险来自突然袭来的防空火炮，但若足够谨慎的话，机上的飞行员就能很好地控制战场局势。

用阿帕奇直升机权威专家克里斯·毕晓普（Chris Bishop）的话来说：

就像一名步兵一样，阿帕奇直升机具有隐秘、敏捷、快速的战斗能力。它能在不断变化的作战环境中进行隐蔽、速降、爬升和作战。它同时兼具了步兵部队和坦克大炮的能力，能够近距离使用开火-机动战术，同时又能借助先进和高精确的武器装备捕获并摧毁数英里射程内的目标。

阿帕奇直升机最初是为美国陆军设计的主要武器，但它目前的地位比第二次世界大战中的反坦克机枪或野战炮兵的地位还要高。

093
F117"夜鹰"轰炸机

当F-117"夜鹰"轰炸机在1970年代末期开始批量生产时,它在战斗机领域处于绝对领先地位,而且属于最高级别的军事机密。它一开始是美国国防部先进研究项目局与美国空军联合开发的"低度识别"技术,到1977年时,洛克希德和诺斯罗普公司都在争相使用先进技术生产新型飞机。洛克希德公司凭借后来成为F-117A"夜鹰"轰炸机的产品最终胜出。

战略打击能力

F-117名义上是一款战斗机,实际上更是一款战略攻击飞机,被设计用于穿透敌人的空中防御,打击地方关键的掩护目标,如核导弹仓或指控点。相较于传统飞机,F-117曾经(现在仍是)外形奇特。它的楔形机身完全是由平面结构和角状连接构成,这种构型是为了散射雷达反射波。整个机身外表由雷达信号吸收材料所覆盖。为了减少地面能够侦察到的热辐射,发动机散热通过后机身排放。"夜鹰"战斗机主要装载了激光或GPS制导炸弹,能够以亚音速飞向敌机,投放武器,然后飞离敌机,同时在敌方雷达上只会留下断断续续转瞬即逝的信号。

F-117A在1970年代末开始生产,它第一次接受战争检验是在"正义事业行动"(即1989年美国入侵巴拿马)中,当时2架飞机攻击了雷哈托营地。该机后来在1991

右图:F-117隐形战斗机的俯视图展示了这款飞机的奇怪倾角设计,这款飞机的特殊材质使其无法被雷达识别。F-117轰炸机和B-2轰炸机一道,为美国空军提供了隐形攻击能力。(图片由美国空军提供)

上图：一架 B-2 轰炸机正在犹他州的测试和训练基地上空投射 32 枚 500 磅 GBU-38JDAM 型导弹。B-2 轰炸机在科索沃战争期间首次亮相，据说摧毁了所有北约攻击目标中的三分之一。（图片由美国空军提供）

下图：一架 B-2 轰炸机正在引领两架 F-117 轰炸机飞行。F-117 轰炸机如今已被其继任者 F-22 "猛禽"轰炸机取代，B-2 轰炸机则依然在阿富汗战争前线服役。（图片由美国空军提供）

年的海湾战争中又得到广泛使用，在 1271 次战争突围中对伊拉克境内硬质敏感掩体目标进行了袭击，而且毫发无损。

这些纪录似乎表明 F-117 飞机完成了其设计目标，而且后续的升级项目还进一步改进了其航空电子设备和作战计算机。然而它也并非无懈可击。1999 年 3 月 27 日，在科索沃战争中，一架 F-117 飞机在塞尔维亚上空被南斯拉夫的 SA-3 "果阿"地对空导弹击落。即便如此，F-117 系列战机仍在 2003 年的"伊拉克自由行动"的空战当中表现卓越。从那以后，F-117 战机逐渐被诸如 F-22 "猛禽"战斗机这样更现代的隐形战机所取代。

F-117 的使命

空军中校巴里·霍恩(Barry Horne)曾这样回忆他在 1991 年海湾战争中驾驶 F-117 袭击一个弹药库的经历:

我从南向北飞行,并且只使用了一种武器。炸弹发射后,我发现追踪器过于敏感。这使得我之后困难重重。追踪器造成视准线移动,或是在距离目标 100 英尺处跳动。我再次进行瞄准控制,并将武器瞄向最终目标。炸弹准确射中了双层碉堡,击毁了两层之间的隔离墙。炸弹爆炸时火光四射,它看似要吞没周围的天空。有那么一刻,我甚至担心火光会烧向我。①

---

① 沃伦·汤普森(Warren Thompson):《"沙漠风暴行动"中的 F-117 隐形战斗机》(*F-117 Stealth Fighter Units of Operation Desert Storm*),牛津:鱼鹰出版社,2007 年。

上图:1991 年海湾战争爆发前,一枚 2000 磅的 GBU-27 型导弹已运送到位,准备安装到 F-117 轰炸机的炸弹舱里。(洛克希德·马丁公司产品,照片由丹尼·隆巴德拍摄)

上图：1991年2月28日，参加第一次海湾战争的F-117战斗机飞行员结束了任务，连续43个夜晚执行任务的空军部队终于可以休息一阵了。（图片由罗斯·雷诺兹惠赐）

隐形轰炸机

F-117战机只讲述了美国隐形战机的一半历史。1987年，美国空军展示了另一款早已存在的低度识别飞机，当时是一种远程轰炸机——诺斯罗普B-2轰炸机。B-2轰炸机的战略目的与F-117战斗机相似，但却具备发射更多重型武器，包括核武器的能力。它同样采用了隐身技术，但范围更大，性能更优越，射程超过6000英里（合9656千米），能够发射80枚500磅（合227千克）的导弹，或16枚B-61或B-63型核武器。在科索沃战争及2001年以来的阿富汗和伊拉克战争期间，B-2轰炸机被当做传统轰炸机频繁使用。它的生存能力十分出众，但高昂的隐身成本也引发了质疑，人们怀疑它是否物有所值。即便如此，诸如F-117战斗机和B-2轰炸机这样的飞机，还是共同建立了隐形作战能力的标准。

094
M1 艾布拉姆斯系列主战坦克

主战坦克（MBT）具有地面部队的两大优点：火力威猛，生存能力强大。在现代世界，没有哪种装甲车辆能比美国的艾布拉姆斯坦克更能体现这些优点了。它的第一款是1980年生产的M1坦克，是目前在各方面都最先进的主战坦克。

生存能力

M1艾布拉姆斯系列主战坦克在正面部分装有先进的乔巴姆型装甲，在此之前和之后从未有美国坦克能为乘员提供这样的装甲保护。它的动力装置是一台莱康明燃气涡轮发动机，从而能够达到45英里/时（72千米/时）的最大行驶速度。它装有105毫米的全固定机枪，该机枪有先进的开火控制系统，内含55发子弹。20世纪八九十年代，它的改进型号M1A2问世，该型号装配有更好的机枪，升级的核生化防护系统，更先进的导航、开火控制和监测系统。

艾布拉姆斯在战争中充分证明了自身价值。1991年的海湾战争中，M1A1的夜间作战系统、开火控制和乘员训练完胜伊拉克的苏联造T-72s坦克。艾布拉姆斯能在T-72s

右图：1991年3月2日，在"沙漠风暴行动"的最后阶段，M1艾布拉姆斯主战坦克正在参加战斗。伊拉克汉谟拉比装甲师有意逃避萨达姆·侯赛因正式下达的停火命令，在与美军第24步兵师遭遇时，他们的计划被打乱了。在艾布拉姆斯主战坦克和布拉德利步兵战车及阿帕奇武装直升机从空中发射的强大火力下，伊拉克部队迅速瓦解。在不到两个小时的时间里，伊拉克方面损失了187辆装甲车、34门火炮、400辆卡车，美军则只损失了一辆艾布拉姆斯坦克。（图片由美国陆军提供）

上图：M1 艾布拉姆斯坦克的炮管装有光学传感器，有助于评估和锁定攻击目标。（图片由通用动力地面系统公司提供）

下图：在德克萨斯州胡德堡，美军第二装甲师正在用新装备的 M1 艾布拉姆斯主战坦克进行训练，时间约在 1983 年。（图片由史蒂夫·扎洛加惠赐）

的射程范围外击中它。2003 年美国入侵伊拉克时，一辆艾布拉姆斯坦克在短短 5 分钟的时间里在近距离平射射程摧毁了 7 辆 T–72s 坦克，而美国方面却没有任何损失。

火力

艾布拉姆斯的超强火力值得深入研究。艾布拉姆斯坦克装备了无膛线 M256A1 120 毫米机枪。该枪极强的射程可以达到 3280 码（合 3000 米），但要是装备有最新的火力控制系统，有些机枪手可以在 4374 码（合 4000 米）处击中目标。

其子弹转速比冲锋枪的子弹转速还要

贫铀弹

艾布拉姆斯采用的主要是M829A1尾翼稳定脱壳穿甲弹。这种子弹由装在与弹孔相匹配的铝质弹底板内的次口径贫铀飞镖构成。一旦开枪射击,底板会剥离子弹,飞镖则继续以极高转速向前飞行。射击的完成不依靠高爆弹药,穿甲弹仅仅靠动能就能产生杀伤力,它穿越目标时的力量与一辆11吨的卡车以70英里/时(113千米/时)撞击一堵墙时的力量相当,但是因为击中面积还不到一平方英寸,其效果可想而知。穿透坦克装甲后,子弹的热能转化能够点燃燃料和弹药,装甲和其他物体的碎片会被剧烈炸飞。

快,这种高转速会转化成对打击目标的巨大打击能力。利用视线远距离捕捉到目标确保它可以集中目标,坦克上装备的电子火力控制计算机对此贡献巨大。激光测距仪能够精准地计算目标距离,计算机可以根据子弹降落、空气阻力、气温、重力、风速、弹药类型、推进剂温度、管子磨损及相对运动等因素自动调整枪管角度。火力控制系统的快速运算再加上全固定机枪系统,意味着艾布拉姆斯即使在上下坡时都能精准射击。

下图:由尘埃云的大小就可看出艾布拉姆斯的速度可以达到60英里/时(96千米/时),尽管实际作战中需要将速度控制在45英里/时(72千米/时)以免乘员在越野作战时受伤。(图片由美国国防部提供)

上图：一辆配备了排雷装置的艾布拉姆斯坦克。（图片由史蒂夫·扎洛加惠赐）

在伊拉克服役时，与其他装甲车一样，艾布拉姆斯也容易受到简易爆炸装置的打击，即使坦克的外保护层使得乘员受伤率一直都较低。一些专家预测说重装甲武器未来将会没有用武之地，但像艾布拉姆斯这样的坦克的替代者确实要有很强的说服力才行。

> 它们（指简易爆炸装置）的破坏威力惊人，经常能把炮塔炸起三四十英尺高，把车身炸得四分五裂。
>
> ——马克·格尔吉斯（Mark Gerges）上尉，1991年麦地那山战斗期间2-70装甲部队勇士团指挥官

M1 艾布拉姆斯坦克——性能参数

乘员：4人

长度：32.3英尺（合9.8米）

宽度：12英尺（合3.6米）

高度：9.5英尺（合2.8米）（到机枪顶）

发动机：1500马力莱康明燃气涡轮发动机

燃料容量：505加仑（合2295公升）

最大行驶速度：41英里/时（66千米/时）

主要装备：120毫米 M256 滑膛炮

射速：6转/分

辅助武器：M240 7.62毫米同轴机枪

095 M2/M3 布雷德利步兵战车

第二次世界大战期间，使用装甲车辆向战车运送步兵的想法被牢固地树立起来，交战各方曾广泛使用带有履带和覆盖装甲的运输车辆。战争结束后，这种车辆一度变得默默无闻。在一个战场形势瞬息万变、武器系统更加致命且更加多样的时代，运送步兵的车辆要想与主战坦克并肩战斗，就得具备更强的生存能力和更威猛的火力。

从装甲运兵车（APC）到步兵战车（IFV）

20世纪四五十年代，美国研发了一系列新型装甲运兵车。这些都是全覆盖牵引车，装备有足够的武器来抵抗各种小型武器及炮弹。M44是第一个型号，能装载27人，但因过于笨重，后续的设计都减少了载员人数。M113是美国最伟大的装甲运兵车，使用铝制装甲，使它轻得足以进行空中运输。截至目前，M113型装甲运兵车的生产数量已经超过了8万辆，现在仍在美国陆军服役，主要是为军队提供后方支持。

其他国家也在装甲运兵车的设计方面取得了一些进展。英国在1963年推出了FV432型步兵战车，可以容纳10名士兵，并安装了核生化防护装备（NBC）。1954年，苏联在PT-76轻型坦克的基础上研制出了BTR-50型步兵战车。上述这些战车都配备了一些武器，通常是1—2挺机枪，但在1960年代末期，苏联的BMP-1步兵战车改变了这种局势。BMP-1既可用于作战也可用于运输。车内军队可以通过炮门进行射击，

上图：1991年"沙漠风暴行动"中，英军一辆FV432型步兵战车从伊拉克南部驶入科威特。（国防部）

同时，这种战车还装备了一台73毫米机关炮及有线制导反坦克导弹。布雷德利步兵战车就是针对苏联的BMP-1而推出的。

实力倍增

布雷德利战车在1980年代早期开始服役，它有两种型号M2步兵战车及M3骑兵战车，二者的主要区别是在战术利用而不是设计上。M2乘员3人，载员7人（M3则是一种侦察装甲车，乘员3人，另有2名侦察兵）。外表是铝材料及间隔强化护甲，再加上核生化防护系统，使其具有更强的机动性。武器上方是能容纳两个人的炮塔，装有25毫米"巨蝮"链式装甲穿透炮；一挺同轴7.62毫米机关枪；左侧还有两个TOW反坦克导弹发射器。（M3同样装备了"龙"式或"标枪"反坦克系统。）

借助其活力、保护性、出色的跨国境能力，布雷德利战车开始逐步取代M113在前线的地位。在1991年的海湾战争中，布雷德利战车充分发挥了自己的威力。它在这场战争中的表现获得了极高的评价，尤其是它的速度，能与M1A1艾布拉姆斯坦克保

下图：在科威特比林营地配合第三参助旅和第四步兵师炮火演练的一辆布雷德利步兵战车，正在穿越炮击射程内的地带。（图片由美国陆军提供）

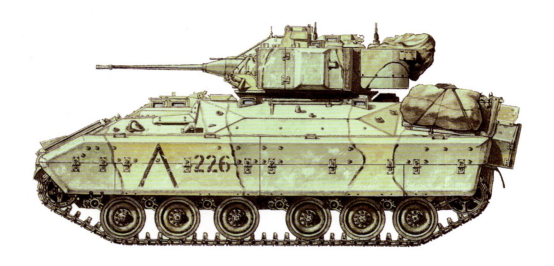

上图：1991 年 2 月美军第 24 步兵师配备的一辆 M3A1 布雷德利骑兵战车。与众不同的是，该师第二骑兵营采用了一种简单的迷彩色，而未像其他车辆那样采用单色的耐化学剂涂层。(彼得·萨尔森绘画作品，图片版权归鱼鹰出版社所有）

持同步而 M113 则做不到。战场上的战术就是由坦克承担先锋作战角色而布雷德利承担其保护作用。但是一旦抵达地方的防御区，布雷德利战车会继续前行并加强火力。布雷德利战车损毁的敌方装甲车确实比艾布拉姆斯主战坦克要多，而且整个战争中部署的 2200 辆布雷德利战车仅有 3 辆被毁。在伊拉克和阿富汗战争中，布雷德利战车都为军队提供了绝佳的保护，尤其是在城市战斗中，在那种条件下，军队在穿越街道时需要安全运输，同时也需要近距离火力。布雷德利战车的最新型号装配了先进的战术导航系统和改进的火力控制等。不过，就在本书写作期间，美国已在研制可以替代布雷德利战车的新型战车。

陶式导弹

休斯 BGM-71 陶式（TOW，意为筒式发射、光学跟踪和导线制导）反坦克导弹问世五十多年以来，一直在前线服役，至少被 45 个国家所采用。它可由装甲车辆和直升机发射，也可由步兵发射。普通的陶式导弹射程为 4100 码（合 3750 米），可以射穿 23.6 英寸（合 600 毫米）的装甲。发射之后，发射者可以通过导弹上的两条控制线进行制导，只需使瞄准器对准目标即可。陶式 II 型导弹具有"低空飞行击落"功能，可使导弹在击中目标时发射两枚高爆聚能穿甲弹，可对目标地区造成更大破坏，新型 TOW-ER 导弹则采用了无线制导系统。

096

BGM-109 "战斧"巡航导弹

1991年海湾战争期间，全世界的媒体报道了许多触目惊心的景象。在这些画面中，最突出的要属BGM-109"战斧"巡航导弹从树顶高度飞过街道，继而精准命中价值极高的目标时的情景。这种武器极好地说明，远程精确打击的时代到来了。

追踪目标

BGM-109对地攻击巡航导弹源于美国在20世纪七八十年代想要建造巡航导弹的想法。巡航导弹能以前所未有的精确度向远距离目标发射核弹头或传统弹头，子弹可以低空飞向目标，散发很低的雷达信号，从而能够提升躲避敌方空中防御的能力。

到1980年代中期，在军中服役的巡航导弹主要有两种：由B-52轰炸机发射的AGM-86导弹，由潜艇或舰船发射的"战斧"地面巡航导弹，这两种导弹的性能差不多。在1993年Block III巡航导弹服役前，"战斧"导弹需要依靠惯性和地形相匹配的导航系统。地形匹配制导将预制地形图与机载雷达高度计上所显示的信息进行对比。后续型号将GPS导航与数位场景比对区域关联技术相

左图：2003年，一枚美国舰射BGM-109"战斧"巡航导弹从"温斯顿·丘吉尔号"航空母舰上发射升空。发射地点位于东地中海，目标是为"伊拉克自由行动"提供支援。（图片由美国海军提供）

上图:"普雷贝尔号"驱逐舰上发射了一枚"战斧"巡航导弹。(图片由美国海军提供)

结合,从而能够将导弹摄像头所拍摄的地形与储存在导弹中的数字图像进行对比。最新的 Block IV 型导弹技术更加先进。这种导弹可将空中目标重新编程,巡航目标区域,将信息传回指挥中心,并使自己完全融入美国部队的"网络中心战"系统。

远程攻击

这种技术的结果就是,一枚导弹能在复杂地形实现低空飞行 1000 英里(合 1600

上图:"佛罗里达号"核潜艇上发射了一枚"战斧"巡航导弹。(图片由美国海军提供)

上图：战斗情报中心，也叫战指挥室，在这里进行决策并确定"战斧"对地巡航导弹的发射顺序。（图片由美国海军提供）

下图：2003年5月25日从红海的美国海军"圣哈辛托号"巡洋舰上发射的一枚"战斧"巡航导弹正在飞向伊拉克。（照片由马克·威尔逊拍摄，由盖蒂图片社提供）

千米），并击中面积不大于一座个人住房的目标。袭击使用的是 1000 磅（合 454 千克）的单一传统或 W80 核弹头，它也可以利用发射器向目标发射子母弹。对地攻击巡航导弹在"沙漠风暴行动"中首开纪录，共发射了 290 枚，其中有 242 枚击中了目标。1999 年联军作战行动中，在北约部队向位于科索沃的塞尔维亚部队进军时，2 枚对地巡航导弹袭击了南斯拉夫普里什纳蒂的内政部警察总部大楼，700 磅（合 318 千克）的弹头摧毁了两层大楼，而大楼其他楼层和周围建筑则基本没有受损。2003 年 3 月 20 日，在"伊拉克自由行动"之初，"科本斯号"航空母舰、"邦克山号"航空母舰、"唐纳德·库克号"驱逐舰、"米利厄斯号"驱逐舰、"夏延号"核动力潜艇和"蒙特佩利尔号"攻击核潜艇发射了数百枚对地巡航导弹。行动初期，有 36 枚对地巡航导弹同时击中巴格达的掩体，当时发动袭击的理由是，美方认为伊拉克最高指挥部藏在该掩体内。对地巡航导弹还在阿富汗用于打击塔利班和基地组织。

自 1991 年来，一共发射了 1100 多枚对地巡航导弹。其精准攻击能力和弹头的多用性都意味着在其作战射程内，敌方基本无处可逃。

BGM-109 TLAM 巡航导弹——性能参数

动力装置：威廉姆斯国际 F107 涡轮风扇发动机，ARC/CSD 固体燃料助推器

长度：18 英尺 3 英寸（合 5.56 米），外加助推器 20 英尺 6 英寸（合 6.25 米）

直径：20.4 英寸（合 51.81 厘米）

翼展：8 英尺 9 英寸（合 2.67 米）

重量：2900 磅（合 1315 千克），外加助推器 3500 磅（合 1588 千克）

速度：550 英里/时（合 880 千米/时）

射程：Block II TLAM-A 型，1500 英里（合 2500 千米）
Block III TLAM-C 型，1000 英里（合 1600 千米）
Block III TLAM-D 型，800 英里（合 1250 千米）
Block IV TLAM-E 型，1000 英里（合 1600 千米）

制导系统：

Block II TLAM-A 型：惯性导航系统（INS），地形匹配系统（TERCOM）

Block III TLAM-C 型、D 型，以及 Block IV TLAM-E 型：惯性导航系统，地形匹配系统，数字景象匹配系统（DSMAC），以及全球定位系统（GPS）

弹头：Block II TLAM-A 型：W80 核弹头
Block III TLAM-C 型：1000 磅（合 454 千克）单体弹头
Block III TLAM-D 型：分体式弹头
Block IV TLAM-E 型：1000 磅（合 454 千克）单体弹头

097
FIM-92"毒刺"防空导弹

在此前分析 SA-2 导弹（参见本书第 286—289 页）时，我们就已注意到地对空导弹技术的进步。但在 1960 年代，地对空导弹当中出现了一个非常特殊的分支，使得普通步兵也具有了击落先进的喷气式战机的能力。

便携式防空导弹

第二次世界大战刚刚结束，大西洋两岸便掀起对便携式防空系统的浓厚兴趣。与中高空的地对空导弹系统一道，苏美都开始了肩射制导导弹技术的实验，使步兵和装甲部队拥有捕捉低空快速飞行的敌军喷气飞机的能力。

第一代防空导弹

第一代防空导弹出现于 1960 年代末，当时美国推出了 FIM-43 "红眼睛"防空导弹，苏联推出了 9K32 "天箭"-2 防空导弹（北约称其为 SA-7 "圣杯"）。"红眼睛"防空导弹长 3 英尺 11.5 英寸（合 1.2 米），重 18.3 磅（合 8.3 千克），有效射程为 14800 英尺（合 4500 米），升空速度为 1.7 马赫，并使用红外制导来锁定目标飞机的尾气。SA-7 与之相似，只是射程稍逊于"红眼睛"。

这两种系统都是便携式防空系统的先行者，但是（相较于现代导弹）失误率较高，而且需要在飞机飞过的瞬间发射以锁定其尾气。不过，它们运行良好，而且实战效果不

左图：一枚准备发射的 FIM-92 "毒刺"防空导弹。（图片由美国空军提供）

错。在1984年的阿富汗战争期间，阿富汗圣战者伊斯兰联盟的士兵配备了约50枚"红眼睛"导弹，这种导弹虽然很快就被"毒刺"防空导弹取代，但仍击落了几架苏联喷气式战斗机和直升机。相比之下，从1969年以色列与埃及之间的消耗战，到2003—2006年间的伊拉克战争，SA-7防空导弹都曾参与其中，甚至还曾击落一架阿帕奇直升机。（这款导弹显然仍在不断进行升级。）

新型防空导弹

"毒刺"防空导弹于1981年开始服役，它是取代"红眼睛"的新一代飞弹，其主要改进在于红外制导系统能从各个角度对目标进行袭击。它第一次接受战场检验是在1982年的马岛战争中，英国特种部队使用"毒刺"防空导弹的红外制导系统击落了两架阿根廷直升机，不过当时常规部队使用的是英式

英国便携式防空导弹

1975—1985年间，英国陆军使用的便携式防空导弹主要是"吹管"导弹。这种导弹使用的是手动指挥瞄准线制导系统，操作者通过瞄准器和操纵杆进行瞄准发射。它的表现不佳，操作复杂，命中率不高。马岛战争期间，它的命中率不超过10%。后来它被性能更胜一筹的"标枪"导弹取代，后者采用的是瞄准线半自动指令系统，操作人员必须在发射导弹后将瞄准器对准目标，使导弹引导自身行动。"标枪"导弹之后，是1989年研制出的"星爆"导弹，后者将"标枪"导弹的无线电瞄准线半自动指令系统升级为更加精确的激光制导系统，从而提高了导弹的抗干扰能力。1990年代末，出现了更加先进的"星光"导弹。这款第四代便携式防空导弹的飞行速度为3.5马赫，采用三条激光束引导导弹中的子母弹进行攻击。目前，这种导弹还未在实战中得到检验，而实战才是所有军用技术的真正检验标准。

下图：2009年，一名美国海军陆战队队员正在训练发射"毒刺"防空导弹。"毒刺"导弹在苏联和阿富汗战争期间得到恶名，但它们依然是一种极为有效的防空武器。（图片由美国海军陆战队提供）

上图：1980年代，美国中情局为阿富汗圣战者伊斯兰联盟秘密提供大量"毒刺"防空导弹，这种导弹如今已被国际安全援助部队在阿富汗全境广泛使用。（图片由美国空军提供）

左图：美国士兵正在训练使用最新一代"毒刺"防空导弹。（图片由美国空军提供）

"吹管"防空导弹。

使用"毒刺"防空导弹最多的是在1984年，当时为了对抗苏联，美国向阿富汗圣战组织提供了约500人的军队。此前阿富汗战斗机一直在与苏联攻击喷气机和装备有"厄利空"机载火炮及小型武器的武装直升机苦战。"毒刺"防空导弹的引入极大地改变了这种战况。尽管没有准确的杀伤数字，但在"毒刺"防空导弹投入使用最初数月，苏联就损失了几十架飞机；"毒刺"防空导弹为苏联最终撤出阿富汗作出了很大贡献。

"毒刺"防空导弹的几次升级改造帮助其一直在军中服役。它的最新型别包括如下特征：装载有敌我识别计算机、射程可达5英里（合8千米），以及对抗系统。此外，它还被装载于装甲车和直升飞机上。有了便携式防空系统，即使其速度和性能有限，也依然可以置现代飞机于险境。

098 简易爆炸装置

自从人类发明爆炸物以来,就存在着我们如今所说的简易爆炸装置(IED)。然而,在阿富汗和伊拉克战争当中,此类武器的威力悲剧性地引起了我们的注意——美国和英国部队的伤亡数字约有一半都是由简易爆炸装置造成的。

战术优势

简易爆炸装置有着多到令人眼花缭乱的形式,仅受到人类想象力和制造者材料的限制。常见装置包括火炮或由移动电话进行爆炸控制的迫击炮(有时多颗炮弹会以"菊花链"形式连在一起以实现最优爆炸效果)、装满高爆炸药的丙烷罐、装在动物尸体或饮料罐里的炸弹、伪装的街边石头、自杀式炸弹背心,以及极具杀伤力的爆炸成型弹(基本型弹头,有时会通过人为或装甲车阻断红外光束进行爆炸)。

简易爆炸装置的战术优势很容易理解。它们可以给予叛乱分子一种"间隔距离",从而降低了在火力资源上更胜一筹的敌军可能给其造成的风险和伤亡。大型简易爆炸装置能在极短时间内带来巨大伤亡,为叛乱分子提供了对抗重型装甲车或安全设施或建筑物的重要手段。安装简易爆炸装置几乎不受时间地点限制,但是选择攻击目标和攻击时机却要精确控制。

右图:一辆史崔克轻型八轮作战装甲车在一个简易爆炸装置爆炸后侧翻。车上乘员都活了下来,但在返回前线重新服役前车子需要回厂大修。(图片由美国陆军提供)

爆炸效果

与简易爆炸装置的心理震慑效果同样重要的是其社会影响。例如,对对抗简易电子装置的期望,衍生出了对战术转变的警惕和需求。爆炸性军械处理官需要发现并压制每一个可疑简易爆炸装置,这经常会导致护航队或部队运动的暂停。不断暂停会削弱对作战节奏的控制,而作战节奏则是机动作战的关键因素之一。单是对简易爆炸装置的怀疑就能造成行军拖延,而这一点早就被叛乱分子发现了。在北爱尔兰问题中,爱尔兰共和军经常会使用混凝土来压低汽车后备箱或者将车停在可疑位置。安全部队由于担心车内有炸弹,会对这些车做爆炸性军械处理检查,这会增加其经费和计划负担。另外,简易爆炸装置的投弹手能够观察到爆炸性军械处理操作,继而进行针对性的对抗设计。

上图:美国士兵正在欧文基地接受清除简易爆炸装置的训练。(图片由美国陆军提供)

下图:为了应对在伊拉克和阿富汗进行的非传统战争,美国陆军被迫改进自己的反制手段,以消除简易爆炸装置的威胁。美国陆军研发部门开发出了简易爆炸装置监测臂,用来协助路线巡逻部队。这种监测臂重量较轻,易于使用,可以装在美国目前使用的所有军用车辆上。(图片由美国陆军提供)

简易爆炸装置与作战压力

简易爆炸装置对相关部队的士气有重要影响。战士们的作战压力会显著升高。在下面这段文字里，美军驻伊拉克部队老兵马克·拉尚斯（Mark Lachance）描述并分析了简易爆炸装置引发的严重焦虑：

它们的心理震慑能力使得它们成为有效的作战工具。你可以请一位来自任何国家的身经百战的老兵，让他坐到悍马车里，然后沿着一条公路行驶，途中不时有简易爆炸装置发生爆炸，不久就会对他产生影响。我本人就曾经历过多次简易爆炸装置的爆炸，并不得不炸毁许多在被用来攻击我们之前率先被发现的简易爆炸装置……想象一下，下次你再沿着公路开车的时候，不管你是去上班还是回家，看到每一处护栏、每一个垃圾桶、每一块路牙石，以及所有随时可能爆炸的东西……仅仅试想一下……那里的每一样东西都有可能是你的敌人……我的参谋军士说得最好，"它就像是玩彩票，如果你玩得足够久的话，终归会中奖"。路边炸弹就是这样。没有人是安全的，再厚的装甲也救不了你。即便前十次你都能幸存下来，但只要遇上一次，你可能就死翘翘了。①

---

① 克里斯·麦克纳布与亨特·基特合著：《暴力工具》（*Tools of Violence*），牛津：鱼鹰出版社，2008年。

上图：一个简易爆炸装置被安全引爆，这一装置是在阿富汗派克蒂卡省尤瑟夫凯尔地区的一条主要公路上被美军和阿富汗国民警卫队发现的。（图片选自法新社，由盖蒂图片社提供）

尽管本书关注的焦点主要是高级作战技术的发展，但是简易爆炸装置却提醒我们，在叛乱和低强度冲突里，对基本弹药的创新应用，可能会成为战争中最有效的工具。

上图：这幅照片是2009年11月5日从一架美国救伤直升机上拍摄的。一辆美国军车在阿富汗南部被简易爆炸装置击中后起火，美军有两名士兵遇难，另有两名士兵受伤。（照片选自法新社，由曼普雷特和罗马纳拍摄，由盖蒂图片社提供）

099
弹道导弹

洲际弹道导弹的发展史就是美苏两个超级大国的技术竞赛史。这种竞赛有几次都把整个世界带到了核大战的边缘。虽然这种恐怖局面并未发生,但是洲际弹道导弹无疑已经成为影响国际政治的重要筹码。

战略导弹

德国的V-2飞弹(参见本书第259—262页的介绍)为世人展示了一种战略弹道导弹,随着冷战的逐步深入,美苏双方都在想方设法研制出射程更远、载荷更大的新系统。这纯粹就是双方的核竞赛,弹道导弹不具备巡航导弹所具有的精确度,因此便使用能够摧毁整个城市的弹头来弥补其精确度上的不足。苏联依靠其创新领先一步,在1957年推出了SS-6"白杨"多级核弹道导弹。(在战争中,多级火箭抛射动力部件意味着,导弹在不断变轻的同时,又可获得极大的速度。)SS-6导弹的射程不到3500英里(合5633千米),这意味着如果要对美国发动袭击,它必须部署在北极,而这又会极大地削减其效力。为了改善这种情况,1960年代初期,苏联曾试图在古巴部署一百万吨级的SS-4中程弹道导弹,但在古巴导弹危机之后被迫撤出。

与此同时,美国则迎头赶上。1958年,美国在欧洲部署了"雷神"和"朱庇特"中程弹道导弹;1959年又在本土部署了"阿特拉斯"和"泰坦"I型洲际弹道导弹。这两款导弹的射程在6000英里(合10139千米)到7500英里(合12070千米)之间,能够深入苏联腹地。

上图:1979年以来的洲际弹道导弹模型,白色为美国研制,黑色为苏联研制。照片中从右至左依次为MX,四枚苏联老式导弹,SS18、SS-17、SS-19、SS-16、SS-13、SS-8,民兵III、SS-11、民兵II、SS-8、SS-7,"泰坦"洲际弹道导弹。(选自《时代》与《生活》图库,庄盖蒂图片社提供)

现代战争(1945年至今) 359

竞争系统

20世纪五六十年代关于洲际弹道导弹的军备竞赛，主要围绕着发射系统与推进剂展开。来自对方导弹的威胁要求转移洲际导弹，以保护地下的发射设施。此外，当时迫在眉睫的是，需要快速发射导弹以应对敌方进攻，因此就将导弹的液体推进剂换成了固体推进剂，因为液体推进剂对耗时存储、装载和操作都有较高要求。诸如美国"民兵"I型导弹（1963年开始投入使用）和苏联SS-13"野人"导弹（1969年开始投入使用）这样采用固体推进剂的导弹，发射时间都降到了以分钟计算的范围。

1970年代，多种弹头被推出。最先出

上图：1961年设在美国空军基地的"泰坦"I型洲际弹道导弹。（照片选自《时代》和《生活》图库，由拉尔夫·克莱恩拍摄，由盖蒂图片社提供）

上图：2009年5月9日，在纪念第二次世界大战结束的苏联卫国战争胜利日，"白杨"-M洲际弹道导弹的运载车穿过莫斯科红场。（照片选自法新社，由迪米特里·科斯蒂尤科夫拍摄，由盖蒂图片社提供）

潜艇发射的弹道导弹

潜艇能够秘密靠近敌方海岸，生存能力极高，从而为洲际弹道导弹提供了理想的发射平台。潜艇发射的第一枚弹道导弹是苏联SS-N-4型"萨克"导弹。这种导弹于1955年问世，射程极为有限，只有350英里（合563千米）。美国于1960年由潜艇首次发射的弹道导弹则强得多。这种A-2导弹射程高达1700英里（合2376千米）。1970年代，潜艇发射的弹道导弹采用了多弹头技术，代表产品是美国的"波塞冬"C-3和"三叉戟"导弹，以及苏联的SS-N-18"浦鱼"导弹。英国也是潜艇发射型弹道导弹的重要买家，既有"北极星"导弹，也有"三叉戟"导弹，法国则有自己研制的M-4多弹头弹道导弹。

上图：照片中的美国路基拦截器的作用是在洲际弹道导弹进入美国领空之前将其摧毁。（图片由美国陆军提供）

现的是集束式多弹头导弹，如苏联的SS-9"悬崖"导弹和美国的"北极星"A-3导弹。集束式多弹头导弹针对单一目标部署了多个弹头，可造成致命的核杀伤；但很快美国就更进一步，发明了多目标重返大气层洲际导弹，该导弹能够针对独立目标部署多个弹头。

1980年代，随着计算机制导系统的优化升级，双方竞赛的主题变成了精确度。以"三叉戟"I型导弹为例，它可以部署8个十万吨级的弹头，对4600英里（合7403千米）距离的目标进行打击。1984年，机动弹头被引入美国的"潘兴"II型中程弹道导弹，使得导弹即使在最终阶段都能进行目标校准，进而使得弹头的精确度接近巡航导弹。

自1980年代以来，尽管经过协商已大幅削减了全球洲际弹道导弹的存储量，但其数量仍然很大。朝鲜、中国及未来伊朗研制的新系统意味着，战略核战争可能离我们已不再遥远。

100
无人机

远程控制的无人驾驶飞行器(UVA)最早出现于1940、1950年代,美国曾在越战期间秘密使用无人机,至少执行过3400多次侦察任务。然而,直到1990年代,无人机在战略价值方面仍然要远低于人工驾驶的飞机,这种情况近来才有所改观。

侦察机

无人机有很多优势。飞机由地面或空中站通过无线电或卫星连接进行远程控制,不需要驾驶员,这也就意味着飞机(通常)造价更低,能够承受超出人体生理极限的重力,有超常的耐力(多个地面操作员可以轮流控制飞机),即使在被摧毁时也不会造成载员伤亡。它的劣势基本上就是战术方面的,经常是由于远程操控人员对武器部署作出的不当决定;从无人机的镜头看,作战过程就像一场电子游戏。值得一提的是,一些在阿富汗执行任务的现代无人机,其操作人员其实是在美国对其进行实时控制。

无人机历史上的一个重要里程碑就是1995年巴尔干半岛上空出现的MQ-1"捕食者"无人攻击机。它能连续24小时作战,拥有强大的监视技术,此外,自2001年起,它还具备了发射AGM-114"地狱火"反坦克导弹、"格里芬"空对地导弹及其他武器的能力。1999年,"捕食者"及其他无人机还被用来在巴尔干半岛收集情报,为激光制导武器识别、照亮进攻目标。

左图:美国空军RQ-4A"全球鹰"无人侦察机的翼展达到了惊人的116.2英尺(合35.4米)。它的最大续航时间是36小时,最大飞行高度是65000英尺(合19000米)。"全球鹰"不只是采用了最先进技术的侦察工具,它的有效载荷高达2000磅(合910千克)。照片中是正在返回加利福尼亚爱德华兹空军基地的"全球鹰"。(图片由美国空军提供)

上图：1990年11月"沙漠之盾行动"期间，一架美国海军无人驾驶飞机降落在"威斯康辛号"战舰上。海军无人机常被引导降落在一张网里。（图片由美国海军提供）

下图：飞行中的"全球鹰"无人驾驶飞机。它是目前最大、最先进的无人机，这无疑也是其标价3500万美元的原因之一。（图片由诺斯罗普·格鲁曼提供）

作战任务

这些无人机对在伊拉克和阿富汗战场上的侦察和作战任务作出了重大贡献。例如，2001—2002年间，"捕食者"曾飞越伊拉克所谓的"禁飞区"，获取了伊拉克综合防空系统的图像。更有甚者，2002年在阿富汗，"捕食者"无人机发现了可疑基地组织领导；在"蟒蛇行动"中，它们使用导弹对抗塔利班组织，同时引导地面部队转移至更好的作战地点，从而证明了其近距离空中支持作战的价值。

关于无人作战飞机的争议同它的能力一

上图:2006年,一名美国士兵在伊拉克发射迷你无人机。(图片由美国陆军提供)

下图:MQ-1"捕食者"是第一架攻击型无人机,也是最成功的一架,曾在阿富汗和巴基斯坦山区执行多种任务。据报道,它甚至可以起到近距离空中支援的作用。(图片由美国空军提供)

样多。比如MQ-9"死神"无人机在2007年开始服役,满载时重3800磅(合1720千克),可飞行14个小时(在纯监测模式下可以飞行28小时),能发射联合直接攻击炸弹和激光制导炸弹。2009年1月到2010年2月,"捕食者"和"死神"发射了184枚导弹并向阿富汗投放了77枚精密制导炸弹。平民的大量伤亡造成了对无人机的如下批判:这种飞机帮助操控者即便在远离实际战况和附带损害的情况下也能轻松进行杀伤。

现在在军中服役的无人机有几十种。其中有一些高空无人机,如RQ-4A"全球鹰"无人机,主要用于侦察任务,飞行里程13800英里(合22208千米),高度65000英

MG-9"死神"无人机——性能参数

乘员（远程）：2人
长度：36 英尺（合 11 米）
翼展：66 英尺（合 20.1 米）
高度：12 英尺 6 英寸（合 3.8 米）
净重：4900 磅（合 2223 千克）
最大起飞重量：10500 磅（合 4760 千克）
发动机：霍尼韦尔 TPE331-10GD 涡轮螺旋桨发动机 900 轴马力（合 671 千瓦）

载荷：3800 磅（合 1720 千克）
巡航速度：约 230 英里/时（合 200 海里/370 千米/时）
航程：1150 英里（合 1850 千米）
实用上限：最高 50000 英尺（合 15240 米）
武器装备：AGM-114"地狱火"导弹；
GBU-12"宝石路"II 激光制导炸弹；
GBU-38 联合直接攻击炸弹

尺（合 19812 米）。还有一种是手持无人机，人们可以像扔玩具飞机一样将其抛入空中，这种飞机可以为步兵或装甲部队提供即时的当地战术监测。在美国一些传统航空部队中，无人机已经取代了有人驾驶飞机，随着无人机对自动飞行和目标锁定能力的掌控，许多人都预测，在未来一两代时间内，有人驾驶飞机将会濒临淘汰。

下图：英国目前正在开发一种无人驾驶的战略飞行器，希望用来替代英国皇家空军的"狂风"战斗机。为此，英国宇航公司研制出了照片中的这款无人机。（图片由英国宇航公司提供）

致 谢

我在写作本书的过程中得到了许多人的专业协助,在此我要感谢他们每一个人,尤其要感谢军事专家托尼·霍姆斯(Tony Holmes)、史蒂芬·查罗佳(Steven Zaloga)、邓肯·坎贝尔博士(Dr. Duncan Campbell);马丁·佩格勒(Martin Pegler)给我提供了极有价值的帮助和建议,包括本书收录的100种兵器的详细清单;我的好友,国防问题专家亨特·基特(Hunter Keeter),慷慨而高效地帮我核对了书中某些复杂历史问题的真实性。当然,书中任何舛误都应由我负责。

最后,我要感谢一如既往耐心支持我的家人:贤妻米娅(Mia)与两个活泼可爱的女儿,夏洛特(Charlotte)和鲁比(Ruby),在给予我鼓励、幽默和关爱方面,她们从来都是毫不吝啬。

克里斯·麦克纳布博士
2011 年 1 月